名校名师精品系列教材

MySQL Maintenance
and Management

MySQL
数据库运维与管理
微课版

邓文达　邓河◉主编

应以峰　徐浩　王涛　蒋国清　贺宗梅◉副主编

人民邮电出版社

北　京

图书在版编目（ＣＩＰ）数据

MySQL数据库运维与管理：微课版 / 邓文达，邓河
主编. -- 北京：人民邮电出版社，2023.8
名校名师精品系列教材
ISBN 978-7-115-60614-3

Ⅰ．①M… Ⅱ．①邓… ②邓… Ⅲ．①SQL语言－数据
库管理系统－教材 Ⅳ．①TP311.132.3

中国版本图书馆CIP数据核字(2022)第231272号

内 容 提 要

　　随着企业数字化转型不断深化，企业对数据库工程师的需求越来越大。本书结合实际工作场景，将企业数据库运维的相关工作分为 10 个项目，内容包括了解数据库运维工作，安装和配置 MySQL，管理 MySQL 权限与安全，分析 MySQL 日志，备份与恢复 MySQL 数据库，监控、测试并优化 MySQL 性能，MySQL 复制，搭建及运维 MySQL Cluster，结合 Redis 的 MySQL 运维，数据库自动化运维。

　　本书配套教学 PPT、题库、微课视频、源代码等资源。

　　本书可作为高等教育计算机相关专业的教材，也可作为数据库运维职位的培训教材，还可供数据库爱好者自学参考。

　◆　主　　编　邓文达　邓　河
　　　副 主 编　应以峰　徐　浩　王　涛　蒋国清　贺宗梅
　　　责任编辑　范博涛
　　　责任印制　王　郁　焦志炜
　◆　人民邮电出版社出版发行　　北京市丰台区成寿寺路 11 号
　　　邮编　100164　电子邮件　315@ptpress.com.cn
　　　网址　https://www.ptpress.com.cn
　　　三河市君旺印务有限公司印刷
　◆　开本：787×1092　1/16
　　　印张：15.25　　　　　　　　　　　2023 年 8 月第 1 版
　　　字数：395 千字　　　　　　　　　2023 年 8 月河北第 1 次印刷

定价：59.80 元

读者服务热线：(010)81055256　印装质量热线：(010)81055316
反盗版热线：(010)81055315
广告经营许可证：京东市监广登字 20170147 号

前　言

党的二十大精神指出："统筹职业教育、高等教育、继续教育协同创新，推进职普融通、产教融合、科教融汇，优化职业教育类型定位。"本书为响应二十大精神，以党的二十大精神为引领，深入推进产教融合，以校企合作的方式共同编制教材。本书在内容上精心研制，在案例选取上结合岗位技能点和学生学习特点，基于工作情境和任务驱动，培养创新型产业人才，为中国式现代化提供强有力的人才支撑。

随着社会各行各业数字化转型的日渐深入，数据管理的重要性日益凸显，社会对数据库工程师的需求越来越大，在职业院校相关专业开设"数据库运维与管理"课程的必要性愈发显著。本书针对数据库工程师的职位要求，以企业真实工作任务为依据，结合实际需求场景，通过 10 个项目全面地介绍了数据库运维与管理工作所需的知识和技能，为读者未来从事相关工作做好充分的准备。

本书由 10 个项目组成，具体介绍如下。

项目 1 介绍数据库运维的基本概念、发展趋势、数据库工程师职位及其职责，让读者充分了解数据库运维工作。

项目 2 介绍 MySQL 的安装和配置，以及如何通过第三方软件实现数据库的自动化部署。

项目 3 介绍 MySQL 的权限与安全管理，让读者了解 MySQL 如何通过权限表来管理用户的安全操作。

项目 4 介绍 MySQL 的日志，包括错误日志、一般查询日志、慢查询日志和二进制日志。教会读者通过错误日志实现错误排查，通过慢查询日志分析查询语句的性能，通过二进制日志实现数据恢复。

项目 5 介绍备份和恢复 MySQL 数据库的各种方法，包括使用 mysqldump 命令备份和恢复数据、使用 Percona XtraBackup 备份和恢复数据等，还介绍了如何恢复误删除的表和数据库。

项目 6 介绍如何实现监控、测试并优化 MySQL 的性能，包括性能监控的常用指标和性能监控的常用工具，用于性能测试的 sysbench、mysqlslap 等工具，以及查询优化、表设计优化、配置优化等方面的性能优化。

项目 7 介绍通过在 Windows 系统和 Linux 系统下建立主从复制，配置半同步复制和并行复制等任务，帮助读者充分了解 MySQL 复制的概念、过程、表现形式和常用拓扑结构。

项目 8 介绍在不同系统下搭建 MySQL Cluster，实现集群的日志管理、联机备份和数据恢复。

项目 9 介绍当前使用广泛的 Redis 数据库，内容包括 Redis 数据库的基本运维技能，以及基于 MySQL+Redis 实现在开发过程中常用的读写分离。

项目 10 介绍使用开源工具 goInception 实现自动化运维，以及数据库运维平台必备的常用功能。

本书配套丰富的教学资源，读者可从人邮教育社区（www.ryjiaoyu.com）下载。

本书由长沙民政职业技术学院和杭州美创科技股份有限公司共同组织编写，其中长沙民政职业技术学院负责执笔和教学资源的制作，杭州美创科技股份有限公司应以峰、徐浩等负责提供真实项目和技术支持。本书项目 1 由邓文达编写，项目 2 由王涛编写，项目 3 由蒋国清编写，项目 4 由贺宗梅编写，项目 5～项目 10 由邓河编写，邓文达负责全书的统稿。由于编者水平有限，书中难免有疏漏与不妥之处，恳请广大读者批评指正，反馈意见请发送邮件至 dh1001@163.com。

编者
2023 年 6 月

目 录

项目 4

分析 MySQL 日志 ·· 51

项目 5

备份与恢复 MySQL 数据库 ······························ 75

项目 6

监控、测试并优化 MySQL 性能 ······················· 101

项目 7

MySQL 复制 ··· 145

项目8

搭建及运维 MySQL Cluster ·························· 172

项目9

结合 Redis 的 MySQL 运维 ······················· 191

项目 10

数据库自动化运维 ·· 218

项目1
了解数据库运维工作

01

1.1 项目场景

　　天天电器商场是销售家电、手机等各种电器类产品的省内大型连锁商场，全省有 100 多家实体商场店铺。为了更好地服务顾客，天天电器商场建立了从采购到销售再到售后服务一整套完善的业务处理系统。随着业务变得越来越复杂，数据量也变得越来越庞大，数据库在长期运行过程中产生了各式各样的无效数据。此外，数据库的结构也变得"臃肿"，数据查询效率低，数据库系统不堪重负，常出现数据损坏、无法访问等异常现象。公司管理层经过研究，决定招聘 2~3 名数据库管理人员，专门负责公司数据库的运维工作。具体来说，数据库管理人员主要负责维护公司的各种业务系统的数据库安全、有效地运行，负责数据存储方案设计、表设计、索引设计和 SQL 优化，完成对数据库进行变更、监控、备份、高可用设计等工作，以提高数据库的运行效率，保障数据库的稳定运行，从而保障公司业务系统的正常运行。

　　数据库管理人员需要了解数据库运维工作的职责及相关技术的发展趋势，具备扎实的基本运维技能，同时能熟练使用运维工具，这样才能更好地满足公司对数据库运维的要求。

1.2 教学目标

一、知识目标

1. 了解数据管理发展历史
2. 掌握数据库基本概念
3. 了解数据库的类型
4. 了解数据库运维职位及上岗要求

二、能力目标

1. 能搜索并分析职位任职要求
2. 能说出数据库运维的常见工作内容
3. 能根据不同应用场景完成对数据库的选型
4. 能说出常见的数据库运维平台产品

三、素养目标

1. 提高信息搜索、分析、总结能力
2. 增强民族自豪感

3．牢记振兴国产软件的使命担当

1.3 项目知识导入

1.3.1 数据管理概述

数据管理是利用计算机硬件和软件技术对数据进行有效收集、存储、处理和应用的过程，其目的在于充分、有效地发挥数据的作用。数据管理始于 20 世纪中叶。本小节重点讲解数据管理的发展历史和数据库的基础知识。

一、数据管理发展历史

数据管理经历了漫长的发展过程，从最开始的人工管理阶段到文件系统阶段，再到数据库系统阶段，每一个阶段的到来都伴随着新的技术突破。

1．人工管理阶段

20 世纪 50 年代，那时还没有出现操作系统，计算机只是用于进行大规模复杂运算的机器，所有的数据都存储在外部磁带、卡带中。

这导致的问题是，数据只属于某一个程序，数据没有结构之分，所有的数据都以二进制的方式顺序存储在物理存储设备上，读取时也只能以固定的字节数进行读取，否则数据会错乱。在人工管理阶段，没有对数据进行管理的专用软件，而是由程序员在编写应用程序时安排数据的物理存储空间，数据不共享也不具有独立性，因此程序员工作量巨大。

2．文件系统阶段

20 世纪 50 年代中期到 60 年代中期，操作系统与磁盘的诞生使数据管理进入了新的阶段。操作系统中有了专门用于数据管理的模块，可以将虚拟文件映射到磁盘等物理存储设备上；数据管理员不再需要直接面对二进制数据，而可以通过操作系统对数据进行简单的文件读写，使数据管理操作更加方便。

在文件系统阶段，数据以文件为单位存储在外存储器中，且由操作系统统一管理。操作系统为用户使用文件提供了友好的界面。文件的逻辑结构与物理结构脱钩，程序与数据分离，使数据与程序有了一定的独立性。用户的程序与数据可分别存放在外存储器中，各个程序可以共享一组数据，实现了以文件为单位的数据共享。但由于数据的组织仍然面向程序，所以存在大量的冗余数据。而且数据的逻辑结构不能方便地修改和扩充，数据逻辑结构的每一处微小改变都会影响到程序。由于文件互相独立，因此它们不能反映现实世界中事物之间的联系，操作系统不负责维护文件之间的联系信息。如果文件之间有内容上的联系，那么只能由程序去处理。

3．数据库系统阶段

为了实现多应用/多用户高度共享数据、数据存储的结构化，以及数据的多样化查询和保存，出现了数据库系统。

数据库系统与文件系统相比具有如下特点。

（1）数据的结构化存储。数据库设计的基础是数据模型，数据库设计面向的是数据模型对象。结构化的数据存储意味着用户可以结合面向对象的思想定制化程序使用的数据，可更方便地读取和存储数据。

（2）配备专门的数据库管理系统进行数据安全性和完整性的控制。数据的安全性控制是指保护数据库,以防止不合法的使用造成数据泄露、破坏和更改。数据安全性受到威胁是指用户看到了不该看到的数据、修改了无权修改的数据、删除了不能删除的数据等。数据的完整性包括数据的正确性和数据的相容性。数据的正确性是指所有的数据值均符合现实世界的语义,且均处于正确的状态下,例如身份证号码的唯一性、性别取值男和女等。数据的相容性是指数据库的同一对象在不同关系表中的数据是否符合逻辑,例如银行账户的余额数据与对应的明细数据是否一致。数据库管理系统通过设置一些完整性规则,以确保数据的正确性和相容性。

二、数据库基本概念

1. 数据库

所谓数据库(Database,DB),是指以一定方式存储在一起、能让多个用户共享、具有尽可能小的冗余度、与应用程序彼此独立的数据集合。也可以理解为,数据库是按照特定的数据结构来组织、存储和管理数据的仓库,类似电子化的文件柜,用于存储电子文件,用户可以对电子文件中的数据进行新增、查询、更新、删除等操作。

2. 数据库管理系统

数据库管理系统(Database Management System,DBMS)是一种操作和管理数据库的大型软件,用于建立、使用和维护数据库。它对数据库进行统一的管理和控制,以保证数据的安全性和完整性。用户通过数据库管理系统访问数据库中的数据,数据库管理员(Database Administrator,DBA)则通过数据库管理系统进行数据库的维护工作。DBMS 可使多个应用程序和用户用不同的方法在相同时刻或不同时刻建立、修改和查询数据库。大部分数据库管理系统提供数据定义语言(Data Definition Language,DDL)和数据操纵语言(Data Manipulation Language,DML),以供用户定义数据库的模式结构与权限约束,实现对数据的新增、修改和删除等操作。

3. 数据库系统

数据库系统(Database System,DBS)包含数据库和数据库管理系统。数据库系统是为满足数据处理的需求而发展起来的一种较为理想的数据处理系统,也是一种为实际可运行的存储、维护和应用系统提供数据的软件系统,是存储介质、处理对象和管理系统的集合。

常见的数据库系统如下。

(1)MySQL。MySQL 是一个快速、多线程、多用户和使用结构化查询语言(Structured Query Language,SQL)的数据库管理系统。MySQL 支持关键任务、重负载生产系统的使用,也可以嵌入一个大配置(Mass-Deployed)的软件中。

(2)SQL Server。SQL Server 是 Microsoft 公司推出的关系型数据库管理系统。其运行在 Windows 系统中,具有使用方便、可伸缩性好和相关软件集成程度高等优点,由于其具有友好的操作界面,且易操作,所以深受广大用户的喜爱。基于 SQL Server,可以构建和管理用于业务的高可用性和高性能的数据应用程序。

(3)Oracle。Oracle 产品系列齐全,适用于大部分应用领域,其功能完善且安全,可以支持多个实例同时运行,功能强大。它能在大部分主流平台上运行,支持各种工业标准,采用完全开放策略,可以帮助用户选择合适的解决方案。

(4)达梦数据库管理系统。达梦数据库管理系统是我国武汉达梦数据库股份有限公司推出的具有完全自主知识产权的高性能数据库管理系统,简称 DM。它采用全新的体系架构,在保证大型、通用的基础上,研发团队针对可靠性、高性能、海量数据处理和安全性做了大量的研发和改进工作,极大提升了达梦数据库管理系统的性能、可靠性、可扩展性。

三、数据库的类型

数据库有很多类型。区分数据库类型的主要参照指标是数据模型。常用的数据模型有：

- 层次模型；
- 网状模型；
- 关系模型；
- 面向对象模型；
- 半结构化模型。

由于关系模型在很长一段时间内都是主流的数据模型，所以在数据库领域中也习惯性地将数据库类型分为两种，即关系型数据库和非关系型数据库。

1. 关系型数据库

关系型数据库是目前主流的数据库类型，其对应的数据存储模型就是关系模型，数据以表格形式存储，字段关联数据。

二维表结构是非常贴近现实世界的一种结构，它很容易理解，这是关系型数据库能够成为主流的重要原因。通过 SQL 进行表与表之间的连接查询非常方便。

关系型数据库的缺点也是显而易见的。海量数据下，对一张表的查询会显得力不从心，这是因为关系型数据库不具备特殊的数据存储结构，而有些非关系型数据库的数据存储结构是类似"树"的结构，这就使得其在查询上具有天然的优势。随着大数据时代的来临，面对海量的数据，传统的关系型数据库的效率问题会愈发凸显。

2. 非关系型数据库

非关系型数据库也被称为 NoSQL 数据库，NoSQL 数据库并不是某个具体数据库，它泛指所有非关系型数据库。

非关系型数据库的种类有很多，下面列举其中较为流行的几种。

（1）键值数据库。键值（Key-Value）数据库主要使用一张散列表，这张表中有一个特定的键和一个指针指向特定的数据。键值数据库的优势在于，通过键的散列码可以快速查询到值，并且能够应对高并发。

市面上成熟的键值数据库有 Memcached、Redis、MemcacheDB、BerkeleyDB 等。

（2）列存储数据库。列存储数据库又被称为面向可扩展性的分布式数据库，它翻转了传统的行存储数据库。在行存储数据库中，数据是以行数据为基础逻辑存储单元进行存储的，一行中的数据在存储介质中以连续存储形式存在，如图 1-1 所示。

	Column1	Column2	Column3	Column4	Column5
Row1	Data1-1	Data1-2	Data1-3	Data1-4	Data1-5
Row2	Data2-1	Data2-2	Data2-3	Data2-4	Data2-5
Row3	Data3-1	Data3-2	Data3-3	Data3-4	Data3-5

图 1-1　传统的行存储数据库结构

而在列存储数据库中，数据是以列数据为基础逻辑存储单元进行存储的，一列中的数据在存储介质中以连续存储形式存在，如图 1-2 所示。

	Row1	Row2	Row3
Column1	Data1-1	Data2-1	Data3-1
Column2	Data1-2	Data2-2	Data3-2
Column3	Data1-3	Data2-3	Data3-3
Column4	Data1-4	Data2-4	Data3-4
Column5	Data1-5	Data2-5	Data3-5

图 1-2　列存储数据库结构

因为是以列字段作为表格的行，所以同一行记录取的就是该表中所有记录的某一个列数据集合，其中必然是同一类型的数据。

对于行存储数据库，如果要取表中某一列的所有数据集合，就会复杂得多，所以在大部分场景下，列存储数据库的解析过程更有利于大数据的数据分析。

典型的列存储数据库有 HBase。

（3）文档数据库。文档数据库是一种非关系型数据库，旨在将半结构化数据存储为文档，其中文档包括 XML、YAML、JSON、BSON、Office 文档等。

简而言之，文档数据库将数据保存到以上格式的文档中，数据库中的每条记录都是以文档形式存在的，相互之间不再存在关联关系。

典型的文档数据库有 MongoDB、CouchDB。

1.3.2　数据库运维概述

数据库运维，即数据库的运行和维护，一般是指在业务系统数据库运行期间对其进行环境部署、数据备份/恢复、监控、故障处理、性能优化、容灾、升级/迁移和安全管理等一系列的工作。数据库运维具体常见工作内容如下。

1. 环境部署

环境部署，即数据库的安装和配置工作，主要包括制定数据库安装和配置方案，检查软件安装环境，安装数据库软件，完成数据库配置，进行测试；同时通过相关的第三方平台和工具，做到安全、高效的自动化、分布式集群部署。

2. 数据备份/恢复

定期对数据库进行备份工作，主要是指本地、异地、同步、实时的分级备份与恢复方案及实施工作。

3. 监控

数据库运行状态监控包括：数据库服务中断检查、磁盘空间检查、错误日志检查、数据库一致性检查、作业运行状态检查、索引碎片检查等。通过监控工作，查看数据库的运行状态，以确定是否存在数据库中断或异常、错误或警告；同时查看数据库的性能，以确定是否存在性能问题或者性能隐患。

4. 故障处理

对在监控过程中发现的或系统用户反馈的数据库错误或警告进行诊断并修复。

5. 性能优化

对在监控过程中发现的或系统用户反馈的数据库性能问题进行优化，主要包括 SQL 优化、参数优化、应用优化、客户端优化等，目的是提高数据库的性能和响应速度、改善用户体验。

6. 容灾

容灾只是手段，最终目的是保证系统的可用性，常用策略包括：故障转移集群、镜像、日志传送、异地备份等。

7. 升级/迁移

升级通常在本机进行，硬件不变（例如，更换操作系统、数据库的版本，打补丁）；迁移是指在更换服务器时，将数据库迁移到新的服务器上。

8. 安全管理

安全管理包括数据库的访问安全管理、防攻击、权限控制等。一般来说，数据库的安全体系包括3个方面：服务器安全、数据库安全和数据库对象的访问权限安全。这3个方面的安全管理内容构建出了完整的数据库安全体系。

1.3.3　数据库工程师职位及其职责

数据库工程师（Database Engineer）是从事管理和维护数据库管理系统的相关工作的人员的统称。它最早属于运维工程师的一个分支，主要负责业务数据库从设计、测试到部署、交付的全生命周期管理。

数据库工程师的核心职责是保证数据库管理系统的稳定性、安全性、完整性和高性能。在国外，也有公司把数据库管理员称作数据库工程师，两者的工作内容基本相同，都是保证数据库的稳定、高效运行。

一般意义上的数据库工程师只负责数据库的运行和维护，包括数据库的安装、监控、备份、恢复等基本工作。但是对于软件开发企业来说，数据库工程师的职责更多，需要覆盖产品从需求设计、测试到交付上线的整个生命周期，在此过程中不仅要负责数据库管理系统的搭建和运维，而且要参与前期的数据库设计、中期的数据库测试以及后期的数据库容量管理和性能优化。将数据工程师的职责细化到软件产品开发的各个阶段，具体如下。

1. 产品发布前

这个阶段数据库工程师的职责是数据库准入，主要包括：

（1）熟悉产品的业务，包括充分理解业务流程数据的定义及熟悉业务流程的应用；

（2）产品数据库设计评审，包括架构的合理性评估，以及检查存储容量和性能是否满足需求、是否需要缓存、是否需要冗余备份等，同时需要提供数据库schema设计的合理性建议，以使产品能够满足上线发布并稳定运行的基本要求；

（3）资源评估，主要评估所需的服务器资源、网络资源及资源的分布等，同时对产品资源预算申请的合理性进行把关并控制服务成本；

（4）资源就位，将申请的服务器及基础环境/域名准备就绪。

2. 产品发布

这个阶段数据库工程师负责数据库发布的具体工作，在完成数据库的安装部署和初始化后，对外提供服务。对于已在线数据库的升级也属于发布范畴，这个时候的产品发布一般要保障在线发布，在不中断对外服务的情况下完成数据库的升级。对于大型、复杂的变更也存在中止服务直到发布完成后再重新提供服务的情况，但这种情况需要数据库工程师尽可能地通过技术手段来避免。

3. 产品运行和维护

这个阶段数据库工程师的工作重点如下。

（1）监控：对数据库服务运行的状态进行实时监控，包括数据库会话监控、数据库日志监控、数据文件碎片监控、表空间监控、用户访问监控等，以便随时发现数据库服务的运行异常和资源消耗情况；输出重要的日常数据库服务运行报表以评估数据库服务整体运行状况，从而发现数据库隐患。

（2）备份：制定和实施数据库备份计划，以便在"灾难"出现时对数据库信息进行恢复，维护存储介质上的存档或者备份数据。数据库的备份策略要根据实际要求进行更改，并对数据的日常备份情况进行监控。

（3）安全审计：为不同的数据库管理系统用户设定不同的访问权限，以保护数据库不被未经授权的用户访问和破坏。例如，允许一类用户只能检索数据，而另一类用户拥有更新数据和删除记录的权限。

（4）故障处理：对数据库服务出现的任何异常进行及时处理，尽可能地避免问题的扩大化甚至中止服务。在这之前数据库工程师需要针对各类服务异常（如机房/网络故障、程序 bug 等问题）制定处理预案，问题出现时可以自动或手动执行预案达到止损的目的。

（5）容量管理：包括数据库规模扩张后的资源评估、扩容、机房迁移、流量调度等规划和具体实施。

（6）数据库性能优化：产品对外提供服务非常重要的一点是用户体验，用户体验中非常重要的是产品的可用性和响应速度。在有限的资源支持下，使产品的可用性和响应速度达到最佳，也是数据库工程师的重要职责。

在软件开发企业，数据库工程师负责软件产品的业务数据库从设计、测试到部署、交付的全生命周期管理。但随着数据库越来越庞大，数据管理越来越复杂，越来越多的企业设置了数据库运维职位，让数据库工程师重点从事与数据管理相关的工作。

1.3.4　数据库运维发展趋势

近些年，传统的数据库运维方式已经越来越难以满足业务方对数据库的稳定性、可用性、灵活性的需求。随着数据库规模急速扩大，各种 NewSQL 系统被上线使用，运维逐渐跟不上业务发展，暴露出各种问题。在业务的驱动下，阿里巴巴、美团等公司的数据库管理员团队基本上都经历了从人工运维到工具化、产品化、自助化、自动化运维的转型，也开始了思考如何将智能运维应用在数据库领域。

传统运维和智能运维的区别主要有以下 5 点。

（1）从故障产生的原因来说，传统运维是故障触发，而智能运维是隐患驱动，即智能运维不用报警，通过报表就能知道可能要发生什么事，能够把故障消灭在萌芽阶段。

（2）传统运维是被动接受，而智能运维是主动出击，但主动出击不一定由数据库管理员去做，也可能由系统或者机器人来操作。

（3）传统运维是由数据库管理员发起和解决的，而智能运维是由运维系统发起和解决的。

（4）传统运维属于"人工救火"，而智能运维属于"智能决策执行"。

（5）传统运维需要数据库管理员"亲临现场"，而智能运维只需要数据库管理员"隐身幕后"。

数据库智能运维出现的主要推动力来自基于底层的虚拟化技术构建的云平台，包括近年来发展的融合云（混合云）平台，这些云平台通过整合云资源来提供支撑各行各业"万物互联"场景的更大平台。10 年前部署一个数据库很难，需要各种配置、各种调用，现在可以迅速地直接部署一个 RDS（Relational Database Service，关系数据库服务），而且做好了优化和集群，无论是效率还是稳定性都远超传统运维水准。

当然，随着技术的发展，未来也许会出现全自动化、智能化的数据库故障诊断平台，实现日志的采集、入库和分析，同时提供接口，以便实现全链路的故障定位和分析、服务化治理，让这样的平台能自己发现问题、自动定位问题，并智能地解决问题。

1.4 项目任务分解

为了更好地了解企业对数据库运维人员的要求，首先需要对当前的数据库运维职位的职责、发展趋势及相关运维管理工具有一定的了解。本项目任务要求读者了解数据库工程师职位要求及国内数据库运维平台。

任务 1-1 了解数据库工程师职位要求及就业前景

一、任务说明

随着现代企业的数据存储需求日益增长，数据存储方案已由常见的单机数据库转向分布式数据库，由关系型数据库转向非关系型数据库。大数据管理工作已成为企业运营的常态，更成为企业数字化转型的助力。而随着企业数字化转型的深入，企业要重点关注的是数字化能力的提升。像天天电器商场这样需要专职数据库运维人员（数据库工程师）的企业将会越来越多。

本任务要求想成为数据库工程师的你，通过相关招聘网站，搜索并了解数据库工程师职位的基本能力要求和就业前景。

二、任务实施过程

步骤 1：搜索数据库工程师职位

在浏览器访问招聘网站，在搜索框里分别输入"数据库工程师""数据库管理员""数据库运维"等关键词进行搜索，"数据库工程师"搜索结果如图 1-3 所示。

图 1-3 "数据库工程师"搜索结果

步骤 2：查看各企业对数据库工程师职位的要求

单击某条招聘信息，查看职位信息及岗位要求，如图 1-4 所示。

图 1-4　某数据库工程师职位信息及岗位要求

步骤 3：总结数据库工程师职位要求

通过查看 10 个以上数据库工程师职位要求，阐述一下数据库工程师职位的主要能力要求并尝试回答下面的问题。

（1）数据库工程师职位对学历要求很高吗？

（2）数据库工程师职位是否需要经验？

（3）数据库工程师职位要求的基本能力有哪些？

任务 1-2　了解国内数据库运维平台

一、任务说明

近年来，随着大数据、机器学习等技术的发展，数据库运维工作也逐渐向自动化、智能化方向发展。国内市场有很多可用的数据库运维平台，通过采用综合的第三方数据库运维平台，不仅能减少运维工作量，而且能够充分利用平台的巨大运维知识库，解决在运维过程中出现的"疑难杂症"，实现企业数据库安全、稳定、高效运行，真正实现企业数据价值最大化。

本任务要求读者熟悉国内常见的提供数据库运维服务的企业，了解其提供的主要产品和服务内容。

二、任务实施过程

步骤 1：搜索提供数据库运维服务的企业

进入百度搜索引擎，搜索关键词"数据库运维服务"，结果如图 1-5 所示。提供数据库运维服务和产品的企业比较多，比较知名的有美创、嘉为蓝鲸、阿里云等。

步骤 2：了解提供数据库运维服务的企业

通过提供数据库运维服务的企业的官方网站了解 3 个以上的数据库运维产品的特点及其应用场景，并尝试回答下面的问题。

（1）企业在什么阶段可以引入数据库运维产品？

（2）有了数据库运维产品，数据库工程师是否还需要具备数据库的基本运维能力？

图1-5 "数据库运维服务"搜索结果

1.5 课后习题

一、填空题

1. 数据管理经过＿＿＿＿＿＿＿、＿＿＿＿＿＿＿、＿＿＿＿＿＿＿ 3 个阶段。

2. 非关系型数据库也被称为＿＿＿＿＿＿＿＿。

3. HBase 属于＿＿＿＿＿＿＿类型的数据库，MongoDB 是＿＿＿＿＿＿＿数据库。

二、问答题

1. 请说出关系型数据库及非关系型数据库的典型产品、特点及应用场景。

2. 请试着口述一下你所了解的数据库工程师或数据库管理员职位的任职要求。

3. 请对比阐述一下数据库工程师和数据库开发工程师这两个职位的不同。

项目2
安装和配置MySQL

02

2.1 项目场景

你在招聘网站上看到了天天电器商场发布的招聘信息，并了解到该公司的业务系统使用的数据库系统多数是 MySQL。所以，你需要掌握如何在不同平台下完成 MySQL 的部署工作。接下来，请你按照本项目的任务要求来完成不同平台下的 MySQL 的安装和配置工作。

2.2 教学目标

一、知识目标

1. 了解 MySQL 发展历史及特点
2. 掌握 MySQL 命令提示符工具的使用方法
3. 掌握 MySQL Workbench 的使用方法
4. 掌握 MySQL 常用的配置内容

二、能力目标

1. 能在 Linux 系统下完成 MySQL 部署
2. 能在 Windows 系统下完成 MySQL 部署
3. 能用第三方运维平台完成数据库自动化部署

三、素养目标

1. 提高数据安全的意识
2. 加强操作规范的意识
3. 提升解决问题的能力

2.3 项目知识导入

2.3.1 MySQL 概述

MySQL 是一种开放源代码的关系型数据库管理系统（Relational Database Management System，RDBMS），其使用数据库管理语言——SQL 进行数据库管理。MySQL 由瑞典 MySQL AB 公司开发，目前属于 Oracle 公司旗下产品。它体积小、速度快、成本低，是当前最流行的关系型数据库管理系统之一。MySQL 采用了双授权政策，分别是 GPL（GNU General Public License，GNU 通用公共许可证）和商业许可证（Commercial License）。以下是几种常见的 MySQL 版本和工具。

（1）MySQL Community Server：社区版，开源免费，但不提供官方技术支持。

（2）MySQL Enterprise Edition：企业版，需付费，可以免费试用 30 天。

（3）MySQL Cluster：集群版，开源免费，可将几个 MySQL Server 封装成一个 Server。

（4）MySQL Cluster CGE：高级集群版，需付费。

（5）MySQL Workbench（GUI Tool）：一款专为 MySQL 设计的 E-R（Entity-Relationship，实体-联系）/数据库建模工具，它是数据库设计工具 DBDesigner4 的继任者。MySQL Workbench 又分为两个版本，分别是社区版（MySQL Workbench OSS）、商用版（MySQL Workbench SE）。

MySQL Community Server 是常用的 MySQL 版本。官方发布主要以发展里程碑（Development Milestone，DM）版本和通用（Generally Availability，GA）版本为主，DM 版本即试用版本，用于收集用户的反馈；GA 版本指通用版本，即正式发布的版本。第一个 DM 版本的版本号为 8.0.0，发布于 2016 年 9 月 12 日；第一个 GA 版本发布于 2018 年 4 月 19 日，版本号为 8.0.11。最新的 GA 版本为 8.0.30，发布于 2022 年 7 月 26 日。读者可以到 MySQL 官网的开发者区下载不同版本的 MySQL，如图 2-1 所示。

图 2-1　MySQL 官网的开发者区

下面简要介绍 MySQL 8.0 中需要关注的特性。

1．性能

MySQL 8.0 的速度要比 MySQL 5.7 快很多。MySQL 8.0 在读/写工作负载、I/O 密集型工作负载，以及高竞争（热点竞争问题）工作负载等方面具有更好的性能。MySQL 8.0 与 MySQL 5.6 和 MySQL 5.7 的查询速度比较如图 2-2 所示。

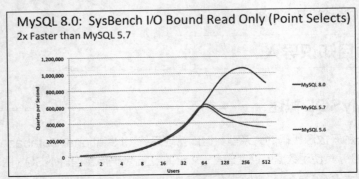

图 2-2　MySQL 8.0 与 MySQL 5.6 和 MySQL 5.7 的查询速度比较

2. NoSQL

MySQL 从 5.7 版本开始提供 NoSQL 存储功能，目前在 8.0 版本中这部分功能得到了很大的改进。MySQL 8.0 的文档存储功能为用户开发传统 SQL 关系应用程序和 NoSQL 文档数据库应用程序提供了最大的灵活性，这使开发人员不再需要单独的 NoSQL 文档数据库。开发人员可以在同一个数据库和同一个应用程序中混合和匹配关系数据和 JSON 文档。同时，MySQL 8.0 的文档存储功能还为无模式 JSON 文档提供了多文档事务支持和完全 ACID 合规性。ACID 是指数据库管理系统在写入或更新资料的过程中，为保证事务是正确可靠的，所必须具备的四个特性：原子性（Atomicity，或称不可分割性）、一致性（Consistency）、隔离性（Isolation，又称独立性）、持久性（Durability）。

3. 窗口函数

从 MySQL 8.0 开始，新增了一个窗口函数（Window Function）的概念，它可以用来实现若干新的查询方式。窗口函数与 SUM()、COUNT()这种集合函数类似，但它不会将多行查询结果合并为一行，而将结果放回多行中，即窗口函数不需要 GROUP BY 子句。

4. 隐藏索引

在 MySQL 8.0 中，索引可以被隐藏和显示。当索引被隐藏时，它不会被查询优化器所使用。这个特性可以用于数据库性能调试，例如先隐藏一个索引，然后观察其对数据库的影响。如果数据库性能有所下降，则说明这个索引是有用的，然后将其恢复显示即可；如果数据库性能没有变化，则说明这个索引是多余的，可以考虑将其删除。

5. 降序索引

MySQL 8.0 为索引提供按降序方式进行排列的支持，即索引中的值可以按降序的方式进行排列。

6. 通用表表达式

在复杂的查询中使用嵌入式表时，使用通用表表达式（Common Table Expression，CTE）可以让查询语句更清晰。

7. utf-8 编码

从 MySQL 8.0 开始，MySQL 使用 utf8mb4 作为默认字符集。

8. JSON

MySQL 8.0 大幅改进了对 JSON 的支持，添加了基于路径查询参数从 JSON 字段中抽取数据的 JSON_EXTRACT()函数，以及用于将数据分别组合到 JSON 数组和对象中的 JSON_ARRAYAGG()和 JSON_OBJECTAGG()聚合函数。

9. 可靠性

MySQL 8.0 从以下 3 个方面提高了 MySQL 的整体可靠性。

（1）MySQL 8.0 将其元数据存储到 InnoDB 存储引擎（这是一个经过验证的事务存储引擎）中。系统表（如用户和权限）和数据字典驻留在 InnoDB 存储引擎中。

（2）MySQL 8.0 把所有的元数据信息都存储在 InnoDB dictionary table 中，并且存储在单独的表空间 mysql.ibd 里。在 MySQL 8.0 之前，数据字典存在于 Server 层，mysql 库下的表和 InnoDB 内部系统表三个地方，这样的分散存储导致元数据信息的维护管理没有统一接口。由于 DDL 语句没有原子性，Server 层与 InnoDB 层的数据字典容易产生不一致。

（3）MySQL 8.0 支持原子 DDL 语句，此功能称为原子 DDL。原子 DDL 语句将与 DDL 操作关联的数据字典更新、存储引擎操作和二进制日志组合写入到单个原子操作中。操作要么被提交，适用的更改被持久化到数据字典、存储引擎和二进制日志中；要么被回滚（即使服务器在操作期间停止）。这在复制环境中尤为重要，否则可能会出现主从（节点）不同步的情况，从而导致数据漂移。

10. 高可用性

MySQL 8.0 的高可用性（High Availability，HA）体现在 InnoDB 集群为数据库提供集成的原生 HA 解决方案。

11. 安全性

MySQL 8.0 将默认身份验证插件由 mysql_native_password 更改为 caching_sha2_password。caching_sha2_password 具备更好的安全性（SHA2 算法）和高性能（缓存）。另外，MySQL 8.0 还通过 SQL 角色权限、密码强度提升、FIPS（Federal Information Processing Standards，联邦信息处理标准）模式支持等特性进一步了提高数据库的安全性。

MySQL 8.0 新增特性的具体介绍请参考官方发布的说明。

2.3.2 MySQL 工具

一、MySQL 命令行实用程序

安装完 MySQL 之后，一般都会再安装一个 MySQL 命令行实用程序。利用这个程序，用户可以用命令操作 MySQL。在 Linux 命令提示符下输入 mysql 命令登录并进入 MySQL 命令行状态。在 mysql 命令提示符下输入 help 或\h 命令，可以显示 MySQL 常用相关命令及其帮助信息，如图 2-3 所示。

```
mysql> help

For information about MySQL products and services, visit:
   http://www.mysql.com/
For developer information, including the MySQL Reference Manual, visit:
   http://dev.mysql.com/
To buy MySQL Enterprise support, training, or other products, visit:
   https://shop.mysql.com/

List of all MySQL commands:
Note that all text commands must be first on line and end with ';'
?         (\?) Synonym for `help'.
clear     (\c) Clear the current input statement.
connect   (\r) Reconnect to the server. Optional arguments are db and host.
delimiter (\d) Set statement delimiter.
edit      (\e) Edit command with $EDITOR.
ego       (\G) Send command to mysql server, display result vertically.
exit      (\q) Exit mysql. Same as quit.
go        (\g) Send command to mysql server.
help      (\h) Display this help.
nopager   (\n) Disable pager, print to stdout.
notee     (\t) Don't write into outfile.
pager     (\P) Set PAGER [to_pager]. Print the query results via PAGER. .
print     (\p) Print current command.
prompt    (\R) Change your mysql prompt.
quit      (\q) Quit mysql.
rehash    (\#) Rebuild completion hash.
source    (\.) Execute an SQL script file. Takes a file name as an argument.
status    (\s) Get status information from the server.
system    (\!) Execute a system shell command.
tee       (\T) Set outfile [to_outfile]. Append everything into given outfile.
use       (\u) Use another database. Takes database name as argument.
charset   (\C) Switch to another charset. Might be needed for processing binlog with multi-byte charsets.
warnings  (\W) Show warnings after every statement.
nowarning (\w) Don't show warnings after every statement.
resetconnection(\x) Clean session context.
```

图 2-3　MySQL 常用相关命令及其帮助信息

MySQL 常用相关命令含义如表 2-1 所示。

表 2-1　MySQL 常用相关命令含义

命令名称	命令别称	命令含义
clear	\c	清除当前输入命令

续表

命令名称	命令别称	命令含义
connect	\r	连接到服务器，可选参数为数据库和主机
delimiter	\d	设置命令分隔符
ego	\G	发送命令到 MySQL 服务器，并以垂直方式显示结果
exit	\q	退出 MySQL
go	\g	发送命令到 MySQL 服务器
help	\h	显示帮助信息
print	\p	输出当前命令
prompt	\R	改变 MySQL 提示信息
quit	\q	退出 MySQL，同 exit
source	\.	执行一个 SQL 脚本文件，以一个文件名作为参数
status	\s	获取 MySQL 服务的状态信息
tee	\T	设置输出文件，将所有信息输出至指定文件中
use	\u	使用另一个数据库，如 use test;，其中 test 为数据库名

二、MySQL Workbench

MySQL Workbench 是一款专为 MySQL 设计的集成化桌面软件，是可视化数据库设计软件，也是下一代可视化数据库设计、管理的工具，它为数据库管理员和开发人员提供了一整套可视化的数据库操作环境，主要用于数据库设计与模型建立、SQL 开发（取代 MySQL Query Browser）、数据库管理（取代 MySQL Administrator）。它有社区开源和商业化两个版本，读者可从官网下载。MySQL Workbench 下载页面如图 2-4 所示。

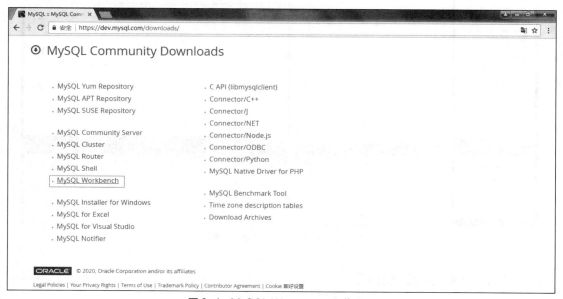

图 2-4　MySQL Workbench 下载页面

下载、安装完成后，运行 MySQL Workbench，在初始化界面中建立与 MySQL 服务器的连接，如图 2-5 所示。

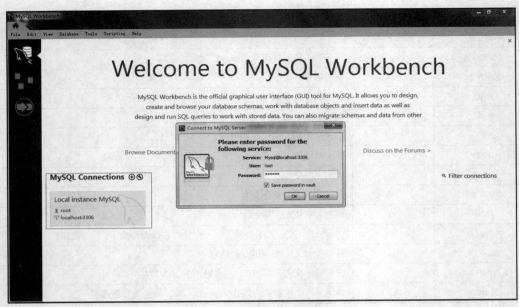

图 2-5　运行 MySQL Workbench

连接成功后进入 MySQL Workbench 主界面，如图 2-6 所示。

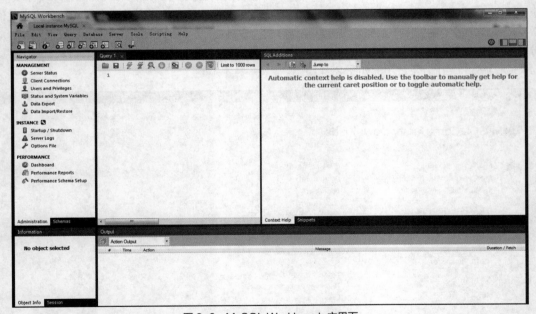

图 2-6　MySQL Workbench 主界面

2.3.3　MySQL 配置解析

在启动 MySQL 服务之前，可以通过 MySQL 的配置文件更改 MySQL 服务的相关信息。Linux
系统下的 MySQL 配置文件是/etc/my.cnf 文件或者/etc/my.cnf.d/server.cnf 文件。编辑 MySQL 配
置文件如图 2-7 所示。

```
[root@localhost ~]# vi /etc/my.cnf
# For advice on how to change settings please see
# http://dev.mysql.com/doc/refman/8.0/en/server-configuration-defaults.html

[mysqld]

# Remove leading # and set to the amount of RAM for the most important data
# cache in MySQL. Start at 70% of total RAM for dedicated server, else 10%.
# innodb_buffer_pool_size = 128M

# Remove the leading "# " to disable binary logging
# Binary logging captures changes between backups and is enabled by
# default. It's default setting is log_bin=binlog
# disable_log_bin

# Remove leading # to set options mainly useful for reporting servers.
# The server defaults are faster for transactions and fast SELECTs.
# Adjust sizes as needed, experiment to find the optimal values.
# join_buffer_size = 128M
# sort_buffer_size = 2M
# read_rnd_buffer_size = 2M

# Remove leading # to revert to previous value for default_authentication_plugin,
# this will increase compatibility with older clients. For background, see:
# https://dev.mysql.com/doc/refman/8.0/en/server-system-variables.html#sysvar_default_authentication_plugin
# default-authentication-plugin=mysql_native_password

datadir=/var/lib/mysql
socket=/var/lib/mysql/mysql.sock

log-error=/var/log/mysqld.log
pid-file=/var/run/mysqld/mysqld.pid
```

图 2-7　编辑 MySQL 配置文件

MySQL 常用配置项说明如表 2-2 所示。

表 2-2　MySQL 常用配置项说明

配置项	含义
basedir = path	使用给定目录作为根目录（安装目录）
datadir = path	从给定目录中读取数据库文件
pid-file = filename	为 mysqld 程序指定一个存放进程 ID 的文件（仅适用于 UNIX/Linux 系统）；Init-V 脚本需要使用这个文件里的进程 ID 结束 mysqld 进程
socket = filename	为 MySQL 客户端与服务器的本地通信指定一个套接字文件（仅适用于 UNIX/Linux 系统，一般默认设置为/var/lib/mysql/mysql.sock 文件）。在 Windows 系统下，如果 MySQL 客户端与服务器通过命名管道进行通信，socket 给出的将是该命名管道的名字（默认设置为 MySQL）
port = n	为 MySQL 程序指定一个 TCP/IP 通信端口（通常是 3306 端口）
user = name	mysqld 程序启动后将在给定的 UNIX/Linux 账户下执行；mysqld 程序必须从 root 账户启动才能在启动后切换到另一个账户下执行；mysqld_safe 脚本将默认使用--user=mysql 参数来启动 mysqld 程序
slow_query_log=1/0	是否开启慢查询日志，1 表示开启，0 表示关闭
max_connections = n	MySQL 服务器同时处理的数据库连接的最大数量（默认设置为 100）
max_connect_errors = n	设置每个主机的连接请求异常中断的最大次数，当超过该次数，MySQL 服务器将禁止主机的连接请求
character-set-server = utf8	设置数据库服务器的默认编码为 utf-8
log-warnings=1/0	默认为 1，表示启用警告信息记录日志，不需要则置 0，大于 1 时表示将错误或者失败连接记录到日志
default-storage-engine = InnoDB	默认数据库引擎。MySQL 8.0 的默认数据库引擎为 InnoDB

17

2.4 项目任务分解

安装和配置数据库是数据库运维人员的一个基本技能，数据库运维人员需要在不同的系统下实现 MySQL 的安装和配置。

任务 2-1 在 Linux 系统下安装并配置 MySQL

一、任务说明

MySQL 支持多个系统，不同系统下的安装和配置过程不尽相同。考虑到实际应用中的环境多数是 Linux 系统，所以本任务要求在 Linux CentOS 7 下完成安装和配置 MySQL 8.0 Community。以下所说的 MySQL 8.0 均为社区版。

二、任务实施过程

步骤 1：配置 MySQL 8.0 安装源

MySQL Yum Repository 提供了一种简单、方便的方法，可以使用 yum 命令来安装和更新 MySQL 产品。

打开 Linux CentOS 7，下载 MySQL 8.0 的 Yum Repository 源并安装，命令如下。

```
sudo rpm -Uvh https://dev.mysql.com/get/mysql80-community-release-el7-3.noarch.rpm
```

安装完成之后，会在/etc/yum.repos.d/目录下新增 mysql-community.repo 和 mysql-community-source.repo 两个 yum 源文件，也可以使用 yum repolist all | grep mysql 命令查询到新的 yum 源文件，各种版本的产品都在其中，如图 2-8 所示。默认的安装源为 mysql80-community 版本。

```
[root@localhost yum.repos.d]# yum repolist all | grep mysql
Repodata is over 2 weeks old. Install yum-cron? Or run: yum makecache fast
mysql-cluster-7.5-community/x86_64    MySQL Cluster 7.5 Community    disabled
mysql-cluster-7.5-community-source    MySQL Cluster 7.5 Community -  disabled
mysql-cluster-7.6-community/x86_64    MySQL Cluster 7.6 Community    disabled
mysql-cluster-7.6-community-source    MySQL Cluster 7.6 Community -  disabled
mysql-cluster-8.0-community/x86_64    MySQL Cluster 8.0 Community    disabled
mysql-cluster-8.0-community-source    MySQL Cluster 8.0 Community -  disabled
!mysql-connectors-community/x86_64    MySQL Connectors Community     enabled:    165
mysql-connectors-community-source     MySQL Connectors Community -   disabled
!mysql-tools-community/x86_64         MySQL Tools Community          enabled:    115
mysql-tools-community-source          MySQL Tools Community - Sourc  disabled
mysql-tools-preview/x86_64            MySQL Tools Preview            disabled
mysql-tools-preview-source            MySQL Tools Preview - Source   disabled
mysql55-community/x86_64              MySQL 5.5 Community Server     disabled
mysql55-community-source              MySQL 5.5 Community Server -   disabled
mysql56-community/x86_64              MySQL 5.6 Community Server     disabled
mysql56-community-source              MySQL 5.6 Community Server -   disabled
mysql57-community/x86_64              MySQL 5.7 Community Server     disabled
mysql57-community-source              MySQL 5.7 Community Server -   disabled
!mysql80-community/x86_64             MySQL 8.0 Community Server     enabled:    193
mysql80-community-source              MySQL 8.0 Community Server -   disabled
```

图 2-8 查看 MySQL 安装源

步骤 2：安装 MySQL 8.0

通过 yum 命令安装 MySQL 8.0，命令如下。

```
sudo yum --enablerepo=mysql80-community install mysql-community-server
```

系统会列出 MySQL 8.0 安装过程中需要使用的插件，如图 2-9 所示。

在图 2-9 是否同意下载插件的提示中输入"y"后按"Enter"键。系统开始下载，下载完成后，继续根据提示输入"y"。开始安装，安装完成后，出现图 2-10 所示的界面，表示安装成功。

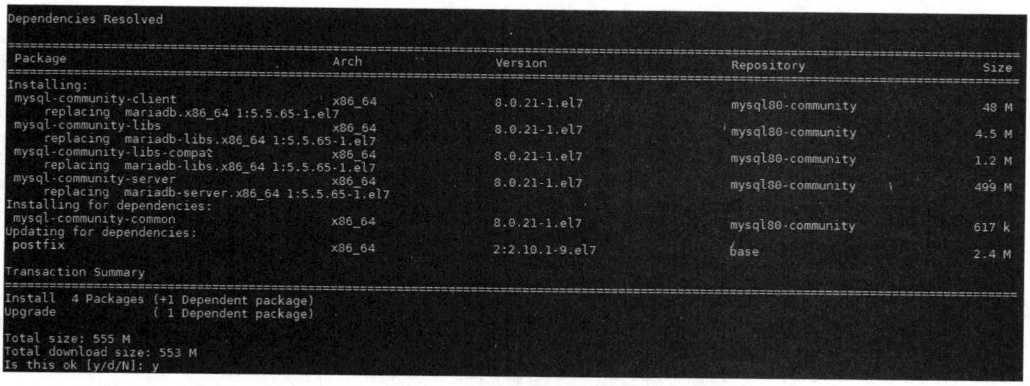

图 2-9　MySQL 8.0 安装过程中的需要使用的插件

图 2-10　MySQL 8.0 安装成功界面

步骤 3：启动 MySQL 服务

MySQL 8.0 安装完成后，需要启动 MySQL 服务，否则客户端无法连接数据库。启动 MySQL 服务的命令如下。

```
systemctl start mysqld.service
```

启动后，可以使用命令 systemctl status mysqld.service 查看服务状态信息，显示结果如图 2-11 所示。如果 Active 显示 active（running），则表示 MySQL 服务已经启动。

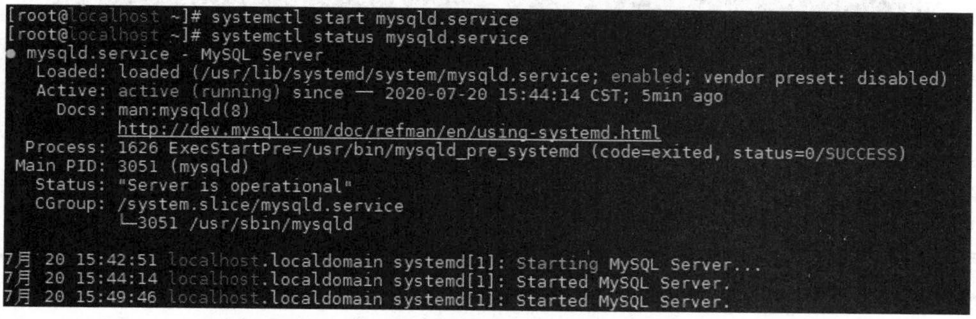

图 2-11　查看 MySQL 服务状态信息

📖知识扩展

在Linux系统中，通过命令方式可以实现MySQL服务的启动和停止。具体相关操作命令如下。

- 启动MySQL服务命令：systemctl start mysqld。
- 停止MySQL服务命令：systemctl stop mysqld。
- 查看MySQL服务状态命令：systemctl status mysqld。
- 开机启动MySQL服务命令：systemctl enabled mysqld。

任务 2-2　登录、退出 MySQL

一、任务说明

安装 MySQL 之后，就可以登录 MySQL 进行数据库管理工作了。

本任务要求使用 root 账户的临时密码进行登录，并修改 root 账户的密码。

微课视频

二、任务实施过程

步骤 1：查看 root 账户临时密码

为了增强数据库的安全性，在安装 MySQL 时会为 root 账户生成一个临时的随机密码，存放在 /var/log/mysqld.log 文件中。查看 root 账户临时密码的命令如下。

```
grep "A temporary password" /var/log/mysqld.log
```

查看结果如图 2-12 所示。

```
[root@localhost ~]# grep "A temporary password" /var/log/mysqld.log
2020-07-20T07:44:09.010059Z 6 [Note] [MY-010454] [Server] A temporary password is generated for root@localhost: </=tC0vMXA1T
```

图 2-12　root 账户临时密码的查看结果

步骤 2：使用 root 账户临时密码登录 MySQL

在得到 root 账户的临时密码后，可以使用临时密码进行登录，登录 MySQL 的命令如下。注意：-u 的后面加空格和不加空格，命令都可以运行。

```
mysql -u root -p
```

输入命令并按"Enter"键后，首先会出现提示"Enter password:"，根据提示输入在步骤 1 中查询到的临时密码。在登录成功后会出现 mysql 命令提示符，如图 2-13 所示。

```
[root@localhost ~]# mysql -u root -p
Enter password:
Welcome to the MySQL monitor.  Commands end with ; or \g.
Your MySQL connection id is 8
Server version: 8.0.21

Copyright (c) 2000, 2020, Oracle and/or its affiliates. All rights reserved.

Oracle is a registered trademark of Oracle Corporation and/or its
affiliates. Other names may be trademarks of their respective
owners.

Type 'help;' or '\h' for help. Type '\c' to clear the current input statement.

mysql>
```

图 2-13　登录 MySQL 成功的界面

步骤 3：修改 root 账户的临时密码

使用临时密码登录成功后暂时还不能使用 mysql 命令，需要使用 ALTER USER 命令将临时密码更改为账户自己的密码，其中必须包含字母、数字和特殊字符。修改 root 账户密码的命令如下。

```
ALTER USER root@localhost IDENTIFIED  BY '账户复杂的密码';
```

执行结果如图 2-14 所示。

```
mysql> ALTER USER root@localhost IDENTIFIED  BY 'Deng1234!';
Query OK, 0 rows affected (0.73 sec)

mysql>
```

图 2-14　修改 root 账户的密码

步骤 4：使用修改后的密码再次登录

登录方法同步骤 2，命令如下。

```
mysql -u root -p
```

步骤 5：退出登录

在 mysql 命令提示符下执行 quit 命令退出登录。

微课视频

任务 2-3　在 Windows 系统下安装并配置 MySQL

一、任务说明

在实际应用中，MySQL 一般部署在 Linux 系统下。当然，MySQL 也支持 Windows 系统。本任务要求在 Windows 系统下安装和配置 MySQL。

二、任务实施过程

步骤 1：获取 MySQL

打开 MySQL 官网，进入下载页面，在页面下端单击"MySQL Community (GPL) Downloads"超链接，进入 MySQL Community Downloads 页面，如图 2-15 所示。

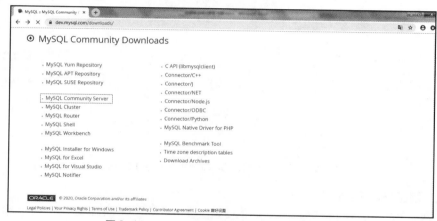

图 2-15　MySQL Community Downloads 页面

单击图 2-15 中的"MySQL Community Server"进入下载页面，如图 2-16 所示。

图 2-16　选择下载 MySQL Community Server 8.0.21

> **提示** MySQL 提供了 32 位和 64 位两种版本，本任务以 64 位版本为例进行讲解。如果要安装 32 位版本，请单击图 2-16 中的"Go to Download Page>"按钮进行下载。

在图 2-16 中单击"Archives"页签，进入到历史版本下载界面，如图 2-17 所示，产品版本（Product Version）选择"8.0.21"，操作系统（Operating System）选择"Microsoft Windows"。

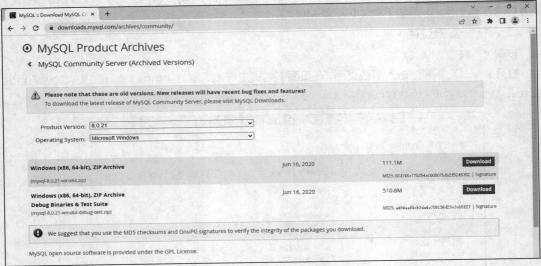

图 2-17 选择下载 MySQL Community 8.0.21 版本

步骤 2：解压 MySQL 文件

首先创建 D:\mysql8.0.21 作为 MySQL 的安装目录，然后打开 mysql-8.0.21-winx64.zip 压缩包，将其中的 mysql-8.0.21-winx64 目录中的文件解压到 D:\mysql8.0.21 目录中，解压后的程序目录结构如图 2-18 所示。

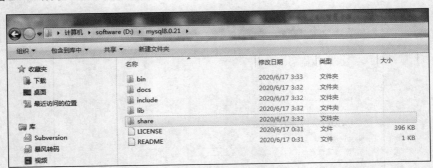

图 2-18 mysql-8.0.21-winx64.zip 压缩包解压后的程序目录结构

> 📖 **知识扩展**
>
> ### 了解 MySQL 8.0.21 程序的目录结构
>
> ● bin目录：存放可执行文件，例如MySQL服务程序mysqld.exe、MySQL客户端工具mysql.exe等。

- docs目录：存放文档，例如MySQL的详细介绍文档。
- include目录：存放一些头文件，例如mysql.h、mysql_ername.h等。
- lib目录：存放系统库文件。
- share目录：存放字符集、语言等信息。
- LICENSE文件：存放GPL协议内容。
- README文件：存放版权、版本等信息。

步骤 3：配置 MySQL

（1）创建 MySQL 配置文件。在 D:\mysql8.0.21 目录下创建一个名为 data 的空文件夹和一个名为 my.ini 的文件。使用文本编辑器编辑初始化的 my.ini 文件，my.ini 文件里的内容如下。

```
[mysqld]
# 设置 3306 端口
port=3306
# 设置 MySQL 的安装目录
basedir= D:\\mysql8.0.21
# 设置 MySQL 数据库中的数据的存放目录
datadir= D:\\mysql8.0.21\\data
# 允许最大连接数
max_connections=200
# 允许连接失败的次数。这是为了防止有人从该主机试图攻击数据库系统
max_connect_errors=10
# 服务器使用的字符集默认为 utf8mb4
character-set-server=utf8mb4
# 创建新表时使用的默认数据库引擎
default-storage-engine=InnoDB
[mysql]
# 设置 MySQL 客户端默认字符集
default-character-set=utf8
[client]
# 设置 MySQL 客户端连接服务器时默认使用的端口
port=3306
default-character-set=utf8
```

（2）初始化数据库。选择"开始"→"所有程序"→"附件"，找到"命令提示符"并右键单击，在弹出的快捷菜单中选择"以管理员身份运行"命令，启动命令提示符窗口。在命令提示符窗口中，切换到 MySQL 安装目录下的 bin 目录，命令如下。

```
d:
cd d:\mysql8.0.21\bin
```

然后，通过 MySQL 的初始化功能，自动创建数据文件目录，命令如下。

```
mysqld --initialize-insecure
```

 注意 在上述命令中，"--initialize"表示初始化数据库；"-insecure"表示忽略安全性，此时 root 账户的密码为空，如果省略此参数，MySQL 将自动为 root 账户生成一个随机的复杂密码。

步骤 4：将 MySQL 安装为 Windows 系统服务

将 MySQL 安装为 Windows 系统服务，以便 MySQL 随 Windows 系统启动而开启服务。在命令提示符窗口中执行以下命令开始安装。

```
mysqld -install
```

执行上述命令，会创建一个默认名称为 MySQL 的服务。

 注意 若要删除此服务，请执行 **mysqld-remove MySQL** 命令。

步骤 5：启动 MySQL 服务

MySQL 安装完成后，需要启动 MySQL 服务，否则数据库无法工作。可以通过两种方式来控制 MySQL 服务的启动与停止。

方式 1：通过命令方式管理 MySQL 服务

在命令提示符窗口中执行如下命令启动 MySQL 服务，如果一切正常，会出现"MySQL 服务已经启动成功"的提示。

```
net start MySQL
```

停止服务命令如下。

```
net stop MySQL
```

方式 2：通过 Windows 服务管理器管理 MySQL 服务

按"Windows+R"组合键，打开"运行"对话框，在"运行"文本框里输入"services.msc"并按"Enter"键，打开 Windows 服务管理器，找到在步骤 4 中安装的 MySQL 服务，如图 2-19 所示。

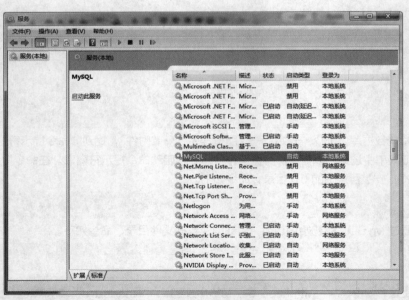

图 2-19　MySQL 服务

在打开的"服务"窗口中，双击 MySQL 服务项，对 MySQL 服务进行设置和启动，如图 2-20 所示。此时，MySQL 服务还没有启动，可通过单击"启动"按钮启动服务。

图 2-20　设置和启动 MySQL 服务

步骤 6：登录 MySQL

在 D:\mysql8.0.21\bin 命令提示符下执行如下命令，登录成功则会显示 mysql 命令提示符，如图 2-21 所示。

```
mysql -u root
```

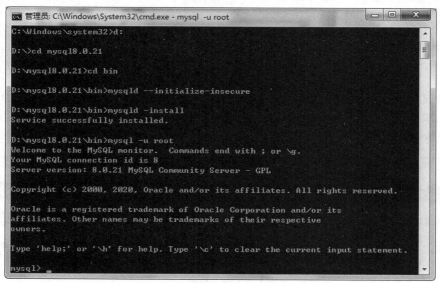

图 2-21　在 Windows 系统下登录 MySQL

步骤 7：修改 MySQL 登录密码

首次使用空密码登录成功后，与 Linux 系统一样，需要在 mysql 命令提示符下修改 root 账户的密码。这里的密码不同于 Linux 系统下要求的复杂密码，可以使用简单密码，可将密码改为 123456，如图 2-22 所示。但为了安全，不推荐使用简单密码。

```
mysql> ALTER USER 'root'@'localhost' IDENTIFIED BY '123456';
Query OK, 0 rows affected (0.02 sec)
```

图 2-22　在 Windows 系统下修改 root 账户密码

修改成功后，退出登录，再用新的密码尝试登录。

任务 2-4　第三方运维平台下的自动化部署

一、任务说明

大多数的数据库运维平台都有数据库管理系统的自动化部署功能，例如杭州美创科技股份有限公司（以下简称"美创科技"）的数据库运行安全管理平台。本任务要求基于美创科技产品实现 MySQL 的自动化部署。

二、任务实施过程

步骤 1：准备工作

在进行数据库管理系统的自动化部署前，需要将操作系统介质和数据库介质上传到文件传输协议（File Transfer Protocol，FTP）服务器，且该 FTP 服务器需和即将要安装、部署数据库的主机保持网络畅通。需要准备的工作项及要求如表 2-3 所示。

表 2-3　部署前准备工作项及要求

工作项	要求
检查计算机硬件环境	4 核 CPU，8GB 内存，硬盘空间在 50GB 以上
检查 Linux CentOS 7 环境	安装 wget 包
下载 Linux CentOS 7 安装介质	如 CentOS-7.4-x86_64-Everything-1708.iso
下载 MySQL 安装介质	如 mysql-8.0.12-linux-glibc2.12-x86_64.tar 或者 mysql-8.0.15-linux-glibc2.12-x86_64.tar

步骤 2：介质管理

在数据库运行安全管理平台上单击"自动化部署"模块，进入自动化部署页面，如图 2-23 所示。在自动化部署页面上单击"介质管理"按钮进入介质管理页面，介质管理用于配置操作系统和数据库介质相关属性。

图 2-23　自动化部署页面

在介质管理页面，单击"添加"按钮，在图 2-24 所示界面中添加在步骤 1 中上传的操作系统介质和数据库介质，其中标签名可任意填写。添加成功后，可以查看介质列表，介质列表如图 2-25 所示。

图 2-24　添加介质

图 2-25　介质列表

步骤 3：开始安装

在自动化部署页面，单击图中框线处，进行安装、部署。首先进行主机信息配置，如图 2-26 所示。

图 2-26　安装之前的主机信息配置界面

图 2-26 中的主机信息配置项的介绍具体如下。

- 主机名：自定义主机名，只支持英文字符，主机名不能为 localhost、localhost.localdomain 且不能带下画线。
- IP 地址：安装数据库的主机 IP 地址。
- 操作系统：用户已安装的操作系统类型。
- 操作系统版本：用户已安装的操作系统版本。
- 系统安装文件：上传到 FTP 服务器的操作系统镜像文件。
- ROOT 密码：主机的 ROOT 账户密码。

接下来配置数据库信息，如图 2-27 所示。

图 2-27　安装之前的数据库信息配置界面

图 2-27 中的数据库信息配置项的介绍具体如下。

- 数据库类型：选择安装的数据库类型，默认是 ORACLE，这里选择 MySQL。
- 数据库版本：安装的数据库的版本号。
- 数据库安装文件：选择上传到 FTP 服务器的数据库安装介质文件。
- 安装目录：设置数据库的安装路径。
- 数据库名：设置安装的数据库名称。
- 字符集：设置数据库采用的默认字符集。
- 描述：对安装的数据库实例进行详细描述。

最后，单击"安装"按钮进行安装。安装成功界面如图 2-28 所示。

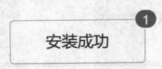

图 2-28　安装成功界面

安装成功后，主机 MySQL 用户密码默认为 mysql；数据库 root 账户密码默认为 ORACLE。

2.5　常见问题解决

问题 1：启动 MySQL 服务时出现"ERROR 2002 (HY000): Can't connect to local MySQL server through socket'/tmp/mysql.sock'"错误提示。

原因分析

首先了解 mysql.sock 的作用。MySQL 有以下两种连接方式。

（1）TCP/IP：客户端的连接方式，是基于网络的请求连接。

（2）Socket：服务端（本地端）的连接方式，即套接字连接。

mysql.sock 是一个临时文件，在启动 MySQL 服务后它才会生成，用户在发起本地端连接时（即程序与 MySQL 处于同一台计算机中）可用。如果出现报错，是因为 MySQL 将其放在/tmp 目录下，而 Linux 系统将其放在/var/mysql 目录中。

解决方案

本问题解决起来十分简单，只需要创建一个软链接即可。

1. 创建目录

命令如下：

```
sudo mkdir /var/mysql
```

如果/var 下有 mysql 目录，则不需要创建。

2. 创建软链接

命令如下：

```
sudo ln -s /tmp/mysql.sock /var/mysql/mysql.sock
```

创建软链接过程中如果提示"ln:creating symbolic link/data/mysqldata/mysql.sock'to /tmp/mysql.sock': File exists"，则删除之前的 mysql.sock 文件，然后重新启动 MySQL 服务。

问题 2：如何删除 Linux CentOS 7 自带的 MariaDB 数据库？

原因分析

Linux CentOS 7 自带 MariaDB 数据库，如果不需要的话，可以考虑将其删除，防止在安装、部署 MySQL 时出现不可预知的问题。

解决方案

1. 查询所安装的 MariaDB 数据库

命令如下：

```
rpm -qa | grep Maria*
```

2. 卸载数据库

命令如下：

```
yum -y remove Maria*
```

3. 删除数据库文件

命令如下：

```
rm -rf /var/lib/mysql/*
```

问题 3：在 Windows 系统中，执行数据库初始化命令 mysqld --initialize - insecure 时，会提示计算机中丢失 VCRUNTIME140_1.dll，如图 2-29 所示。

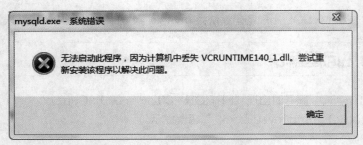

图 2-29　丢失 VCRUNTIME140_1.dll 错误提示

原因分析

此问题是缺少 MySQL 依赖的 Windows 库导致的。

解决方案

安装当前新版 Visual C++ Redistributable for Visual Studio 2019，或者搜索"微软常用运行库合集 2019"，选择所需部分，下载并安装后即可正常安装 MySQL。

2.6　课后习题

1. 简述你知道的 MySQL 版本，并说明其具体 GA 版本及发布时间。
2. 请尝试在 Linux 系统下用二进制方式安装 MySQL。
3. 请问怎么确认 MySQL 服务启动成功？
4. 请阐述一下你所了解的第三方数据库运维平台的部署功能。

项目3
管理MySQL权限与安全

03

3.1 项目场景

天天电器商场的售后服务部门最近通过外包的方式开发了一款售后服务登记系统，外包的软件开发商需要在公司的服务器上部署 MySQL 数据库文件以提供数据共享服务。请你给外包的软件开发商创建一个用于访问 MySQL 的账户，使其可以部署数据库文件，但是不能查看和改动部署在 MySQL 服务器上的其他数据库文件。

一般通过 MySQL 的权限与安全系统来完成这项任务。MySQL 的权限与安全系统非常重要，但常被开发者或管理者忽略。权限分配不谨慎，可能会造成难以挽回的损失，而且很难追究责任。

3.2 教学目标

一、知识目标

1. 了解 MySQL 权限管理原理
2. 熟悉 MySQL 权限表
3. 掌握 MySQL 账户管理方法
4. 掌握 MySQL 权限管理方法

二、能力目标

1. 能根据用户需求完成 MySQL 的账户管理
2. 能根据应用场景完成 MySQL 的权限管理
3. 能完成 MySQL 的安全体系构建

三、素养目标

1. 树立安全管理的责任意识
2. 培养规范管理的工作行为
3. 养成严谨细致的工作习惯

3.3 项目知识导入

3.3.1 权限表

权限表类似普通的数据表，在安装 MySQL 时，系统会自动安装一个名为 mysql 的数据库，该数据库主要用于维护数据库的账户及控制和管理权限。MySQL 可通过权限表来控制数据库操作人员的访问与操作范围。其中存在 5 个常用的权限表，分别为 user 表、db 表、tables_priv 表、columns_priv 表和 procs_priv 表，具体介绍如下。

- user 表：存放账户信息及全局级（所有数据库）权限，决定了来自哪些主机的哪些账户可以访问数据库实例，如果某账户有全局级权限则意味着该账户对所有数据库都有此权限。
- db 表：存放数据库级别的权限，决定了来自哪些主机的哪些账户可以访问指定的数据库。
- tables_priv 表：存放表级别的权限，决定了来自哪些主机的哪些账户可以访问指定数据库中的指定表。
- columns_priv 表：存放列级别的权限，决定了来自哪些主机的哪些账户可以访问指定数据表中的指定字段。
- procs_priv 表：存放存储过程和函数级别的权限。

接下来重点介绍 user 表。

user 表中保存了所有账户的信息。MySQL 8.0 中的 user 表包括 51 个字段，如表 3-1 所示。

表 3-1　user 表的字段列表

字段名	数据类型	默认值
host	char(60)	
user	char(32)	
select_priv	enum('N','Y')	N
insert_priv	enum('N','Y')	N
update_priv	enum('N','Y')	N
delete_priv	enum('N','Y')	N
create_priv	enum('N','Y')	N
drop_priv	enum('N','Y')	N
reload_priv	enum('N','Y')	N
shutdown_priv	enum('N','Y')	N
process_priv	enum('N','Y')	N
file_priv	enum('N','Y')	N
grant_priv	enum('N','Y')	N
references_priv	enum('N','Y')	N
index_priv	enum('N','Y')	N
alter_priv	enum('N','Y')	N
show_db_priv	enum('N','Y')	N
super_priv	enum('N','Y')	N
create_tmp_table_priv	enum('N','Y')	N
lock_tables_priv	enum('N','Y')	N

续表

字段名	数据类型	默认值
execute_priv	enum('N','Y')	N
repl_slave_priv	enum('N','Y')	N
repl_client_priv	enum('N','Y')	N
create_view_priv	enum('N','Y')	N
show_view_priv	enum('N','Y')	N
create_routine_priv	enum('N','Y')	N
alter_routine_priv	enum('N','Y')	N
create_user_priv	enum('N','Y')	N
event_priv	enum('N','Y')	N
trigger_priv	enum('N','Y')	N
create_tablespace_priv	enum('N','Y')	N
ssl_type	enum('','ANY','X509','SPECIFIED')	
ssl_cipher	blob	NULL
x509_issuer	blob	NULL
x509_subject	blob	NULL
max_questions	int(11) unsigned	0
max_updates	int(11) unsigned	0
max_connections	int(11) unsigned	0
max_user_connections	int(11) unsigned	0
plugin	char(64)	caching_sha2_password
authentication_string	text	NULL
password_expired	enum('N','Y')	N
password_last_changed	timestamp	NULL
password_lifetime	smallint(5) unsigned	NULL
account_locked	enum('N','Y')	N
create_role_priv	enum('N','Y')	N
drop_role_priv	enum('N','Y')	N
password_reuse_history	smallint(5) unsigned	NULL
password_reuse_time	smallint(5) unsigned	NULL
password_require_current	enum('N','Y')	NULL
user_attributes	json	NULL

在表 3-1 列出的字段中，根据字段的功能可将其划分为 7 类。

1. 账号字段

字段名为 host 和 user 的字段共同组成 user 表的主键，用于区分 MySQL 中的账户。user 字段表示账户的名称，host 字段表示允许访问数据库的客户端 IP 地址或主机地址，当 host 字段的值为"%"时，表示所有客户端的账户都可以访问数据库。

2. 权限字段

表 3-1 中以"_priv"结尾的字段为权限字段，这些字段保存了账户的全局级权限，例如"select_priv"保存了查询权限、"insert_priv"保存了插入权限等。这些字段的数据类型都是 enum（枚举类型），取值为 N 或 Y，N 表示无对应权限，Y 则表示拥有该权限。

3. 安全连接字段

在客户端与 MySQL 服务器连接时，除了可以进行基于账户和密码的常规验证外，还可以判断当前连接是否符合安全套接字层（Secure Socket Layer，SSL）协议，与其相关的字段有以下几个。

（1）ssl_type：用于保存安全连接的类型。

（2）ssl_cipher：用于保存安全加密连接的特定密码。

（3）x509_issuer：用于保存由认证中心（Certificate Authority，CA）签发的有效 X509 证书。

（4）x509_subject：用于保存包含主题的有效 X509 证书。

4. 资源限制字段

表 3-1 中以"max_"开头的字段为资源限制字段，用于保存账户对可使用的服务器资源的限制。

（1）max_questions：每小时允许用户执行查询操作的最多次数。

（2）max_updates：每小时允许用户执行更新操作的最多次数。

（3）max_connections：每小时允许用户建立连接的最多次数。

（4）max_user_connections：允许单个用户同时建立连接的最多数量。

5. 身份验证字段

MySQL 8.0 使用 user 表中的 plugin 字段和 authentication_string 字段保存账户的身份验证信息。其中 plugin 字段用于指定账户的验证插件名称，authentication_string 字段则用于保存根据对应的验证插件对明文密码加密后的字符串。除此之外，与身份验证相关的字段还有以下这些。

（1）password_expired：密码是否过期。

（2）password_last_changed：密码最后修改时间。

（3）password_lifetime：密码的有效期。

（4）password_reuse_history：修改的密码不允许与最近几次使用的密码重复。

（5）password_reuse_time：修改的密码不允许与最近多少天使用的密码重复。

（6）password_require_current：修改密码时是否需要提供当前的登录密码。

6. 账户锁定字段

表 3-1 中的 account_locked 字段用于判断当前账户是否处于锁定状态。当其值为 Y 时，当前账户锁定，不能连接到服务器；当其值为 N 时，当前账户可连接到服务器并访问数据库。

7. user_attributes 字段

user_attributes 字段是一个 JSON 格式的字段，在 MySQL 8.0.14 中添加，用于存储未存储在其他字段中的账户属性，例如 additional_password（二级密码）、Restrictions（限制列表）等。

3.3.2 账户管理

一、创建账户

MySQL 中账户的信息保存在 mysql 数据库的 user 表中。可以直接通过操作 user 表的方式进行账户的创建。但是在数据库的开发和管理中，为了保证数据的安全，并不推荐采用这种方式，而推荐采用 MySQL 提供的 CREATE USER 语句来创建账户。它的基本语法格式如下。

```
CREATE USER [IF NOT EXISTS]
user [auth_option] [, user [auth_option]] ...
DEFAULT ROLE role [, role ] ...
[REQUIRE {NONE | tls_option [[AND] tls_option] ...}]
[WITH resource_option [resource_option] ...]
[password_option | lock_option] ...
```

在上述语法格式中，CREATE USER 语句可以一次创建多个账户，多个账户用逗号分隔。CREATE USER 语句选项的详细说明请参考表 3-2。

表 3-2　CREATE USER 语句选项说明

选项	说明	默认值
user	账户名，格式为"账户名@主机地址"	
auth_option	账户身份验证选项，即加密插件	由 default_authentication_plugin 系统变量定义的插件
role	角色	NONE
tls_option	加密连接协议选项	NONE
resource_option	资源限制选项	N（表示无限制）
password_option	密码管理选项	PASSWORD EXPIRE DEFAULT
lock_option	账户锁定选项	ACCOUNT UNLOCK

 注意　首次创建的账户没有权限，默认角色为 NONE。若要分配权限或角色，请使用 GRANT 语句。

下面通过几个简单示例来了解 CREATE USER 语句的使用方法。

（1）创建简单的账户。SQL 语句及执行结果如下。

```
mysql> CREATE USER 'user1';
Query OK, 0 rows affected (0.01 sec)
```

上述语句在创建账户时，没有指定主机地址，则主机地址默认为"%"，表示一组主机，可以在任意的主机上使用此账户；没有指定密码，则 MySQL 允许该账户不使用密码登录系统。

（2）创建包含密码的账户。SQL 语句及执行结果如下。

```
mysql> CREATE USER 'user1' IDENTIFIED by '123456';
Query OK, 0 rows affected (0.01 sec)
```

在上述语句中，创建了 user1 账户，并通过 IDENTIFIED 关键字指定了 user1 账户的明文密码为 "123456"。接下来查询 user1 账户信息是否存在于 user 表中，具体 SQL 语句及执行结果如下。

```
mysql> SELECT user,host FROM user;
+------------------+-----------+
| user             | host      |
+------------------+-----------+
| root             | %         |
| user1            | %         |
| mysql.infoschema | localhost |
| mysql.session    | localhost |
| mysql.sys        | localhost |
+------------------+-----------+
5 rows in set (0.00 sec)
```

在上述结果中，可以找到 user1 账户，它对应的 host 字段的值为 "%"，表示 user1 账户可以在任意主机上连接到 MySQL 服务器。当 host 字段的值为 "localhost" 时，则只能从本地主机连接到 MySQL 服务器。

查看明文密码加密后的效果，具体 SQL 语句及执行结果如下。

```
mysql> SELECT plugin,authentication_string FROM user
    -> WHERE user='user1';
+----------------------+---------------------------------------------------+
| plugin               | authentication_string                             |
+----------------------+---------------------------------------------------+
|caching_sha2_password|$A$005$!C+!%`)Om;,e.A}dZkkWExrSKUpMDwbTZp5x2Yic4Enh.tx88EU336Oz85|
+----------------------+---------------------------------------------------+
1 row in set (0.00 sec)
```

从上述结果可知，在 user 表中以 caching_sha2_password 为默认的加密插件将明文密码进行加密（见 authentication_string 字段的值）。

除此之外，也可以在设置密码时指定密码加密插件（即验证插件），通过 WITH 关键字实现，具体 SQL 语句及执行结果如下。

```
mysql> CREATE USER 'user2' IDENTIFIED WITH 'mysql_native_password' BY '123456';
Query OK, 0 rows affected (0.10 sec)
```

上述语句使用 mysql_native_password 加密插件加密 user2 账户的密码。此时可以查看 user2 账户加密后的密码，具体 SQL 语句及执行结果如下。

```
mysql> SELECT plugin,authentication_string FROM user
    -> WHERE user='user2';
+-----------------------+-------------------------------------------+
| plugin                | authentication_string                     |
+-----------------------+-------------------------------------------+
| mysql_native_password | *6BB4837EB74329105EE4568DDA7DC67ED2CA2AD9 |
+-----------------------+-------------------------------------------+
1 row in set (0.01 sec)
```

从上述结果可以看到，同样的明文密码用不同的加密插件加密后，authentication_string 字段的值也会不同。

（3）同时创建多个账户。MySQL 在创建账户时，可以同时创建多个账户，多个账户用逗号分隔，如下面语句所示。

```
mysql> CREATE USER
```

```
    -> 'user3' IDENTIFIED BY '333333',
    -> 'user4' IDENTIFIED BY '444444';
Query OK, 0 rows affected (0.01 sec)
```

在上述语句中，创建了 user3 和 user4 账户，并分别指定了它们的明文密码为 "333333" 和 "444444"。

（4）创建账户并设置资源限制。在创建账户的同时，可以使用 WITH 关键字为账户指定资源限制，具体请参考表 3-1 中以 "max_" 开头的字段。例如，建立一个名为 user5 的账户，限制其每小时最多可以更新 2 次，具体 SQL 语句及执行结果如下。

```
mysql> CREATE USER
    -> 'user5' IDENTIFIED BY '555555'
    -> WITH MAX_UPDATES_PER_HOUR 2;
Query OK, 0 rows affected (0.00 sec)
```

二、修改/设置账户

创建账户后，数据库管理员可以通过 MySQL 的 ALTER USER 语句进一步修改/设置账户的密码、账户的锁定和解锁状态、资源限制及身份验证的方式等，基本语法格式如下。

```
ALTER USER [IF EXISTS]
    user [auth_option] [, user [auth_option]] ...
    [REQUIRE {NONE | tls_option [[AND] tls_option] ...}]
    [WITH resource_option [resource_option] ...]
    [password_option | lock_option] ...
```

上述语法格式的各部分说明与 CREATE USER 语句的相同，请参考表 3-2。

下面通过几个示例来了解 ALTER USER 语句的使用方法。

（1）修改账户密码。使用 ALTER USER 语句可以为当前登录的账户或指定的账户修改密码。

① 为当前登录的账户修改密码。在 MySQL 中，可以使用 USER()函数修改密码。例如，修改当前正在连接 MySQL 服务器的 root 账户密码，将其设置为 "Hello123!"，具体 SQL 语句及执行结果如下。

```
mysql> ALTER USER USER() IDENTIFIED BY 'Hello123!';
Query OK, 0 rows affected (0.00 sec)
```

 注意 在大多数情况下，ALTER USER 语句需要全局级 CREATE USER 权限或系统架构的 UPDATE 权限，但是使用非匿名账户连接到服务器的任何客户端都可以更改该账户的密码。

② 为指定的账户修改密码。例如，将 user1 账户的密码修改为 "HelloUser1!"，具体 SQL 语句及执行结果如下。

```
mysql> ALTER USER 'user1'@'%' IDENTIFIED BY 'HelloUser1!';
Query OK, 0 rows affected (0.00 sec)
```

（2）修改账户身份验证方式。例如，将 user1 的账户加密插件修改为 caching_sha2_password，密码修改为 "User1@111"，要求：每 180 天设置一个新密码，并启用登录失败跟踪（连续 3 次输入错误密码将导致临时账户锁定 2 天）。具体 SQL 语句及执行结果如下。

```
mysql> ALTER USER 'user1'@'%'
    ->    IDENTIFIED WITH caching_sha2_password BY 'User1@111'
    ->    PASSWORD EXPIRE INTERVAL 180 DAY
    ->    FAILED_LOGIN_ATTEMPTS 3 PASSWORD_LOCK_TIME 2;
Query OK, 0 rows affected (0.03 sec)
```

（3）修改账户状态。

① 锁定账户。例如，将 user1 账户锁定，具体 SQL 语句及执行结果如下。

```
mysql> ALTER USER 'user1'@'%' ACCOUNT LOCK;
Query OK, 0 rows affected (0.01 sec)
```

② 解锁账户。例如，将 user1 账户解锁，具体 SQL 语句及执行结果如下。

```
mysql> ALTER USER 'user1'@'%' ACCOUNT UNLOCK;
Query OK, 0 rows affected (0.01 sec)
```

（4）设置账户的资源限制。ALTER USER 语句可以限制账户使用服务器资源。为此，在语句中需要使用 WITH 指定一个或多个 resource_option 子句。

ALTER USER 语句允许的 resource_option 值如下。

```
resource_option: {
    MAX_QUERIES_PER_HOUR count
  | MAX_UPDATES_PER_HOUR count
  | MAX_CONNECTIONS_PER_HOUR count
  | MAX_USER_CONNECTIONS count
}
```

上述语句中各选项的详细说明如下。

- MAX_QUERIES_PER_HOUR：每小时最大查询数量。
- MAX_UPDATES_PER_HOUR：每小时最大更新数量。
- MAX_CONNECTIONS_PER_HOUR：每小时最大连接数量。
- MAX_USER_CONNECTIONS：最大用户连接数量。

如果 count 为 0（默认值），则表示该账户没有限制。

例如，设置 user1 账户最多可同时建立 2 个连接，具体 SQL 语句及执行结果如下。

```
mysql> ALTER USER 'user1'@'%'
    -> WITH MAX_USER_CONNECTIONS 2;
Query OK, 0 rows affected (0.00 sec)
```

完成上述操作后，可以尝试打开 3 个客户端，使用 user1 账户连接 MySQL 服务器，第 3 个客户端尝试连接时就会给出警告和错误提示，表示当前账户仅允许同时建立 2 个连接。

三、删除账户

当不需要数据库中的某个账户的时候，可以将其从数据库中删除。删除账户的基本语法格式如下。

```
DROP USER [IF EXISTS] user[,user] ...;
```

例如，将 user5 账户从数据库中删除，具体 SQL 语句及执行结果如下。

```
mysql> DROP USER 'user5';
Query OK, 0 rows affected (0.01 sec)
```

3.3.3　权限管理

在实际数据库应用环境中，为了保证数据的安全，数据库管理员需要为不同层级的操作人员分配不同的权限，限制连接、登录 MySQL 的账户只能在其权限范围内进行操作，以保证 MySQL 服务器的安全运行。同时数据库管理员还需要根据不同的情况为账户在一定时间内增加权限或收回权限，从而更方便、更安全地维护数据安全。本小节针对 MySQL 的权限管理进行详细讲解。

一、MySQL 的各种权限

MySQL 中的权限信息根据其作用范围，分别存储在 mysql 数据库的不同权限表中，参考 3.3.1 小节。根据权限的操作内容可将权限大致划分为数据权限、结构权限和管理权限。下面分别列举 MySQL 中可以授予和收回的常用权限，并简单介绍权限级别。

1. 数据权限

数据权限主要是针对数据表中的数据行进行操作的权限，如表 3-3 所示。

表 3-3　数据权限

权限名称	权限级别	权限描述
SELECT	全局、数据库、表、列	启用 SELECT 语句权限
UPDATE	全局、数据库、表、列	启用 UPDATE 语句权限
DELETE	全局、数据库、表	启用 DELETE 语句权限
INSERT	全局、数据库、表、列	启用 INSERT 语句权限
SHOW DATABASES	全局	启用 SHOW DATABASES 语句权限，可以显示所有数据库
SHOW VIEW	全局、数据库、表	启用 SHOW VIEW 语句权限，可执行 SHOW CREATE VIEW 命令
PROCESS	全局	启用 SHOW PROCESS LIST 语句权限，可以查看所有进程

2. 结构权限

结构权限主要是针对数据表的结构或数据库对象进行操作的权限，如表 3-4 所示。

表 3-4　结构权限

权限名称	权限级别	权限描述
DROP	全局、数据库、表	启用删除数据库、表或视图权限
CREATE	全局、数据库、表	启用创建数据库、表权限
CREATE ROUTINE	全局、数据库	启用创建存储过程权限
CREATE TABLESPACE	全局	启用创建、修改或删除表空间和日志文件组权限
CREATE TEMPORARY TABLES	全局、数据库	启用创建或使用临时表权限
CREATE VIEW	全局、数据库、表	启用创建或修改视图权限
ALTER	全局、数据库、表	启用修改表权限
ALTER ROUTINE	全局、数据库、存储过程	启用删除或修改存储过程权限

权限名称	权限级别	权限描述
INDEX	全局、数据库、表	启用创建或删除索引权限
TRIGGER	全局、数据库、表	启用创建、修改或删除触发器权限
REFERENCES	全局、数据库、表、列	启用创建外键权限

3. 管理权限

这里的管理权限是指通常只有数据库管理员才有的权限，如表 3-5 所示。

表 3-5　管理权限

权限名称	权限级别	权限描述
SUPER	全局	超级权限，代表允许执行一系列数据库管理命令
CREATE USER	全局	允许使用 CREATE USER、DROP USER、RENAME USER 和 REVOKE ALL PRIVILEGES 语句
GRANT OPTION	全局、数据库、表、存储过程、代理	允许授予或收回账户权限
RELOAD	全局	启用 flush 操作权限，例如启用 flush tables、flush logs、flush privileges 等语句权限
PROXY	全局	启用账户代理
REPLICATION CLIENT	全局	使账户能够查询主服务器或从服务器的位置
REPLICATION SLAVE	全局	使复制的从服务器能够从主服务器读取二进制日志事件
SHUTDOWN	全局	关闭 MySQL
LOCK TABLES	全局、数据库	启用 LOCK TABLES 对已拥有 SELECT 权限的 on 表的使用

4. 权限级别

表 3-3 至表 3-5 中的权限级别是指权限可以被应用于哪些数据库的内容中。权限级别有以下几种。

- 全局级权限：权限可以被授予到任意数据库下的任意内容。
- 数据库级权限：权限应用于指定数据库下的任意内容。
- 表级权限：权限应用于指定数据库下的指定数据表。
- 列级权限：权限应用于指定数据表中的指定字段。

二、查看权限

为了更好地理解权限的授予，首先使用 SHOW GRANTS 语句来查看指定账户被授权的情况。例如，查看 user1 账户被授权的情况，具体的 SQL 语句及执行结果如下。

```
mysql> SHOW GRANTS FOR user1;
+----------------------------------+
| Grants for user1@%               |
+----------------------------------+
```

```
| GRANT USAGE ON *.* TO `user1`@`%` |
+-----------------------------------+
1 row in set (0.00 sec)
```

在执行结果中，USAGE 表示没有任何权限；*.*表示全局级权限。

三、授权

MySQL 提供的 GRANT 语句用于实现账户权限的授予，其基本语法格式如下。

```
GRANT
    priv_type [(column_list)]
      [, priv_type [(column_list)]] ...
    ON [object_type] priv_level
    TO user_or_role [, user_or_role] ...
    [WITH GRANT OPTION]
    [AS user
      [WITH ROLE
          DEFAULT
        | NONE
        | ALL
        | ALL EXCEPT role [, role ] ...
        | role [, role ] ...
      ]
    ]
```

上述 GRANT 语句语法格式中的参数说明如下。

• priv_type：权限类型，即表 3-3 至表 3-5 中所列权限名称。

• column_list：字段列表，用于设置列权限。

• object_type：权限作用的目标类型，默认为 TABLE，还可以是 FUNCTION（函数）、PROCEDURE（存储过程）。

• priv_level：权限级别。

• user_or_role：账户或角色。

• WITH GRANT OPTION：表示当前账户可以为其他账户进行授权。

下面通过几个示例来了解如何通过 GRANT 语句实现授权。

（1）授予 user1 账户对 test 数据库中 student 表的 SELECT 权限，以及对 name 和 phone 字段的插入权限，具体的 SQL 语句及执行结果如下。

```
mysql> GRANT SELECT,INSERT(name,phone) ON test.student to user1;
Query OK, 0 rows affected (0.00 sec)
```

授予权限后，可以再次查看 user1 账户的权限，具体的 SQL 语句及执行结果如下。

```
mysql> SHOW GRANTS FOR user1;
+----------------------------------------------------------------------------+
| Grants for user1@%                                                         |
+----------------------------------------------------------------------------+
| GRANT USAGE ON *.* TO `user1`@`%`                                         |
| GRANT SELECT, INSERT (`name`, `phone`) ON `test`.`student` TO `user1`@`%` |
+----------------------------------------------------------------------------+
2 rows in set (0.00 sec)
```

（2）授予 user1 账户对 test 数据库所有的权限，具体的 SQL 语句及执行结果如下。

```
mysql> GRANT ALL ON test.* to user1;
Query OK, 0 rows affected (0.00 sec)
```

现在再查看 user1 账户的权限，具体的 SQL 语句及执行结果如下。

```
mysql> SHOW GRANTS FOR user1;
+------------------------------------------------+
| Grants for user1@%                             |
+------------------------------------------------+
| GRANT USAGE ON *.* TO `user1`@`%`              |
| GRANT ALL PRIVILEGES ON `test`.* TO `user1`@`%` |
+------------------------------------------------+
2 rows in set (0.00 sec)
```

上述查询结果中的 ALL PRIVILEGES 表示所有的权限。

四、收回权限

在 MySQL 中，为了保证数据库的安全，需要将账户不必要的权限收回，MySQL 提供了一个 REVOKE 语句用于收回指定账户的权限。REVOKE 语句的基本语法格式如下。

```
REVOKE
    priv_type [(column_list)]
      [, priv_type [(column_list)]] ...
    ON [object_type] priv_level
    FROM user_or_role [, user_or_role] ...
```

下面通过几个示例来了解如何通过 REVOKE 语句实现收回权限。

（1）收回 user1 账户对 test 数据库中 student 表 name 和 phone 字段的插入权限，具体的 SQL 语句及执行结果如下。

```
mysql> REVOKE INSERT(name,phone) ON test.student
    -> FROM user1;
Query OK, 0 rows affected (0.00 sec)
```

现在再查看 user1 账户的权限，具体的 SQL 语句及执行结果如下。

```
mysql> SHOW GRANTS FOR user1;
+------------------------------------------------+
| Grants for user1@%                             |
+------------------------------------------------+
| GRANT USAGE ON *.* TO `user1`@`%`              |
| GRANT SELECT ON `test`.`student` TO `user1`@`%` |
+------------------------------------------------+
2 rows in set (0.00 sec)
```

（2）收回 user1 账户所有的权限，具体的 SQL 语句及执行结果如下。

```
mysql> REVOKE ALL ON test.student FROM user1;
Query OK, 0 rows affected (0.00 sec)
```

现在再查看 user1 账户的权限，具体的 SQL 语句及执行结果如下。

```
mysql> SHOW GRANTS FOR user1;
+----------------------------------+
| Grants for user1@%               |
+----------------------------------+
| GRANT USAGE ON *.* TO `user1`@`%` |
+----------------------------------+
1 row in set (0.00 sec)
```

上述查询结果显示，user1 账户已经没有任何权限了。

五、刷新权限

刷新权限是指在系统数据库 mysql 的权限表中重新加载账户的权限。这是因为 GRANT、

CREATE USER 等操作会将服务器的缓存信息保存到内存中，而 REVOKE、DROP USER 操作并不会将服务器的缓存信息同步到内存中，所以可能会造成服务器内存的消耗。因此，在进行 REVOKE、DROP USER 操作后建议使用 flush privileges 语句重新加载账户的权限，具体的 SQL 语句及执行结果如下。

```
mysql> flush privileges;
Query OK, 0 rows affected (0.01 sec)
```

3.4　项目任务分解

为了完成项目场景中提到的任务，需要建立一个普通账户并为这个普通账户授予对指定数据库的操作权限。任务分解如下。

任务 3-1　创建 MySQL 普通账户并用普通账户登录

微课视频

一、任务说明

安装、配置完 MySQL 之后需要创建普通账户，尽管 root 账户具有最高权限，但还是需要普通账户进行管理。本任务要求创建 MySQL 普通账户并用普通账户登录。

二、任务实施过程

步骤 1：使用 root 账户登录 MySQL

命令如下。

```
shell> mysql -u root -p
Enter password:
```

步骤 2：创建普通账户

使用 CREATE USER 命令创建一个名为"test1"、主机地址为"localhost"的普通账户，密码为"Test123."。

```
mysql> CREATE USER 'test1'@'localhost' identified by 'Test123.';
Query OK, 0 rows affected (0.00 sec)
```

步骤 3：退出 root 账户

使用 exit 或\q 命令退出 MySQL。

```
mysql> exit
```

步骤 4：使用普通账户登录 MySQL

使用普通账户 test1 登录 MySQL，命令及执行结果如下。

```
shell> mysql -u test1 -p
Enter password:
Welcome to the MySQL monitor.  Commands end with ; or \g.
Your MySQL connection id is 9
Server version: 8.0.21 MySQL Community Server - GPL

Copyright (c) 2000, 2020, Oracle and/or its affiliates. All rights reserved.

Oracle is a registered trademark of Oracle Corporation and/or its
affiliates. Other names may be trademarks of their respective
owners.
```

```
Type 'help;' or '\h' for help. Type '\c' to clear the current input statement.

mysql>
```

上述结果表示使用普通账户登录成功。

接下来，查看当前登录账户，命令及执行结果如下。

```
mysql> select user();
+-----------------+
| user()          |
+-----------------+
| test1@localhost |
+-----------------+
1 row in set (0.01 sec)
```

select user();命令的执行结果显示，当前登录的账户为 test1 这个普通账户。

任务 3-2 为 MySQL 普通账户授予数据库的远程访问权限

一、任务说明

在任务 3-1 中，创建了一个普通账户，但是这个账户只能用于本地登录，不能用于远程访问。本任务要求为这个账户授予数据库的远程访问权限。

微课视频

二、任务实施过程

步骤 1：使用 root 账户登录 MySQL

使用 root 账户登录 MySQL 的命令如下。

```
shell> mysql -u root -p
Enter password:
```

步骤 2：切换数据库

切换到 mysql 数据库，之后才能执行各种权限授予操作，命令及执行结果如下。

```
mysql> use mysql;
Reading table information for completion of table and column names
You can turn off this feature to get a quicker startup with -A

Database changed
mysql>
```

显示 Database changed 则表示数据库切换成功。

步骤 3：修改普通账户的 host 字段的值

使用 update 命令更改账户的 host 字段的值，使账户能用于远程访问，命令及执行结果如下。

```
mysql> update user set host='%' where user='test1';
Query OK, 1 row affected (0.01 sec)
Rows matched: 1  Changed: 1  Warnings: 0
```

显示 "Query OK，1 row affected" 则代表修改成功。这里把 host 字段的值改为%，表示任意主机都可以使用此账户登录 MySQL。

步骤 4：刷新权限表

刷新权限表，使以上所做的更改生效，命令及执行结果如下。

```
mysql> flush privileges;
Query OK, 0 rows affected (0.01 sec)
```

直接修改 user 表后需要刷新 MySQL 权限表，使用 flush privileges 命令可以将一些账户信息和权限设置重新加载到内存，这样能使之前的设置立即生效。

步骤 5：使用普通账户 TCP 登录 MySQL

使用 MySQL 客户端工具（如 Windows 系统的命令提示符窗口）连接数据库。账户名和密码均为之前创建的，主机 IP 地址和端口号对应要连接的数据库。命令语法格式如下。

```
mysql -u 账户名 -p -h 主机 IP -P 端口号
```

执行结果如图 3-1 所示。

```
D:\mysql8.0.21\bin>mysql -utest1 -p -h192.168.80.9 -P3306
Enter password: ********
Welcome to the MySQL monitor.  Commands end with ; or \g.
Your MySQL connection id is 14
Server version: 8.0.21 MySQL Community Server - GPL

Copyright (c) 2000, 2020, Oracle and/or its affiliates. All rights reserved.

Oracle is a registered trademark of Oracle Corporation and/or its
affiliates. Other names may be trademarks of their respective
owners.

Type 'help;' or '\h' for help. Type '\c' to clear the current input statement.

mysql>
```

图 3-1　使用普通账户 TCP 登录

注意　如果连接被拒绝，请查看一下是不是 Linux 系统的防火墙拒绝了连接。可以用 systemctl stop firewalld 命令暂时关闭防火墙后再连接。

任务 3-3　忘记 root 账户密码情况下的登录

微课视频

一、任务说明

数据库管理员如果很长一段时间没有登录 MySQL，可能会忘记 root 账户的密码（root 账户的密码建议保存到文档）。本任务要求结合 MySQL 的权限表实现在忘记 root 账户密码的情况下，登录 MySQL 并修改 root 账户的密码。

二、任务实施过程

步骤 1：跳过数据库权限验证

修改 Linux 系统下 MySQL 的配置文件，命令如下。

```
shell> vi /etc/my.cnf
```

按"i"键进入编辑模式，在 my.cnf 文件中的[mysqld]下添加 skip-grant-tables，如图 3-2 所示。

```
# For advice on how to change settings please see
# http://dev.mysql.com/doc/refman/8.0/en/server-configuration-defaults.html

[mysqld]
skip-grant-tables
#
# Remove leading # and set to the amount of RAM for the most important data
# cache in MySQL. Start at 70% of total RAM for dedicated server, else 10%.
```

图 3-2　修改 my.cnf 文件

按"Esc"键，输入:wq，保存并退出。

步骤2：重启 MySQL 服务并登录

重启 MySQL 服务，命令如下。

```
shell> systemctl restart mysqld
```

然后用 root 账户和空密码登录，命令如下。

```
shell> mysql -u root -p
```

步骤3：尝试使用 ALTER USER 命令修改 root 账户密码

因为在步骤2中登录账户时已经跳过了数据库权限验证，所以这个时候如果使用 ALTER USER 命令尝试修改 root 账户密码，会出现 1290 错误，具体如下。

```
mysql> ALTER USER 'root'@'localhost' identified by 'Hello123.';
ERROR 1290 (HY000): The MySQL server is running with the --skip-grant-tables option
so it cannot execute this statement
mysql>
```

这是因为在 skip-grant-tables（跳过数据库权限验证）情况下不能修改账户密码。

步骤4：使用 update 命令通过更新 user 表方式更改 root 账户密码

我们已经知道，mysql 数据库中的 user 表存储了账户信息，下面就用 update 命令通过更新 user 表方式更改 root 账户密码，命令如下。

```
mysql> update mysql.user set authentication_string='' where user='root';
Query OK, 1 row affected (0.00 sec)
Rows matched: 1  Changed: 1  Warnings: 0
```

 注意　因为 authentication_string 字段保存的是明文密码加密后的字符串，所以这里将其设置为空字符串。

步骤5：恢复数据库权限验证

退出 MySQL，重新编辑 MySQL 配置文件，注释掉 skip-grant-tables（见图3-3），并重新启动 MySQL 服务，命令如下。

```
mysql>quit
shell> vi /etc/my.cnf
shell> systemctl restart mysqld
```

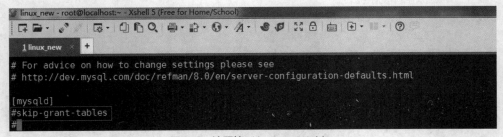

图3-3　注释掉 skip-grant-tables

步骤6：使用 ALTER USER 命令修改 root 账户密码

再次连接 MySQL，用空密码登录。因为空密码不安全，所以需要在 mysql 命令提示符下使用 ALTER USER 命令修改 root 账户密码，命令及执行结果如下。

```
shell> mysql -u root -p
mysql> ALTER USER 'root'@'localhost' identified by 'Hello123.';
Query OK, 0 rows affected (0.01 sec)
```

此时，root 账户密码已成功更改。

任务 3-4　为 MySQL 普通账户授予对数据库和表的读写权限

一、任务说明

普通账户被创建后没有任何权限，如果要对数据库和表的内容进行增加和删除等操作，则需要相应的读写权限。本任务要求为 MySQL 普通账户授予对数据库和表的读写权限。

微课视频

二、任务实施过程

步骤 1：使用 root 账户登录 MySQL

命令如下。

```
shell> mysql -u root -p
Enter password:
```

步骤 2：创建数据库和表

创建数据库 test_db3，然后在 test_db3 数据库中建立一个 student 表，并在 student 表中插入两条测试记录，命令及执行结果如下。

```
mysql> create database test_db3;
Query OK, 1 row affected (0.01 sec)

mysql> use test_db3
Database changed

mysql> create table student(
    -> id int primary key auto_increment,
    -> name varchar(50)
    -> );
Query OK, 0 rows affected (0.04 sec)

mysql> insert into student(name) values('jack');
Query OK, 1 row affected (0.00 sec)

mysql> insert into student(name) values('tom');
Query OK, 1 row affected (0.01 sec)
```

步骤 3：验证 test1 账户对 test_db3 数据库的权限

打开另一个终端窗口，用普通账户 test1 登录，命令如下。

```
shell> mysql -u test1 -p
Enter password:
```

可以发现，当试图访问 test_db3 数据库时，会发生访问错误，系统拒绝了 test1 账户对 test_db3 数据库的访问。错误提示如下。

```
mysql> use test_db3
ERROR 1044 (42000): Access denied for user 'test1'@'%' to database 'test_db3'
```

步骤 4：授予权限

在 root 账户所在终端窗口中使用 grant 命令为 text1 账户授予权限，命令及执行结果如下。

```
mysql> grant SELECT,INSERT,UPDATE,DELETE,CREATE,DROP ON test_db3.* TO 'test1'@'%';
Query OK, 0 rows affected (0.01 sec)
```

显示 Query OK 则表示授予权限成功。通过 MySQL 提供的命令授予的权限可以立即生效。

步骤 5：查看权限

使用 show grants for 命令查看 test1 账户的权限，命令及执行结果如下。

```
mysql> show grants for 'test1'@'%';
+--------------------------------------------------------------------------------+
| Grants for test1@%                                                             |
+--------------------------------------------------------------------------------+
| GRANT USAGE ON *.* TO `test1`@`%`                                              |
| GRANT SELECT, INSERT, UPDATE, DELETE, CREATE, DROP ON `test_db3`.* TO
`test1`@`%` |
+--------------------------------------------------------------------------------+
2 rows in set (0.00 sec)
```

步骤 6：验证权限

在普通账户 test1 所在的终端窗口中进行数据库和表的相关操作，以此来验证该账户对 test_db3
数据库的权限，命令及执行结果如下。

```
mysql> use test_db3;
mysql> select * from student;
+----+------+
| id | name |
+----+------+
| 1 | jack |
| 2 | tom  |
+----+------+
2 rows in set (0.00 sec)
```

从执行结果可以看出，账户 test1 已经对 test_db3 数据库的表拥有了 SELECT 权限，其他权限
亦如此。

任务 3-5　收回 MySQL 普通账户对特定数据库的操作权限

一、任务说明

在某些情况下，需要对普通账户进行限制，收回其对特定数据库的操作权限。
本任务要求收回 MySQL 普通账户对特定数据库的操作权限。

微课视频

二、任务实施过程

步骤 1：使用 root 账户登录 MySQL

打开 Linux 系统终端窗口，使用 root 账户登录 MySQL，命令如下。

```
shell> mysql -u root -p
Enter password:
```

步骤 2：收回权限

使用 revoke 命令收回 test1 账户对 test_db3 数据库的所有权限，命令及执行结果如下。

```
mysql> revoke ALL PRIVILEGES on *.* from 'test1'@'%';
Query OK, 0 rows affected (0.00 sec)
```

通过 MySQL 提供的命令收回权限可以立即生效。

步骤 3：验证 test1 账户对 test_db3 数据库的权限

打开另一个 Linux 系统终端窗口，用普通账户 test1 登录，命令如下。

```
shell> mysql -u test1 -p
Enter password:
```

然后，尝试访问 test_db3 数据库，发生访问错误，系统再一次拒绝了 test1 账户对 test_db3 数据库的访问，错误提示如下。

```
mysql> use test_db3
ERROR 1044 (42000): Access denied for user 'test1'@'%' to database 'test_db3'
```

这证明 test1 账户对 test_db3 数据库的权限已经被收回。

3.5 常见问题解决

问题 1：登录时出现"ERROR 1045 (28000): Access denied for user： 'root@localhost' (Using password: YES)"错误提示。

原因分析

出现这个错误提示表示当前账户被拒绝访问，原因是账户名或密码输入错误。

解决方案

输入正确的账户名和密码即可。

问题 2：登录时出现"ERROR 2003 (HY000): Can't connect to MySQL server on '192.168.239.65' (113)"错误提示。

原因分析

出现这个错误提示表示主机 IP 地址输入错误。

解决方案

输入正确的主机 IP 地址即可。

问题 3：授权时出现"ERROR 1044 (42000): Access denied for user 'hzmc'@'%' to database 'mysql'"错误提示。

原因分析

授权时出现这个错误提示，可能是当前登录的账户缺少 WITH GRANT OPTION 权限，WITH GRANT OPTION 权限表示为其他账户授权的权限。

解决方案

使用有 WITH GRANT OPTION 权限的账户授权。

3.6 课后习题

一、填空题

1. MySQL 通过_____来控制数据库操作人员的访问与操作范围。

2. 根据权限的操作内容可将权限大致划分为_____、_____和_____。

3. 可以使用＿＿＿＿＿＿＿＿＿＿＿命令来查看指定账户被授权的情况。

4. 权限级别是指权限可以被应用于哪些数据库的内容中，MySQL 中的权限级别共有 4 级，分别是＿＿＿＿＿、＿＿＿＿＿、＿＿＿＿＿和＿＿＿＿＿。

5. 从系统数据库 mysql 的权限表中重新加载账户权限的过程称为＿＿＿＿＿＿＿＿＿＿，使用＿＿＿＿＿＿＿＿＿＿命令实现。

二、问答/操作题

1. 请尝试创建一个账户，仅限使用某个主机 IP 地址登录。

2. 请尝试为已有的账户授予 WITH GRANT OPTION 权限。

3. 请问为什么更新 user 表后要执行 flush privileges 命令？

项目4
分析MySQL日志

4.1 项目场景

小明前两天刚入职天天电器商场做数据库管理员，负责带他的技术主管就出差了，各个业务部门都打来电话反映部门的 OA（Office Automation，办公自动化）系统查询数据有点儿慢，数据请求无法完成；甚至还有些部门因为误操作，把不该删除的记录不小心删除了，请求恢复。这弄得小明有点儿"头大"。今天一大早，又接到销售部门打来电话，反映 OA 系统登录不了，出现"数据库无法连接"的提示信息。小明要怎样做才能解决这些问题呢？

4.2 教学目标

一、知识目标

1. 掌握 MySQL 错误日志的设置和查看方法
2. 掌握 MySQL 一般查询日志的设置和查看方法
3. 掌握 MySQL 慢查询日志的启用和分析方法
4. 掌握 MySQL 二进制日志的作用

二、能力目标

1. 能根据错误日志查找错误原因
2. 能设置错误日志记录组件和设置过滤优先级
3. 能使用 mysqldumpslow 命令分析慢查询日志
4. 能使用 mysqlbinlog 命令基于时间点恢复数据

三、素养目标

1. 培养解决问题的能力
2. 培养信息搜索、分析能力
3. 提高安全防范意识

4.3 项目知识导入

在数据库运行过程中，一般都会产生很多的日志，这些日志记录着数据库运行工作的具体情况，可帮助数据库管理员追踪在数据库运行期间发生过的各种事件。在 MySQL 中，日志是很重要的一部分，用来记录数据库运行状况，例如 MySQL 的客户端连接状况、SQL 语句的执行情况和错误信息等。当数据库服务中断或出现错误时，可以通过日志来排查问题。MySQL 中的日志有 6 种，分别是错误日志、一般查询日志、慢查询日志、二进制日志、中继日志和 DDL 日志。

（1）错误日志（Error Log）：记录 MySQL 的启动、停止信息及在 MySQL 运行过程中的错误信息。

（2）一般查询日志（General Query Log）：记录建立的客户端连接和执行的语句。

（3）慢查询日志（Slow Query Log）：记录所有执行时间超过 long_query_time 的查询语句或不使用索引的查询语句。

（4）二进制日志（Binary Log）：记录所有更改数据的语句，可用于数据复制。

（5）中继日志（Relay Log）：主数据库（以下简称主库）和从数据库（以下简称从库）复制时使用的日志。

（6）DDL 日志：DDL 日志或元数据日志记录由 DDL 语句（如 DROP TABLE 语句或者 ALTER TABLE 语句）生成的元数据操作。MySQL 用此日志来恢复元数据操作中发生的崩溃。元数据操作的记录会写入 MySQL 数据目录的 ddl_log.log（二进制文件）中。目前，ddl_log.log 最多可容纳 1048573 个条目，大小相当于 4 GB。超过此限制后，必须重命名或删除文件，才能执行其他 DDL 语句。

下面详细介绍错误日志、一般查询日志、慢查询日志和二进制日志的作用和使用方法。

4.3.1 错误日志

错误日志用于记录 MySQL 服务在启动和停止时的正确及错误信息，还记录了 MySQL 运行过程中的错误信息，是 MySQL 中最重要的日志之一，当数据库出现任何故障导致无法正常使用时，可以首先查看此日志。

一、配置错误日志组件

MySQL 8.0 的错误日志采用组件架构，通过不同的组件执行日志的过滤和写入功能。系统变量 log_error_services 指定日志过滤器组件和日志记录器（接收器）组件，错误日志配置通常包括一个日志过滤器组件和一个或多个日志记录器组件。

查看 MySQL 8.0 默认的日志过滤器组件和日志记录器组件的语句及执行结果如下。

```
mysql> SELECT @@GLOBAL.log_error_services;
+-------------------------------------+
| @@GLOBAL.log_error_services         |
+-------------------------------------+
| log_filter_internal; log_sink_internal |
+-------------------------------------+
1 row in set (0.00 sec)
```

上述查询结果中的 log_filter_internal 表示内置日志过滤器组件，log_sink_internal 表示内置日志记录器组件。

日志过滤器组件过滤日志事件，日志记录器组件则是日志事件的目的地。通常，日志记录器组件将日志事件处理为具有特定格式的日志消息，并将这些消息写入与其关联的输出，例如文件或系统日志。

要更改用于记录错误日志的日志组件，则应根据需要加载组件并修改系统变量 log_error_services 的值。

要启用日志组件，应首先使用 INSTALL COMPONENT 语句加载它（除非它是内置的日志组件或已经被加载），然后将其添加到 log_error_services 变量值中。

例如，要使用系统日志记录器组件 log_sink_syseventlog，应执行如下的语句。

```
INSTALL COMPONENT 'file://component_log_sink_syseventlog';
SET GLOBAL log_error_services = 'log_filter_internal; log_sink_syseventlog';
```

> **注意** 在 INSTALL COMPONENT URN 语句中，URN 是带有前缀 "file://component_" 的组件名称。例如，对于 log_sink_syseventlog 组件，相应的 URN 为 file://component_log_sink_syseventlog。

MySQL 8.0 可以配置多个日志记录器组件，从而可以将输出发送到多个目标中。

例如，要配置默认日志记录器组件和系统日志记录器组件，可执行以下语句。

```
mysql>SET GLOBAL log_error_services = 'log_filter_internal; log_sink_internal;
log_sink_syseventlog';
```

要恢复为仅使用默认日志记录器组件并卸载系统日志记录器组件，可执行以下语句。

```
mysql>SET GLOBAL log_error_services = 'log_filter_internal; log_sink_internal';
mysql>UNINSTALL COMPONENT 'file://component_log_sink_syseventlog';
```

日志记录器组件除 log_sink_internal、log_sink_syseventlog 外，常用的还有 log_sink_json，它将日志以 JSON 格式（键值对）输出。

二、配置错误日志过滤

1. 错误日志过滤的组件

对于错误日志过滤，MySQL 提供了以下组件。

（1）log_filter_internal：此过滤器组件根据 log_error_verbosity 和 log_error_suppression_list 系统变量，结合日志事件优先级和错误代码进行错误日志过滤。log_filter_internal 为内置日志过滤器组件并默认启用。

（2）log_filter_dragnet：此过滤器组件根据用户提供的规则，结合 dragnet.log_error_filter_rules 系统变量进行错误日志过滤。

2. 基于优先级的错误日志过滤

错误日志事件的优先级分为 ERROR（错误）、WARNING（警告）、NOTE（信息）、SYSTEM（系统）。由 log_error_verbosity 系统变量控制服务器日志的详细程度，以将错误、警告和信息消息写入错误日志。log_error_verbosity 系统变量允许的值为 1（仅错误）、2（错误和警告）、3（错误、警告和信息），默认值为 2。如果其值大于 2，则服务器记录终止的连接和访问被拒绝的错误信息。无论 log_error_verbosity 系统变量的值如何，有关非错误情况的系统消息都会输出到错误日志中。这些消息包括启动和关闭消息，以及对设置的一些重大更改。

在 my.cnf 文件中，可以配置 log_error_verbosity 系统变量，具体代码如下。

```
[mysqld]
log_error_verbosity=1      # 仅错误消息
```

三、启动和设置错误日志

在 MySQL 中，默认开启错误日志功能。一般情况下，错误日志存储在 MySQL 的数据目录下，通常名称为 host-name.err。其中，host-name 表示 MySQL 服务器的主机名。

在 UNIX 和类 UNIX 的系统下，使用--log-error =[file_name]来确定 mysqld 是否将错误日志写入控制台或文件中，如果要写入文件中，则需给出文件名。

- 如果未给出--log-error，则 mysqld 将错误日志写入控制台。

- 如果给出--log-error 而没有命名文件，则 mysqld 将错误日志写入数据目录下名为 host_name.err 的文件中。
- 如果给出--log-error 并命名了文件，则 mysqld 将错误日志写入该文件（如果错误日志文件名称不带后缀，则添加.err 扩展名）。除非给出绝对路径名以指定其他位置，否则文件位置在数据目录下。

> **注意**　通过 **yum** 命令或 **apt** 软件包安装 **MySQL** 时，通常在**/var/log** 下使用服务器配置文件中的 **log-error=/var/log/mysqld.log** 之类的选项来配置错误日志文件位置。如果从选项中删除路径，将使用数据目录中的 **host_name.err** 文件存储错误日志。

如果不知道错误日志文件的位置，可以通过查看变量 log_error 来获得，具体 SQL 语句及执行结果如下。

```
mysql> show variables like 'log_error';
+---------------+---------------------+
| Variable_name | Value               |
+---------------+---------------------+
| log_error     | /var/log/mysqld.log |
+---------------+---------------------+
1 row in set (0.01 sec)
```

可以在 my.cnf 文件的[mysqld]下设置错误日志的输出目的地，配置内容如下。

```
[mysqld]
character-set-server=utf8
port=3306
socket=/tmp/mysql.sock
basedir=/work/cook/mysql8.0/mysql-8.0.20
datadir=/work/cook/mysql8.0/mysql-8.0.20/data
log-error=/var/log/mysqld.log
tmpdir=/tmp
default-storage-engine=InnoDB
```

四、查看错误日志

错误日志以文本文件的形式存储，直接使用普通文本文件查看工具就可以查看。在 Linux 系统下可以使用 tail 命令查看错误日志。如查看错误日志的最后 3 行，命令及执行结果如下。

```
shell> tail -3 /var/log/mysqld.log
2021-04-25T03:16:18.089451Z 0 [Warning] [MY-010068] [Server] CA certificate ca.pem
is self signed.
2021-04-25T03:16:18.089786Z 0 [System] [MY-013602] [Server] Channel mysql_main
configured to support TLS. Encrypted connections are now supported for this channel.
2021-04-25T03:16:18.519452Z 0 [System] [MY-010931] [Server] /usr/sbin/mysqld:
ready for connections. Version: '8.0.21'  socket: '/var/lib/mysql/mysql.sock'  port:
3306 MySQL Community Server - GPL.
```

五、删除错误日志

在 MySQL 中，可以使用 mysqladmin 命令来开启新的错误日志（开启新的错误日志后，之前的错误日志可以像普通文件一样被删除），以保证 MySQL 服务器上的磁盘空间充足。mysqladmin 命令的语法格式如下。

```
mysqladmin -u root -p flush-logs
```

执行该命令后，MySQL 服务器首先会自动创建一个新的错误日志，然后将旧的错误日志更名为filename.err-old。

MySQL 服务器发生异常时，数据库管理员可以在错误日志中找到发生异常的时间、原因，然后根据这些信息来消除异常。对于很久之前的错误日志，查看的可能性不大，可以直接将这些错误日志删除（类似删除普通文件的操作）。

4.3.2　一般查询日志

一般查询日志用于记录客户端的操作语句，当客户端连接或断开连接时，服务器会将信息写入此日志，并记录从客户端收到的每个 SQL 语句。如果怀疑客户端出现错误并想确切地知道客户端发送到mysqld 的内容，一般查询日志是非常有用的。

一、启动和设置一般查询日志

默认情况下，一般查询日志处于禁用状态。要明确指定一般查询日志的初始状态，需使用--general_log[={0|1}]，不带参数或参数为 1 时，表示启用日志；参数为 0 时，表示禁用日志。如果要指定日志文件名，则需使用--general_log_file=file_name。

可以通过 show variables like 'general_log'命令查看一般查询日志是否处于打开状态，SQL 语句及执行结果如下。

```
mysql> show variables like 'general_log';
+---------------+-------+
| Variable_name | Value |
+---------------+-------+
| general_log   | OFF   |
+---------------+-------+
1 row in set (0.00 sec)
```

从上述结果可以看到，当前一般查询日志处于关闭状态。要在运行时禁用或启用一般查询日志或更改日志文件名，应使用 general_log 全局变量和 general_log_file 系统变量。general_log 全局变量为 0（或 OFF）表示禁用日志，为 1（或 ON）表示启用日志。设置 general_log_file 系统变量可以指定日志文件的名称。启用一般查询日志的 SQL 语句及执行结果如下。

```
mysql> SET GLOBAL general_log = 'ON';
Query OK, 0 rows affected (0.05 sec)
```

再查看一般查询日志的状态，SQL 语句及执行结果如下。

```
mysql> show variables like 'general_log';
+---------------+-------+
| Variable_name | Value |
+---------------+-------+
| general_log   | ON    |
+---------------+-------+
1 row in set (0.01 sec)
```

二、查看一般查询日志

将一般查询日志开启后，mysqld 会按照接收语句的顺序将语句写入一般查询日志。如果要查看一般查询日志，则可以通过查看 general_log_file 系统变量来查看日志文件路径，SQL 语句及执行结果如下。

```
mysql> show variables like 'general_log_file';
```

```
+------------------+----------------------+
| Variable_name    | Value                |
+------------------+----------------------+
| general_log_file | /var/lib/mysql/mm.log |
+------------------+----------------------+
1 row in set (0.01 sec)
```

找到一般查询日志文件后，可以使用查看文件命令查看日志内容，命令及执行结果如下。

```
shell> tail -10 /var/lib/mysql/mm.log
2021-02-08T07:30:49.429487Z     10 Query      select @@version_comment limit 1
2021-02-08T07:30:58.472135Z     10 Query      SELECT DATABASE()
2021-02-08T07:30:58.472692Z     10 Init DB    test
2021-02-08T07:30:58.473761Z     10 Query      show databases
2021-02-08T07:30:58.474764Z     10 Query      show tables
2021-02-08T07:30:58.479149Z     10 Field List student
2021-02-08T07:31:03.225169Z     10 Query      show tables
2021-02-08T07:31:11.388663Z     10 Query      select * from student
2021-02-08T07:31:38.498601Z     10 Query      show variables like 'general_log_file'
2021-02-08T07:32:08.232949Z     10 Quit
```

三、删除一般查询日志

在 MySQL 中，一般查询日志文件属于文本文件，可以直接删除，删除后需要使用 flush logs 命令重新生成一般查询日志文件。

如果希望备份旧的一般查询日志，可以先将旧的一般查询日志文件复制出来或者重命名。然后，再执行 flush logs 命令。

由于一般查询日志会记录用户的所有操作，如果数据库的使用非常频繁，一般查询日志将会占用非常大的磁盘空间，对系统性能影响较大。一般情况下，数据库管理员可以删除很长时间之前生成的一般查询日志或关闭此日志，以保证 MySQL 服务器上的磁盘空间充足。

4.3.3　慢查询日志

慢查询日志用于记录在 MySQL 中执行时间超过指定时间的查询语句。通过慢查询日志，可以查找出哪些查询语句的执行效率低，以便对其进行优化。一般来说，MySQL 的慢查询日志是排查问题 SQL 语句，以及检查当前 MySQL 性能的一个重要工具。如果没有调优需求，一般不建议开启慢查询日志，因为开启该日志会或多或少对 MySQL 性能造成一定的影响。

默认情况下，慢查询日志是关闭的。可以通过以下命令查看慢查询日志是否启动，具体命令及执行结果如下。

```
mysql> SHOW VARIABLES LIKE 'slow_query%';
+---------------------+---------------------------+
| Variable_name       | Value                     |
+---------------------+---------------------------+
| slow_query_log      | OFF                       |
| slow_query_log_file | /var/lib/mysql/mm-slow.log |
+---------------------+---------------------------+
2 rows in set (0.00 sec)

mysql> SHOW VARIABLES LIKE 'long_query_time';
+-----------------+-----------+
```

```
| Variable_name   | Value     |
+-----------------+-----------+
| long_query_time | 10.000000 |
+-----------------+-----------+
1 row in set (0.00 sec)
```

上述执行结果中的参数说明如下。

- slow_query_log：慢查询日志的状态。
- slow_query_log_file：慢查询日志文件存放的位置（一般设置为 MySQL 的数据目录）。
- long_query_time：查询语句执行时间超过多少秒才记录。

一、启动和设置慢查询日志

可以通过 log-slow-queries 选项启动慢查询日志。可以通过 long_query_time 选项来设置时间值，时间以秒为单位。如果查询时间超过了这个时间值，这个查询语句将被记录到慢查询日志中。

将 log-slow-queries 选项和 long_query_time 选项加入配置文件的[mysqld]组中，配置内容如下。

```
[mysqld]
log-slow-queries=dir\filename
long_query_time=n
```

上述选项中的参数说明如下。

- dir 参数用于指定慢查询日志的存储路径，如果不指定存储路径，慢查询日志将默认存储到 MySQL 的数据目录下。
- filename 参数用于指定日志的文件名，日志文件的完整名称为 filename-slow.log。如果不指定文件名，默认文件名为 hostname-slow.log，hostname 是 MySQL 服务器的主机名。
- n 参数是设定的时间值，该值的单位是秒。如果不设置 long_query_time 选项，默认时间为 10 秒。

还可以通过以下命令启动慢查询日志、设置指定时间。

```
SET GLOBAL slow_query_log=ON/OFF;
SET GLOBAL long_query_time=n;
```

二、查看慢查询日志

如果想了解哪些查询语句的执行效率低，可以从慢查询日志中获得信息。与错误日志、一般查询日志一样，慢查询日志也是以文本文件的形式存储的，可以使用普通的文本文件查看工具来查看。

例如，启动 MySQL 慢查询日志，并设置指定时间，SQL 语句及执行结果如下。

```
mysql> SET GLOBAL slow_query_log=ON;
Query OK, 0 rows affected (0.05 sec)

mysql> SET GLOBAL long_query_time=0.1;
Query OK, 0 rows affected (0.00 sec)
```

设置完成后，执行时间超过 0.1 秒的 SQL 语句将被记录到慢查询日志中。

打开慢查询日志文件，慢查询日志的部分内容如下。

```
# Time: 2020-06-01T01:59:18.368780Z
# User@Host: root[root] @ localhost [::1]  Id:     3
# Query_time: 10.294197 Lock_time: 0.000299 Rows_sent: 200 Rows_examined: 5821817
SET timestamp=1590976758;
select * from actor_info;
```

上述内容说明如下。
- Time：该查询发生的时间。
- User@Host：发起该查询的主机。
- Query_time：该查询总共用了多少时间。
- Lock_time：在查询过程中锁定表的时间。
- Rows_sent：返回了多少行数据。
- Rows_examined：表扫描了多少行数据才得到结果。
- SET timestamp：发生慢查询时的时间戳。

三、mysqldumpslow 命令

在实际的业务系统中，当开启慢查询日志后，每天都有可能生成庞大的慢查询日志文件，这个时候采用人工分析是很困难的，可以使用 MySQL 自带的 mysqldumpslow 命令来分析慢查询日志。mysqldumpslow 命令的主要功能包括统计不同慢查询语句的记录次数（Count）、最长执行时间（Time）、总时间（Time）、锁定时间（Lock）、发送给客户端的总行数（Rows）、扫描的总行数（Rows）等。

mysqldumpslow 命令的语法格式如下。

```
mysqldumpslow [options] [log_file ...]
```

options 说明如表 4-1 所示。

表 4-1　mysqldumpslow 命令语法格式中的 options 参数说明

参数	描述
-a	不将数字抽象成 N，不将字符串抽象成 S，即不要将慢查询日志文件中的数字用 N 代替，不要将字符串用 S 代替
-n N	将数字抽象显示成指定的至少 N 位数字
--debug，-d	以调试方式运行
-g	考虑匹配（Grep-style）模式的查询
--help	显示帮助信息
-h	慢查询日志文件所在的 MySQL 服务器的主机名。该文件名可以包含通配符，默认值为 *（匹配所有主机）
-i	服务器实例的名称
-l	不要从总时间中减去锁定时间
-r	按照排序规则倒序输出
-s	输出排序，语法格式：-s ORDER，ORDER 的值可选范围如下。 • t、at：按查询时间或平均查询时间排序。 • l、al：按锁定时间或平均锁定时间排序。 • r、ar：按发送的行数或发送的平均行数排序。 • c：按记录次数排序。 默认情况下，mysqldumpslow 按平均查询时间排序（相当于-s at）
-t	即 top n，输出前 n 条 SQL 语句
--verbose	详细模式

mysqldumpslow 命令使用示例如下。

例 1：得到记录次数最多的 10 条 SQL 语句，命令如下。

```
shell> mysqldumpslow -s c -t 10 /var/lib/mysql/localhost-slow.log
```

例 2：得到按照查询时间排序的前 10 条含有左连接的 SQL 语句，命令如下。

```
shell> mysqldumpslow -s t -t 10 -g "left join" /var/lib/mysql/localhost-slow.log
```

四、删除慢查询日志

慢查询日志的删除方法与一般查询日志的删除方法是一样的。可以使用文件管理方式删除慢查询日志，并可以使用 flush logs 命令重新生成慢查询日志文件。

4.3.4　二进制日志

二进制日志用于记录所有的 DDL 语句和 DML 语句，但是不包括数据查询语句。语句以"事件"的形式保存，它描述了数据的更改过程。所以，二进制日志对于"灾难"出现时的数据恢复具有极其重要的作用。

MySQL 使用 3 种日志格式在二进制日志中记录信息，分别为 STATEMENT、ROW 和 MIXED，使用--binlog-format 系统变量定义。

STATEMENT 称为基于语句的日志记录，每一条修改数据的 SQL 语句都会记录在二进制日志中。

ROW 称为基于行的日志记录，它是 MySQL 8.0 二进制日志的默认记录格式。ROW 格式的二进制日志中不记录执行的 SQL 语句的上下文相关信息，仅记录数据修改的细节。它的优点是不会出现某些特定情况下的存储过程或函数，以及触发器的调用和触发无法被正确复制的问题。它的缺点是可能会产生大量的日志内容，例如执行一条 update 语句修改多条记录，则二进制日志中会记录每一条被修改的记录，这样会造成二进制日志量很大，特别是当执行 alter table 之类的语句的时候，由于表结构被修改，每条记录都发生改变，所以该表每一条记录都会记录到日志中。

MIXED 称为混合日志记录。对于混合日志，默认使用基于语句的日志记录，但在某些情况下，日志格式会自动切换为基于行的日志记录。

一、启动和设置二进制日志

可以先用命令查看默认情况下二进制日志的开启情况，命令及执行结果如下。

```
mysql> show variables like 'log_bin';
+---------------+-------+
| Variable_name | Value |
+---------------+-------+
| log_bin       | ON    |
+---------------+-------+
1 row in set (0.00 sec)
```

log_bin 系统变量的值为"ON"，则说明当前二进制日志处于开启状态。如果要禁用二进制日志，可以在 MySQL 的配置文件 my.cnf 中配置 skip-log-bin 或 disable-log-bin 选项。

```
shell> vi /etc/my.cnf
```

在 my.cnf 文件中配置 disable-log-bin 选项。

```
[mysqld]
disable-log-bin
```

接着，重启 MySQL 服务，会发现二进制日志已经关闭。

```
shell> systemctl restart mysqld
shell> mysql -u root -p
mysql> show variables like 'log_bin';
+---------------+-------+
| Variable_name | Value |
+---------------+-------+
| log_bin       | OFF   |
+---------------+-------+
1 row in set (0.01 sec)
```

二、查看二进制日志

可以使用 log-bin[=base_name]配置项指定 MySQL 8.0 的二进制日志文件的默认基本名称。如果没有指定，则基本名称默认为主机名。一般建议指定一个基本名称，以便在主机名更改时可以轻松地继续使用相同的二进制日志文件名。

mysqld 在二进制日志文件基本名称后附加数字扩展名，以生成二进制日志文件名。每次服务器创建新的二进制日志文件时，该数字都会增加，从而创建有序的文件系列。每次服务器启动或刷新日志时，服务器都会在系列中创建一个新文件。当前二进制日志文件的大小达到 max_binlog_size 变量的值时，服务器会自动创建一个新的二进制日志文件。

为了跟踪服务器使用了哪些二进制日志文件，mysqld 还创建了一个二进制日志索引文件，其中包含二进制日志文件的名称。默认情况下，该名称与二进制日志文件具有相同的基本名称，扩展名为.index。

首先，可以通过查看环境变量来查看当前二进制日志文件的位置和状态，命令及执行结果如下。

```
mysql> SHOW VARIABLES LIKE'%log_bin%';
+---------------------------------+-----------------------------+
| Variable_name                   | Value                       |
+---------------------------------+-----------------------------+
| log_bin                         | ON                          |
| log_bin_basename                | /var/lib/mysql/binlog       |
| log_bin_index                   | /var/lib/mysql/binlog.index |
| log_bin_trust_function_creators | OFF                         |
| log_bin_use_v1_row_events       | OFF                         |
| sql_log_bin                     | ON                          |
+---------------------------------+-----------------------------+
6 rows in set (0.01 sec)
```

从以上执行结果可以看到，二进制日志文件在/var/lib/mysql 目录下。进入此目录可以查看日志文件列表，具体如下。

```
shell> cd /var/lib/mysql
[root@mm mysql]# ls -li
total 179704
 71942315 -rw-r-----. 1 mysql mysql      56 7月  20 2020 auto.cnf
 71642724 -rw-r-----. 1 mysql mysql    1738 3月   1 14:38 binlog.000027
 77688722 -rw-r-----. 1 mysql mysql    4369 3月   8 14:47 binlog.000028
 77688730 -rw-r-----. 1 mysql mysql     179 3月   8 17:04 binlog.000029
 77410227 -rw-r-----. 1 mysql mysql     179 3月  12 12:29 binlog.000030
 71942306 -rw-r-----. 1 mysql mysql     179 3月  12 12:29 binlog.000031
```

```
71942304 -rw-r-----. 1 mysql mysql      179 3月  12 12:29 binlog.000032
71942317 -rw-r-----. 1 mysql mysql      179 3月  12 12:30 binlog.000033
71642726 -rw-r-----. 1 mysql mysql      156 3月  12 12:36 binlog.000034
71642727 -rw-r-----. 1 mysql mysql      128 3月  12 12:36 binlog.index
```

上述的 binlog.index 是二进制日志索引文件,记录了最大的日志序号。

由于二进制日志文件以二进制格式保存,所以如果想检查这些文件的文本格式,就要用到 mysqlbinlog 命令。

mysqlbinlog 命令的语法格式如下。

```
mysqlbinlog [options] log-files1 log-files2...
```

其中 options 说明如表 4-2 所示。

表 4-2　mysqlbinlog 命令语法格式中的 options 说明

选项	说明
-d、--database=name	指定数据库名称,只列出指定的数据库相关操作
-o、--offset=n	忽略日志中的前 n 行命令
-r、--result-file=name	将文本格式日志输出到指定文件
-s、--short-form	显示简单格式,省略一些信息
--set--charset=char-name	指定用于处理日志文件的字符集。在输出为文本格式时,会在文件的第一行加上 set names char-name
--start-position=bytepos	转储的第一个事件的字节位置
--stop-position=bytepos	最后输出的事件的字节位置,如果给定了多个 binlog 文件,该位置将是序列中最后一个文件的位置
--start-datetime=datetime	只输出那些有时间戳或 datetime 后的事件
--stop-datetime=datetime	只输出那些有时间戳或 datetime 前的事件
--base64-output=name	二进制日志输出语句的 base64 解码分为 3 类:默认是值 auto,仅输出 base64 编码所需要的信息,例如 row-based 事件和事件的描述信息;值 never 仅适用于不是 row-based 的事件;值 decode-rows 配合 --verbose 参数一起使用,解码行事件到带注释的伪 SQL 语句
-v、--verbose	重新构建伪 SQL 语句的行信息输出

使用 mysqlbinlog 命令查看二进制日志文件内容,命令及执行结果如下。

```
shell> mysqlbinlog /var/lib/mysql/binlog.000034
BEGIN
/*!*/;
# at 310
#210312 15:31:08 server id 1  end_log_pos 375 CRC32 0xec29817e  Table_map:
`test`.`student` mapped to number 88
# at 375
#210312 15:31:08 server id 1  end_log_pos 438 CRC32 0x19610495  Write_rows:
table id 88 flags: STMT_END_F

BINLOG '
vBhLYBMBAAAAQQAAAHcBAAAAAFgAAAAAAEABHRlc3QAB3N0dWRlbnQABAMPDw8GLAE8ACwBDAEB
AAIBIX6BKew=
```

```
vBhLYB4BAAAAPwAAALYBAAAAAFgAAAAAAAEAAgAE/wADAAAABABkZW5nCzE4Njc4OTA5OTk5AwAz
MzOVBGEZ
'/*!*/;
# at 438
#210312 15:31:08 server id 1  end_log_pos 469 CRC32 0xc3723620  Xid = 17
COMMIT/*!*/;
SET @@SESSION.GTID_NEXT= 'AUTOMATIC' /* added by mysqlbinlog */ /*!*/;
DELIMITER ;
# End of log file
/*!50003 SET COMPLETION_TYPE=@OLD_COMPLETION_TYPE*/;
/*!50530 SET @@SESSION.PSEUDO_SLAVE_MODE=0*/;
```

上述二进制日志文件内容的详细说明如下。

"at 310"表示事件开始的字节位置，也就是该事件的第一个字节；"210312 15:31:08"表示事件被写入二进制日志的时间；"server id 1"表示产生该事件的服务器的 server id；"end_log_pos 375"表示紧接着该事件之后，下一个事件开始的字节位置。

"Table_map"表示事件名称，由于 ROW 格式的二进制日志里只记录相关表发生变化的列的数据，因此引入了 4 个事件：Table_map、Write_rows、Update_rows、Delete_rows。其中，Table_map 事件用于描述表的内部 id 和结构定义；Write_rows 事件、Update_rows 事件、Delete_rows 事件分别对应 insert、update、delete 这 3 种 SQL 语句。

从上述结果中可以看到，insert 语句的操作被记录到二进制日志中，不过对此语句进行了加密。可以使用参数 "--base64-output=decode-row -v" 查看具体的 SQL 语句，命令及执行结果如下。

```
[root@mm mysql]# mysqlbinlog --base64-output=decode-row -v  /var/lib/mysql/
binlog.000034
  BEGIN
  /*!*/;
  # at 310
  #210312 15:31:08 server id 1  end_log_pos 375 CRC32 0xec29817e  Table_map:
`test`.`student` mapped to number 88
  # at 375
  #210312 15:31:08 server id 1  end_log_pos 438 CRC32 0x19610495  Write_rows:
table id 88 flags: STMT_END_F
  ### INSERT INTO `test`.`student`
  ### SET
  ###   @1=3
  ###   @2='deng'
  ###   @3='18678909999'
  ###   @4='333'
  # at 438
  #210312 15:31:08 server id 1  end_log_pos 469 CRC32 0xc3723620  Xid = 17
COMMIT/*!*/;
SET @@SESSION.GTID_NEXT= 'AUTOMATIC' /* added by mysqlbinlog */ /*!*/;
DELIMITER ;
  # End of log file
```

"at 375"是 INSERT 语句的开始位置，"at 438"是 INSERT 语句的结束位置。如果后续该表中的数据丢失，可以根据这两个位置进行恢复操作，也可以根据开始时间和结束时间来恢复。

三、删除二进制日志

对于繁忙的事务处理系统，每天会生成大量日志内容，日志如果长时间不清除，将会对磁盘空间造成很大的浪费，因此定期删除日志是数据库管理员维护 MySQL 的一个重要工作内容。下面介绍几种删除二进制日志的方法。

1. reset master 命令

执行 reset master 命令将删除所有二进制日志，新日志编号从 000001 开始。请谨慎使用此命令，以确保不会丢失二进制日志文件数据。特别是在主从库上，执行该命令可能会导致日志不同步而报错。清空所有二进制日志的命令如下。

```
mysql> reset master;
Query OK, 0 rows affected (0.01 sec)
mysql> show binary logs;
+----------------+-----------+-----------+
| Log_name       | File_size | Encrypted |
+----------------+-----------+-----------+
| binlog.000001  |       156 | No        |
+----------------+-----------+-----------+
1 row in set (0.00 sec)
```

2. purge master logs to 命令

purge master logs to 命令以日志编号为条件进行二进制日志删除。例如，删除编号 28 之前的所有二进制日志，命令及执行结果如下。

```
mysql> purge master logs to 'binlog.000028';
Query OK, 0 rows affected (0.01 sec)
mysql> show binary logs;
+----------------+-----------+-----------+
| Log_name       | File_size | Encrypted |
+----------------+-----------+-----------+
| binlog.000028  |      4369 | No        |
| binlog.000029  |       179 | No        |
| binlog.000030  |       179 | No        |
| binlog.000031  |       179 | No        |
| binlog.000032  |       179 | No        |
| binlog.000033  |       179 | No        |
| binlog.000034  |       156 | No        |
+----------------+-----------+-----------+
7 rows in set (0.04 sec)
```

3. purge master logs before 命令

purge master logs before 命令以时间为条件进行二进制日志删除。例如，删除 2020 年 9 月 6 日之前的所有二进制日志，命令及执行结果如下。

```
mysql> purge master logs before '2020-09-06';
Query OK, 0 rows affected (0.01 sec)
```

4. expire_logs_days 配置项

expire_logs_days 配置项设置在 my.cnf 文件中，用来设置日志的过期天数，超过指定的天数后日志将会被自动删除，这样有利于减少数据库管理员的管理工作量。

首先编辑 my.cnf 文件，命令如下。

```
[root@mm mysql]# vi /etc/my.cnf
```

在 my.cnf 的[mysqld]下面加入 expire_logs_days=1，配置内容如下。

```
[mysqld]
expire_logs_days=1
```

在 my.cnf 中设置好此配置项后，保存并退出，重新启动 MySQL 服务，命令如下。

```
[root@mm mysql]# systemctl restart mysqld
```

现在，可以通过环境变量来查看日志的过期天数，具体如下。

```
mysql> SHOW VARIABLES LIKE'%expire_logs_days%';
+------------------+-------+
| Variable_name    | Value |
+------------------+-------+
| expire_logs_days | 1     |
+------------------+-------+
1 row in set (0.00 sec)
```

重启 MySQL 服务后，再查看日志，命令如下，可以发现系统中只会将日志信息保留一天。

```
[root@mm mysql]# ll /var/lib/mysql/
```

4.4 项目任务分解

天天电器商场发生的问题几乎每个公司都会遇到。大部分的 MySQL 的故障原因都可以采用分析日志的方式来查找。错误日志中有 MySQL 服务不能启动的原因；慢查询日志中有慢查询的 SQL 语句记录；误删除的数据可以通过二进制日志进行恢复等。项目任务分解如下。

任务 4-1　通过错误日志查看 MySQL 服务不能启动的原因

一、任务说明

启动 MySQL 服务失败的时候，错误信息会被记录到 MySQL 错误日志中。本任务要求通过错误日志查看 MySQL 服务不能启动的原因。

微课视频

二、任务实施过程

步骤 1：查找错误日志文件目录

在 mysql 命令提示符下通过查看变量方式查找错误日志文件所在目录，命令及执行结果如下。

```
mysql> show variables like 'log_error';
+---------------+----------------------------+
| Variable_name | Value                      |
+---------------+----------------------------+
| log_error     | /var/log/mysqld.log        |
+---------------+----------------------------+
1 row in set (0.00 sec)
```

在上述结果中找到错误日志文件所在目录，即/var/log/mysqld.log。

步骤 2：查看错误日志

使用 tail 命令，查看错误日志的最后 50 行，命令如下。

```
shell> tail -50 /var/log/mysqld.log
```

根据错误信息就可以找到 MySQL 服务不能启动的原因。

步骤 3：示范一个错误

做一个错误的示范，修改 MySQL 的配置文件，命令如下。

```
shell> vi /etc/my.cnf
```

找到 "default-storage-engine=innodb" 行，将数据库引擎 innodb 更改为 innodb2。然后试着停止 MySQL 服务后再启动，命令及执行结果如下。

```
shell> systemctl stop mysqld
shell> systemctl start mysqld
Job for mysqld.service failed because the control process exited with error code.
See "systemctl status mysqld.service" and "journalctl -xe" for details.
```

上述结果显示启动 MySQL 服务出错了。接下来通过日志来查看错误原因，日志文件中记录的错误信息如图 4-1 所示。

```
[root@mm ~]# tail -10 /var/log/mysqld.log
2021-09-19T10:54:29.410248Z 0 [Warning] [MY-011068] [Server] The syntax 'expire-logs-days' is deprecated
ure release. Please use binlog_expire_logs_seconds instead.
2021-09-19T10:54:29.411473Z 0 [System] [MY-010116] [Server] /usr/sbin/mysqld (mysqld 8.0.21) starting as
2021-09-19T10:54:29.413519Z 0 [Warning] [Server] --character-set-server: 'utf8' is currently
et UTF8MB3, but will be an alias for UTF8MB4 in a future release. Please consider using UTF8MB4 in order
2021-09-19T10:54:29.413530Z 0 [Warning] [Server] --collation-server: 'utf8_general_ci' is a
haracter set UTF8MB3. Please consider using UTF8MB4 with an appropriate collation instead.
2021-09-19T10:54:29.420751Z 1 [System] [MY-013576] [InnoDB] InnoDB initialization has started.
2021-09-19T10:54:30.034603Z 1 [System] [MY-013577] [InnoDB] InnoDB initialization has ended.
2021-09-19T10:54:30.259159Z 0 [System] [MY-011323] [Server] X Plugin ready for connections. Bind-address
var/run/mysqlx.sock
2021-09-19T10:54:30.276958Z 0 [ERROR] [MY-010077] [Server] Unknown/unsupported storage engine: innodb2
2021-09-19T10:54:30.277282Z 0 [ERROR] [MY-010119] [Server] Aborting
2021-09-19T10:54:31.743319Z 0 [System] [MY-010910] [Server] /usr/sbin/mysqld: Shutdown complete (mysqld
er - GPL.
[root@mm ~]#
```

图 4-1　日志文件中记录的错误信息

图 4-1 中方框处显示了错误信息 "Unknown/unsupported storage engine:innodb2"，即不支持 innodb2 数据库引擎。

> **注意**　请把前面示范的错误配置信息修正过来。

任务 4-2　记录客户端连接错误信息

微课视频

一、任务说明

在数据库管理过程中，有时需要记录客户端连接的信息，包括中断连接和连接访问被拒绝的信息，从而为数据库安全防范管理提供参考数据。本任务要求在错误日志文件中以 JSON 格式记录客户端连接的错误信息。

二、任务实施过程

步骤 1：安装 log_sink_json 记录器组件

为了以 JSON 格式记录错误日志信息，需要安装 log_sink_json 记录器组件。安装命令如下。

```
mysql>INSTALL COMPONENT 'file://component_log_sink_json';
mysql>SET GLOBAL log_error_services = 'log_filter_internal; log_sink_json';
```

步骤 2：设置内置日志过滤器组件优先级

为了记录客户端连接信息，需要将内置过滤器组件 log_filter_internal 的优先级设置为 3，即允许在错误日志中记录 ERROR、WARNING 和 NOTE 信息。编辑/etc/my.cnf 文件，配置内容如下。

```
log-error=
log_error_verbosity=3
log_error_services='log_filter_internal; log_sink_json'
```

步骤 3：尝试错误连接访问

重启 MySQL 服务，然后尝试用错误的访问密码进行连接访问，命令如下。

```
shell>systemctl restart mysqld
shell> mysql -u root -p 错误密码
```

步骤 4：查找错误日志文件目录

在步骤 2 中，由于没有指定 log-error 变量的值，所以错误日志文件保存在数据目录中。在数据目录中查找错误日志文件，命令及执行结果如下。

```
shell> ls /var/lib/mysql/*err*
/var/lib/mysql/localhost.err  /var/lib/mysql/localhost.err.00.json
```

从上述结果可以发现，因为在步骤 2 中配置了 log_sink_json 记录器组件，所以错误日志信息已经不在 localhost.err 中，而在 localhost.err.00.json 这个文件中。

步骤 5：查看错误信息

用 tail 命令查看 localhost.err.00.json 文件内容，命令及执行结果如下。

```
shell> tail -1 /var/lib/mysql/localhost.err.00.json
{ "prio" : 3, "err_code" : 10926, "component" : "mysql_native_password", "subsystem" :
"Server", "source_file" : "sql_authentication.cc", "function" : "login_failed_error",
"msg" : "Access denied for user 'root'@'localhost' (using password: YES)", "time" :
"2022-03-22T11:27:49.736065Z", "ts" : 1647948469736, "thread" : 9, "err_symbol" :
"ER_ACCESS_DENIED_ERROR_WITH_PASSWORD", "SQL_state" : "HY000", "label" : "Note" }
```

上述结果显示，错误日志文件中记录了客户端连接错误信息，并以 JSON 格式实现了信息的记录。

任务 4-3　使用 mysqldumpslow 分析慢查询日志

微课视频

一、任务说明

开启慢查询日志后，如果查询时间超过了系统变量 long_query_time 设置的时间值，这个查询语句就会被记录到慢查询日志中。mysqldumpslow 是 MySQL 自带的，专门用来分析慢查询日志。本任务要求使用 mysqldumpslow 分析慢查询日志中记录最多的查询语句以及查询用时最长的查询语句。

二、任务实施过程

步骤 1：导入 Sakila 样本数据库

Sakila 数据库是 MySQL 官方提供的一个学习 MySQL 的很好的样本数据库素材。先将它从官网下载下来，然后导入脚本，命令如下。

```
mysql> source /opt/sakila/sakila-schema.sql;    #导入结构
mysql> source /opt/sakila/sakila-data.sql;      #导入数据
```

 注意　需要将 sakila-schema.sql 和 sakila-data.sql 两个文件上传到 Linux 系统下的 **/opt/sakila** 目录中。

步骤 2：启动慢查询日志

慢查询日志默认处于关闭状态，需要将它启动，命令及执行结果如下。

```
mysql> SET GLOBAL slow_query_log=ON;                    #启动慢查询日志
mysql> show variables like 'slow_query_log';            #查看慢查询日志状态
+----------------+-------+
| Variable_name  | Value |
+----------------+-------+
| slow_query_log | ON    |
+----------------+-------+
1 row in set (0.01 sec)
```

步骤 3：设置慢查询日志的超时时间

慢查询日志的超时时间默认是 10 秒，为了演示，将其设置为 0.1 秒，命令及执行结果如下。

```
mysql> SET GLOBAL long_query_time=0.1;                  #设置慢查询日志的超时时间
mysql> quit;
shell> mysql -u root -p
mysql> show variables like 'long_query_time';
+-----------------+----------+
| Variable_name   | Value    |
+-----------------+----------+
| long_query_time | 0.100000 |
+-----------------+----------+
1 row in set (0.00 sec)
```

步骤 4：模拟慢查询语句

模拟执行几条慢查询语句，查看它们是否被慢查询日志记录，命令及执行结果如下。

```
mysql> select sleep(2);                    #休眠 2 秒
mysql> select sleep(2);
mysql> select sleep(2);
mysql> use sakila;
mysql> select * from actor;               #查询 sakila 数据库中的演员信息
mysql> select * from actor_info;          #查询 sakila 数据库中的 actor_info 视图
mysql> show status like '%slow%';         #查询慢查询语句数量
+---------------------+-------+
| Variable_name       | Value |
+---------------------+-------+
| Slow_launch_threads | 0     |
| Slow_queries        | 4     |
+---------------------+-------+
2 rows in set (0.00 sec)
```

在上述执行结果中，Slow_queries 变量统计了慢查询语句的数量。

步骤 5：查看慢查询日志

前面有两条慢查询语句被记录了下来，接着可以打开慢查询日志查看详情，命令及执行结果如下。

```
mysql> show variables like '%slow%';
+----------------------------+----------------------------------+
| Variable_name              | Value                            |
+----------------------------+----------------------------------+
| log_slow_admin_statements  | OFF                              |
```

```
| log_slow_extra             | OFF                              |
| log_slow_replica_statements| OFF                              |
| log_slow_slave_statements  | OFF                              |
| slow_launch_time           | 2                                |
| slow_query_log             | ON                               |
| slow_query_log_file        | /var/lib/mysql/localhost-slow.log|
+----------------------------+----------------------------------+
```

先通过查看 slow_query_log_file 系统变量的值，找到慢查询日志文件所在目录。然后查看慢查询日志文件内容，命令及执行结果如下。

```
mysql> quit;
shell> tail -10 /var/lib/mysql/localhost-slow.log
# Time: 2022-03-23T10:56:29.401089Z
# User@Host: root[root] @ localhost []  Id:    10
# Query_time: 2.001556  Lock_time: 0.000000 Rows_sent: 1  Rows_examined: 1
SET timestamp=1648032987;
select sleep(2);
# Time: 2022-03-23T10:56:55.836764Z
# User@Host: root[root] @ localhost []  Id:    10
# Query_time: 10.294197  Lock_time: 0.000299 Rows_sent: 200  Rows_examined: 5821817
SET timestamp=1648033005;
select * from actor_info;
```

从上述结果可以看到，被慢查询日志记录下来的两条查询语句分别是 select sleep(2);和 select * from actor_info;。

步骤 6：使用 mysqldumpslow 分析

例 1：输出慢查询日志中记录次数最多的 1 条 SQL 语句，命令及执行结果如下。

```
shell> mysqldumpslow -s c -t 1 /var/lib/mysql/localhost-slow.log
Reading mysql slow query log from /var/lib/mysql/localhost-slow.log
Count: 3  Time=2.00s (6s)  Lock=0.00s (0s)  Rows=1.0 (3), root[root]@localhost
  select sleep(N)
```

例 2：输出慢查询日志中使用查询时间最多的 1 条 SQL 语句，命令及执行结果如下。

```
shell> mysqldumpslow -s t -t 1 /var/lib/mysql/localhost-slow.log
Reading mysql slow query log from /var/lib/mysql/localhost-slow.log
Count: 1  Time=10.42s (10s)  Lock=0.00s (0s)  Rows=200.0 (200), root[root]
@localhost
  select * from actor_info
```

任务 4-4　使用 mysqlbinlog 基于时间点恢复数据

微课视频

一、任务说明

MySQL 提供了专用工具 mysqlbinlog，使用这个工具可以查看二进制日志文件中记录的信息，并且以 SQL 格式输出信息。如果因为误操作、修改或删除了某行数据，则可以利用二进制日志进行恢复。本任务要求使用 mysqlbinlog 基于时间点恢复数据。

二、任务实施过程

步骤 1：模拟环境

命令如下。

```
mysql> create database test;                          #创建 test 数据库
mysql> use test;
mysql> create table t1 (id int );                     #创建 t1 表
mysql> insert into t1 value (1),(2),(3),(5),(8);      #插入几条数据
```

步骤 2：刷新二进制日志

命令及执行结果如下。

```
mysql> flush logs;
mysql> show master logs;
+---------------+-----------+-----------+
| Log_name      | File_size | Encrypted |
+---------------+-----------+-----------+
| binlog.000026 |       179 | No        |
| binlog.000027 |       156 | No        |
| binlog.000028 |       200 | No        |
| binlog.000029 |       843 | No        |
+---------------+-----------+-----------+
4 rows in set (0.08 sec)

mysql> flush logs;
Query OK, 0 rows affected (0.02 sec)

mysql> show master logs;
+---------------+-----------+-----------+
| Log_name      | File_size | Encrypted |
+---------------+-----------+-----------+
| binlog.000026 |       179 | No        |
| binlog.000027 |       156 | No        |
| binlog.000028 |       200 | No        |
| binlog.000029 |       887 | No        |
| binlog.000030 |       156 | No        |
+---------------+-----------+-----------+
5 rows in set (0.01 sec)
```

如上述结果所示，刷新二进制日志后，MySQL 会生成新的 binlog.000030 文件。

步骤 3：模拟误删操作

这里模拟误删了刚才创建的 t1 表，命令如下。

```
mysql> delete from t1;
```

步骤 4：再次刷新二进制日志

刷新二进制日志后，如果有别的记录写入，就会写到下一个二进制日志文件中。命令及执行结果如下。

```
mysql> flush logs;
Query OK, 0 rows affected (0.01 sec)

mysql> show master logs;
+---------------+-----------+-----------+
| Log_name      | File_size | Encrypted |
+---------------+-----------+-----------+
```

```
| binlog.000026 |        179 | No        |
| binlog.000027 |        156 | No        |
| binlog.000028 |        200 | No        |
| binlog.000029 |        887 | No        |
| binlog.000030 |        493 | No        |
| binlog.000031 |        156 | No        |
+---------------+-----------+-----------+
6 rows in set (0.00 sec)
```

步骤5：二进制日志内容解析

使用mysqlbinlog命令解析binlog.000030这个二进制日志文件，命令如下。

```
shell> mysqlbinlog -v /var/lib/mysql/binlog.000030
```

如图4-2所示，在9:43:39处显示进行了删除操作。

```
#220323  9:43:39 server id 1  end_log_pos 358 CRC32 0x731000fb  Table_map: `test`.`t1` mapped to number 118
# at 358
#220323  9:43:39 server id 1  end_log_pos 418 CRC32 0x304489f7  Delete_rows: table id 118 flags: STMT_END_F

BINLOG '
CyQ7YhMBAAAAMAAAAGYBAAAAAHYAAAAAAAEABHRlc3QAAnQxAAEDAAEBAQD7ABBz
CyQ7YiABAAAAPAAAAKIBAAAAAHYAAAAAAAEAAgAB/wABAAAAAAIAAAAAAwAAAAAFAAAAAAgAAAD3
iUQw
'/*!*/;
### DELETE FROM `test`.`t1`
### WHERE
###   @1=1
### DELETE FROM `test`.`t1`
### WHERE
###   @1=2
### DELETE FROM `test`.`t1`
### WHERE
###   @1=3
### DELETE FROM `test`.`t1`
### WHERE
###   @1=5
### DELETE FROM `test`.`t1`
### WHERE
###   @1=8
# at 418
#220323  9:43:39 server id 1  end_log_pos 449 CRC32 0x0a3990a1  Xid = 156
COMMIT/*!*/;
# at 449
#220323  9:43:56 server id 1  end_log_pos 493 CRC32 0x87479bdf  Rotate to binlog.000031  pos: 4
SET @@SESSION.GTID_NEXT= 'AUTOMATIC' /* added by mysqlbinlog */ /*!*/;
```

图4-2　二进制日志内容解析

步骤6：恢复到删除前的时间点

查看前一个日志文件（即binlog.000029）的时间点，命令如下。

```
shell> mysqlbinlog /var/lib/mysql/binlog.000029
```

通过前面的步骤可知，删除数据之前，二进制日志记录在binlog.000029文件中，所以要在binlog.000029文件中查找删除数据前的时间点。该时间点在binlog.000029文件的最后几行，如图4-3所示。接下来进行数据恢复，命令如下。

```
#220323  9:40:23 server id 1  end_log_pos 843 CRC32 0x66c87395  Xid = 152
COMMIT/*!*/;
# at 843
#220323  9:41:16 server id 1  end_log_pos 887 CRC32 0x5fddcdc9  Rotate to binlog.000030  pos: 4
SET @@SESSION.GTID_NEXT= 'AUTOMATIC' /* added by mysqlbinlog */ /*!*/;
DELIMITER ;
# End of log file
/*!50003 SET COMPLETION_TYPE=@OLD_COMPLETION_TYPE*/;
/*!50530 SET @@SESSION.PSEUDO_SLAVE_MODE=0*/;
[root@localhost mysql]#
```

图4-3　二进制日志文件中删除数据前的时间点

```
shell>  mysqlbinlog  --database=test  --start-datetime='2022-03-23  9:40:23'
--stop-datetime='2022-03-23 9:41:16' /var/lib/mysql/binlog.000029 | mysql -uroot -p
-h127.0.0.1 -P3306
```

步骤 7：查看数据是否恢复

查询 t1 表，检查数据是否恢复，命令及执行结果如下。

```
mysql> select * from test.t1;
+------+
| id   |
+------+
|    1 |
|    2 |
|    3 |
|    5 |
|    8 |
+------+
5 rows in set (0.00 sec)
```

上述结果显示，被删除的数据已经恢复。

任务 4-5 使用 mysqlbinlog 基于字节位置恢复数据

微课视频

一、任务说明

任务 4-4 利用二进制日志中的时间点完成了数据的恢复。除了基于时间点，还可以基于二进制日志中的字节位置实现数据的恢复。本任务要求使用 mysqlbinlog 基于字节位置恢复数据。

二、任务实施过程

步骤 1：刷新二进制日志

新建一个新的二进制日志文件，用于记录后面的数据修改操作，命令如下。

```
mysql> flush logs;
```

步骤 2：模拟环境

创建简单的数据库和表，命令如下。

```
mysql> create database test2;                          #创建 test2 数据库
mysql> use test2;
mysql> create table t2 (id int);                       #创建 t2 表
mysql> insert into t2 value (1),(2),(3),(5),(8);       #插入几条数据
mysql> commit;
```

步骤 3：模拟误删操作

模拟误删操作的命令如下。

```
mysql> delete from t2;
mysql> commit;
```

步骤 4：查看二进制日志文件

接下来，基于字节位置将数据还原到错误删除数据库记录之前。首先找到记录刚才数据操作的二进制日志文件，命令及执行结果如下。

```
mysql> show master logs;
+----------------+-----------+-----------+
| Log_name       | File_size | Encrypted |
```

```
+----------------+-----------+-----------+
| binlog.000009 |       528 | No        |
| binlog.000010 |       871 | No        |
+----------------+-----------+-----------+
2 rows in set (0.00 sec)
```

显然，刚才的数据操作记录在二进制日志文件 binlog.000010 中。

步骤 5：查询操作事件位置

分析二进制日志文件，并找到错误操作的字节位置，命令如下。

```
mysql> show binlog events in 'binlog.000010';
```

执行结果如图 4-4 所示。在结果中找到错误操作的字节位置。

```
mysql> show binlog events in 'binlog.000010';
+---------------+------+----------------+-----------+-------------+---------------------------------------------------------------------+
| Log_name      | Pos  | Event_type     | Server_id | End_log_pos | Info                                                                |
+---------------+------+----------------+-----------+-------------+---------------------------------------------------------------------+
| binlog.000010 |    4 | Format_desc    |         1 |         125 | Server ver: 8.0.27, Binlog ver: 4                                   |
| binlog.000010 |  125 | Previous_gtids |         1 |         196 | 874bfe44-551f-11ec-8f56-000c29c9ee3e:1-9                            |
| binlog.000010 |  196 | Gtid           |         1 |         273 | SET @@SESSION.GTID_NEXT= '874bfe44-551f-11ec-8f56-000c29c9ee3e:10' |
| binlog.000010 |  273 | Query          |         1 |         384 | create database test2 /* xid=267 */                                 |
| binlog.000010 |  384 | Gtid           |         1 |         461 | SET @@SESSION.GTID_NEXT= '874bfe44-551f-11ec-8f56-000c29c9ee3e:11' |
| binlog.000010 |  461 | Query          |         1 |         576 | use `test2`; create table t2 (id int ) /* xid=273 */                |
| binlog.000010 |  576 | Gtid           |         1 |         655 | SET @@SESSION.GTID_NEXT= '874bfe44-551f-11ec-8f56-000c29c9ee3e:12' |
| binlog.000010 |  655 | Query          |         1 |         731 | BEGIN                                                               |
| binlog.000010 |  731 | Table_map      |         1 |         780 | table_id: 101 (test2.t2)                                            |
| binlog.000010 |  780 | Write_rows     |         1 |         840 | table_id: 101 flags: STMT_END_F                                     |
| binlog.000010 |  840 | Xid            |         1 |         871 | COMMIT /* xid=274 */                                                |
| binlog.000010 |  871 | Gtid           |         1 |         950 | SET @@SESSION.GTID_NEXT= '874bfe44-551f-11ec-8f56-000c29c9ee3e:13' |
| binlog.000010 |  950 | Query          |         1 |        1026 | BEGIN                                                               |
| binlog.000010 | 1026 | Table_map      |         1 |        1075 | table_id: 101 (test2.t2)                                            |
| binlog.000010 | 1075 | Delete_rows    |         1 |        1135 | table_id: 101 flags: STMT_END_F                                     |
| binlog.000010 | 1135 | Xid            |         1 |        1166 | COMMIT /* xid=277 */                                                |
+---------------+------+----------------+-----------+-------------+---------------------------------------------------------------------+
16 rows in set (0.00 sec)
```

图 4-4　二进制日志内容解析

步骤 6：重复执行数据插入操作

使用 mysqlbinlog 命令，让 MySQL 服务器执行位置 655 到位置 1075 之间的操作，即重新进行数据记录的写入，命令如下。

```
shell> mysqlbinlog --start-position='655' --stop-position='1075' /var/lib/mysql/
binlog.000009 | mysql -u root -p
```

步骤 7：查看数据恢复情况

查询 t2 表，检查数据是否恢复，命令及执行结果如下。

```
mysql> select * from test2.t2;
+------+
| id   |
+------+
|    1 |
|    2 |
|    3 |
|    5 |
|    8 |
+------+
5 rows in set (0.00 sec)
```

上述结果显示，被删除的数据已经恢复。

4.5 常见问题解决

问题 1：出现“[ERROR] unknown variable ‘default-character-set=utf8mb4’”错误提示。

原因分析

若在 my.cnf 文件中添加 default-character-set=utf8mb4 选项，则在执行 mysqlbinlog 命令查看二进制日志时就会报错。

解决方案

在 mysqlbinlog 命令中添加--no-defaults 选项。

问题 2：设定参数时出现"ERROR 1238 (HY000): Variable 'log_bin' is a read only variable"错误提示。

原因分析

这个错误表示 log_bin 是一个只读变量。

解决方案

更改这个变量需要关闭 MySQL 服务，然后在初始化选项文件中修改。

4.6 课后习题

一、填空题

1. MySQL 的日志在默认情况下只启动了_____的功能。
2. 在 MySQL 日志中，_____日志不是文本文件。
3. 错误日志事件具有的优先级分别为_____、_____、_____。
4. 在 MySQL 中，可以使用_____命令来开启新的错误日志。
5. 一般情况下，错误日志存储在 MySQL 的数据目录下，通常名称为_____。
6. MySQL 自带的专门用来分析慢查询日志的命令是_____。
7. MySQL 提供了_____用来查看二进制日志文件中的信息，并且会以 SQL 格式输出。

二、单选题

1. MySQL 的配置文件名称是（　　）。
   A. mysql.cnf　　　　B. my.cnf　　　　　　C. my.sql.cnf　　　　D. my.sql
2. 下列关于 MySQL 二进制日志文件的描述错误的是（　　）。
   A. MySQL 开启二进制日志后，系统自动将主机名作为二进制日志文件名，用户不能指定文件名
   B. MySQL 默认不开启二进制日志
   C. MySQL 开启二进制日志后，在安装目录的 DATA 文件夹下会生成两个文件，即二进制日志文件和二进制日志索引文件
   D. 用户可以使用 mysqlbinlog 命令将二进制日志文件保存为文本文件
3. 下面关于 MySQL 的日志，说法正确的是（　　）。
   A. 可以将慢查询日志输出到数据表中，而不是文本文件中，这样方便查询、分析
   B. 通过 flush logs 命令可以同时截断并新建慢查询日志和一般查询日志对应的文件，通常先移走原日志文件，再执行 flush logs 命令
   C. MySQL 错误日志里不会记录正常启动的信息
   D. 慢查询日志中只记录慢查询语句，update、delete 等语句不会被记录

三、多选题

1. MySQL 的日志有（　　）。
   A. 二进制日志　　　B. 错误日志　　　　C. 一般查询日志　　D. 慢查询日志

2. 在 Linux 系统下，（　　　）属于 MySQL。

   A. pid 文件　　　　　B. my.cnf 文件　　　　C. ibdata1 文件　　　D. socket 文件

3. MySQL 错误日志会记录（　　　）。

   A. MySQL 服务启动的信息

   B. MySQL 作为一个从库时，出现的复制出错信息

   C. SQL 语句出现的 duplicate key 的错误信息

   D. MySQL server crash 的错误信息

四、判断题

1. 在 MySQL 中，启用二进制日志必须修改 my.cnf 配置文件。（　　　）

2. 如果 MySQL 启动异常，则应该查询二进制日志。（　　　）

3. MySQL 配置文件的路径是/etc/mysql.cnf。（　　　）

4. 关于 MySQL 日志，记录最多的是查询日志。（　　　）

5. 在所有的日志文件中，影响数据完整性最重要的是二进制日志。（　　　）

6. 在 MySQL 日志中，慢查询日志只记录慢查询语句，update、delete 等语句不会被记录。

（　　　）

五、操作题

1. 请尝试修改二进制日志文件的路径和名称。

2. 请尝试使用 mysqlbinlog 命令进行基于位置的数据恢复。

项目5
备份与恢复MySQL数据库

5.1 项目场景

　　天天电器商场的服务器已使用多年。由于服务器硬件故障率高，经常会导致数据丢失，受到各部门抱怨。但公司近期没有设备更新计划，信息部门决定实施一个自动的备份方案，当服务器重装的时候能重新加载备份数据。

5.2 教学目标

一、知识目标

1. 掌握 MySQL 备份的概念和分类
2. 掌握 mysqldump 命令的使用方法
3. 掌握 Percona XtraBackup 工具的使用方法
4. 掌握数据库迁移的概念
5. 掌握 MySQL 数据表的导出和导入方法

二、能力目标

1. 能使用 mysqldump 命令备份和恢复数据
2. 能使用 Percona XtraBackup 实现热备份
3. 能基于 crontab 实现自动备份作业
4. 能基于各种命令实现数据表的导入和导出

三、素养目标

1. 提高安全防范意识
2. 加强规范操作意识

5.3 项目知识导入

5.3.1 数据备份

　　数据备份就是为了防止原数据丢失，保证数据的安全。当数据库因为某些因素丢失部分或者全部数据后，备份文件可以帮助找回丢失的数据。因此，数据备份是很重要的工作。

常见数据库备份的应用场景如下。

1. 数据丢失应用场景

（1）人为操作失误造成某些数据被误操作。

（2）软件 Bug 造成部分数据或全部数据丢失。

（3）硬件故障造成数据库部分数据或全部数据丢失。

（4）安全漏洞被入侵，数据被恶意破坏。

2. 非数据丢失应用场景

（1）在特殊应用场景下基于时间点的数据恢复。

（2）开发测试环境数据库的搭建。

（3）相同数据库的新环境搭建。

（4）数据库或者数据迁移。

以上列出的是一些数据库备份常见的应用场景，数据库备份还有其他应用场景，在此不一一列举。

若磁盘故障导致整个数据库所有数据丢失，并且无法从已经出现故障的磁盘上恢复数据，可以通过最近时间点的整个数据库的物理或逻辑备份文件，尽可能地将数据恢复到故障之前最近的时间点。

操作失误造成数据被误操作后，需要有一个能恢复到错误操作时间点之前的瞬间的备份文件，当然这个备份文件可以是整个数据库的备份文件，也可以只是被误操作的表的备份文件。

一、备份的分类

备份的分类方式如下。

1. 按照备份的方法分类

按照备份的方法（是否需要数据库离线），可以将备份分为热备份、冷备份和温备份。

（1）热备份（Hot Backup）。热备份可以在数据库运行中直接进行，对正在运行的数据库操作没有任何的影响，数据库的读写操作可以正常执行。这种备份方式在 MySQL 官方手册中又称为在线备份（Online Backup）。按照备份后文件的内容，热备份又可以分为逻辑备份和裸文件备份。逻辑备份是指备份出的文件内容是可读的，一般是文本文件，内容一般由一条条 SQL 语句或表内实际数据组成，例如 mysqldump 和 SELECT * INTO OUTFILE 语句。这种备份方式的好处是可以观察导出文件的内容，一般适用于数据库的升级、迁移等应用场景。但其缺点是恢复的时间较长。裸文件备份是指复制数据库的物理文件，既可以在数据库运行时进行复制（如使用 ibbackup、XtraBackup 这类备份工具），也可以在数据库停止运行时直接复制数据文件。这种备份方式的恢复时间往往比逻辑备份的短很多。

（2）冷备份（Cold Backup）。冷备份必须在数据库停止运行的情况下进行，数据库的读写操作不能执行。这种备份方式非常简单，一般只需要复制相关的数据库物理文件即可。这种备份方式在 MySQL 官方手册中又称为离线备份（Offline Backup）。

（3）温备份（Warm Backup）。温备份是在数据库运行过程中进行的，但是会对当前数据库的操作有所影响，温备份时仅支持读操作，不支持写操作。

2. 按照备份的数据库内容分类

按照备份的数据库内容来分类，备份又可以分为完全备份和部分备份。

（1）完全备份。完全备份是指对数据库进行完整的备份，即备份整个数据库，如果数据较多则会占用较多的时间和较大的空间。

（2）部分备份。部分备份是指备份部分数据库内容（例如，只备份一个表）。部分备份又分为增量备份和差异备份。增量备份需要使用专业的备份工具。增量备份是指在上次完全备份的基础上，对更改的数据进行备份。也就是说，每次备份只会备份自上次备份之后到备份时间之内产生的数据。差异备份是指备份上一次完全备份以来变化的数据。与增量备份相比，差异备份浪费空间，但恢复数据比增量备份简单。

在 MySQL 中，进行不同方式的备份前，还要考虑存储引擎是否支持，例如 MyISAM 存储引擎不支持热备份，只支持温备份和冷备份；而 InnoDB 存储引擎则支持热备份、温备份和冷备份。

二、备份的数据和备份工具

1. 备份的数据

一般情况下，需要备份的数据分为以下几种。

（1）表数据。

（2）二进制日志、InnoDB 事务日志。

（3）代码（存储过程、存储函数、触发器、事件调度器）。

（4）服务器配置文件。

2. 备份工具

以下是几种常用的备份工具。

（1）mysqldump：逻辑备份工具，适用于所有的存储引擎，支持温备份、完全备份、部分备份，对于 InnoDB 存储引擎支持热备份。

（2）cp、tar 等归档复制工具：物理备份工具，适用于所有的存储引擎，支持冷备份、完全备份、部分备份。

（3）lvm2 snapshot：借助文件系统管理工具进行备份。

（4）XtraBackup：一款由 Percona 公司提供的非常强大的 InnoDB/XtraDB 热备份工具，支持完全备份、增量备份。

三、使用 mysqldump 命令备份

MySQL 主要提供了 mysqldump 命令用于实现备份。使用 mysqldump 命令备份一个数据库的语法格式如下。

```
mysqldump -u username -p dbname [tbname ...]> filename.sql
```

上述语法格式中的参数说明如下。

- username：账户名称。
- dbname：需要备份的数据库名称。
- tbname：数据库中需要备份的数据表名称，可以指定多个数据表。省略该参数时，会备份整个数据库。
- >：用来告诉 mysqldump 命令，将备份数据表的定义和数据写入指定的备份文件。
- filename.sql：备份文件的名称，文件名前面可以加绝对路径。通常将数据库备份成一个扩展名为.sql 的文件。

> **注意** 执行 **mysqldump** 命令备份的文件并非一定要求扩展名为.sql，备份成其他格式的文件也是可以的，例如，扩展名为.txt 的文件。通常情况下，建议备份成扩展名为.sql 的文件，因为扩展名为.sql 的文件给人第一感觉就是该文件与数据库有关。

下面通过示例来介绍 mysqldump 命令的基本使用方法。

（1）备份单个数据库信息，命令语法格式如下。

```
mysqldump -u 账户名 -p密码 --databases 数据库 > /保存路径/文件名.sql
```

例如，备份 data 数据库，账户名是 root，密码是 root，备份到当前文件夹的 1.sql 文件中，命令如下。

```
mysqldump -u root -proot  --databases data >1.sql
```

注意 备份的时候会有如下提示。

Warning: Using a password on the command line interface can be insecure. 将其忽略即可。该提示的解释为："警告：在命令行界面上使用密码可能不安全。"

（2）备份全部数据库信息，命令语法格式如下。

```
mysqldump -u 账户名 -p密码 --all-databases > /保存路径/文件名.sql
```

例如，备份全部数据库，账户名是 root，密码是 root，备份到当前文件夹的 2.sql 文件中，命令如下。

```
mysqldump -u root -proot --all-databases >2.sql
```

（3）备份某一个数据表，命令语法格式如下。

```
mysqldump -u 账户名 -p密码 数据库名 表名 > /保存路径/文件名.sql
```

例如，备份 data 数据库中的 users 表，账户名是 root，密码是 root，备份到当前文件夹的 3.sql 文件中，命令如下。

```
mysqldump -u root -proot data users >3.sql
```

四、使用 Percona XtraBackup 工具快速备份

1. Percona XtraBackup 简介

Percona XtraBackup 是一个对使用 InnoDB 作为存储引擎的数据库做数据备份的工具，支持热备份（备份时不影响数据读写），是商业备份工具 ibbackup 的一个很好的替代品。它能对使用 InnoDB 和 XtraDB 存储引擎的数据库非阻塞地备份（对使用 MyISAM 存储引擎的数据库的备份需要加表锁）。Percona XtraBackup 支持所有的 Percona Server、MySQL、MariaDB 和 Drizzle。

Percona XtraBackup 有两个主要的工具：xtrabackup 和 innobackupex。

* xtrabackup：只能备份使用 InnoDB 和 XtraDB 两种存储引擎的数据表。

* innobackupex：封装了 xtrabackup 功能，还可以备份使用 MyISAM 存储引擎的数据表。innobackupex 在进行完全备份后会生成如下几个重要文件。

（1）xtrabackup_binlog_info：记录当前最新的 LOG Position（日志位置），即在备份的那一刻服务器所处的二进制位置，通过 SHOW MASTER STATUS 命令获取。

（2）xtrabackup_binlog_pos_innodb：使用 InnoDB 或 XtraDB 存储引擎的表当前所处的二进制位置，与 InnoDB 事务相关。

（3）xtrabackup_checkpoints：存放备份的起始位置 begin LSN（Log Sequence Number，日志序列号）和结束位置 end LSN，进行增量备份时需要这两个 LSN，并且可以在该文件中查看 from 和 to 两个值的变化。

（4）xtrabackup_logfile：在备份过程中复制的事务日志，用于预恢复。

2. Percona XtraBackup 特点

Percona XtraBackup 特点如下。

（1）能够对使用 InnoDB 存储引擎的数据库实现热备份，无须暂停数据库的运行。

（2）能够对 MySQL 进行增量备份。

（3）对 MySQL 备份能够实现流式压缩并传输给其他服务器，通过--stream 参数实现。

（4）MySQL 服务运行时能够在 MySQL 服务器之间进行表的迁移。

（5）能够很容易地创建一个 MySQL 从服务器。

（6）备份 MySQL 时不会增加服务器负担。因为 XtraBackup 能够对使用 InnoDB 存储引擎创建的表实现热备份，对使用 MyISAM 存储引擎创建的表实现温备份。

3. 备份原理

在 InnoDB 存储引擎的内部，有一个 redo 日志文件，也可以叫作事务日志文件。事务日志文件会存储每一个 InnoDB 表数据的修改记录。当 InnoDB 存储引擎启动时，InnoDB 存储引擎会检查数据文件和事务日志，并执行两个步骤，即将已经提交的事务日志应用（前滚）到数据文件，并对修改过但没有提交的数据进行回滚操作。

使用 XtraBackup 进行恢复时，需要 XtraBackup 进行"备份"和"准备"两个过程：先将文件全部复制过来，再根据事务日志对部分操作进行回滚。

（1）备份过程。XtraBackup 在启动时会记住 LSN，并且复制所有的数据文件。复制过程需要一些时间，这期间如果数据文件有改动，会导致复制的不是最新文件。所以，XtraBackup 会运行一个后台进程，用于监视事务日志，并从事务日志中复制最新的修改内容。XtraBackup 持续地做这个操作，这些数据改动会写入 xtrabackup_logfile 文件。XtraBackup 自启动开始，就不停地将事务日志中每个数据文件的修改都记录下来。

（2）准备过程。在这个过程中，XtraBackup 使用之前复制的事务日志，对各个数据文件执行灾难恢复。当这个过程结束后，数据库就可以进行恢复了。

注意 ● 根据 XtraBackup 的原理可知，它不能进行真正的热备份，使用 MyISAM 存储引擎的表越少、越小就越有利于备份。应尽量采用 InnoDB 存储引擎，这样可以充分发挥 XtraBackup 备份的长处。

● 恢复备份文件前请关闭 MySQL 服务，恢复备份文件后应检查数据文件权限是否正确。

---

4. 备份操作示例

（1）全库备份——备份所有数据库，存放在以时间命名的目录下。

innobackupex 会在指定存放数据的目录下用当前时间作为名称创建一个目录，所有生成的备份文件都会存放在这个目录下，命令如下。

```
shell> innobackupex --defaults-file=/usr/local/mysql/my.cnf --user=root --password=
xxx --socket=/var/lib/mysql/mysql.sock /data/backup/
```

当出现"completed OK!"则表示备份完成。

（2）全库备份——备份所有数据库，并指定目录的名称。

在使用 innobackupex 进行备份时，可以使用--no-timestamp 参数来阻止它自动创建一个以时间命名的目录，如此一来，innobackupex 将会创建一个 backup_dir 目录来存储备份数据，命令如下。

```
shell> innobackupex --defaults-file=/usr/local/mysql/my.cnf --user=root --password=
xxx --socket=/var/lib/mysql/mysql.sock --no-timestamp /data/backup/backup_dir
```

（3）全库备份——备份所有数据库，并打包。

--stream=tar 参数表示流式备份的格式，备份完成之后以指定格式存储到标准输出，目前只支持 tar 和 xbstream 格式，命令如下。

```
shell> innobackupex --defaluts-file=/usr/local/mysql/my.cnf --user=root --password=
xxx --socket=/var/lib/mysql/mysql.sock --stream=tar --no-timestamp /home/data/backup
1>/home/data/backup/xtra_backup20210329.tar
```

上述代码中，"1>"代表标准输出（stdout），">"前面不加 1，具有同样效果；"2>"代表标准错误（stderr）。

（4）全库备份——备份所有数据库，并压缩打包。

命令如下。

```
shell> innobackupex --defaluts-file=/usr/local/mysql/my.cnf --user=root --password=
xxx --socket=/var/lib/mysql/mysql.sock --stream=tar --no-timestamp /home/data/backup
|gzip >/home/data/backup/150_backup.tar.gz
```

解压 Percona XtraBackup 的备份文件，必须使用 tar 和-i 参数。例如，可以先创建解压的目录150_backup，然后解压到此目录。解压备份文件的命令如下。

```
shell> tar -zixvf 150_backup.tar.gz -C ./150_backup
```

（5）全库备份——备份到远程并压缩。

命令如下。

```
shell> innobackupex --defaluts-file=/usr/local/mysql/my.cnf --user=root --password=
xxx --socket=/var/lib/mysql/mysql.sock --stream=tar /home/data/backup |ssh root@192.
168.2.151 "gzip >/home/data/150_backup/150_backup.tar.gz"
```

> **注意** 进行此备份操作时，需要在两台计算机之间实现 SSH（Secure Shell，安全外壳）免密码登录。

（6）备份指定数据库。

例如，备份数据库 A 和 B，使用--databases 参数指定数据库，命令如下。

```
shell> innobackupex --defaults-file=/usr/local/mysql/my.cnf --user=root --password=
xxx --socket=/var/lib/mysql/mysql.sock --databases="A B" --no-timestamp /data/backup/
backup_database
```

（7）备份不同数据库下的不同表。

还是使用--databases 参数，指定数据库中的表，命令如下。

```
shell> innobackupex --defaults-file=/usr/local/mysql/my.cnf --user=root --password=
xxx --socket=/var/lib/mysql/mysql.sock --databases="A.hrms_ao B.checktype" --no-
timestamp /data/backup/backup_tables
```

（8）备份一个数据库下的表。

例如，备份 A 数据库下以 h 开头的表，使用--include 参数，该参数使用正则表达式匹配表的名字，命令如下。

```
shell> innobackupex --defaults-file=/usr/local/mysql/my.cnf --user=root --password=
xxx --socket=/var/lib/mysql/mysql.sock --include="A.h" --no-timestamp /data/backup/
backup_tables
```

（9）增量备份。

使用--incremental-basedir 和--incremental 参数来进行增量备份，命令如下。

```
shell> innobackupex --defaults-file=/usr/local/mysql/my.cnf --user=root --password=
xxx --socket=/var/lib/mysql/mysql.sock --no-timestamp --incremental-basedir=/data/
```

```
backup/backup_dir  --incremental /data/backup/increment_data/
```

上述代码中，--incremental-basedir 表示完全备份目录；--incremental 表示增量备份目录。

> **注意** 完全备份目录是/data/backup/backup_dir。

5.3.2 数据恢复

一、使用 mysql 命令恢复

在 MySQL 中，可以使用 mysql 命令来恢复备份的数据。mysql 命令可以执行备份文件中的 CREATE 语句和 INSERT 语句，也就是说，mysql 命令可以通过 CREATE 语句来创建数据库和表，通过 INSERT 语句来插入备份的数据。

mysql 命令语法格式如下。

```
mysql -u username -P [dbname] < filename.sql
```

上述语法格式中的参数说明如下。

* username 表示账户名称。

* dbname 表示数据库名称，该参数是可选参数。如果 filename.sql 文件为执行 mysqldump 命令创建的包含创建数据库语句的文件，则执行 mysql 命令时不需要指定数据库名称。如果指定的数据库名称不存在则将会报错。

* filename.sql 表示备份文件的名称。

下面介绍 mysql 命令的使用方法。

1. 恢复所有数据库

例如，恢复 all.sql 文件中的所有数据库，命令如下。

```
mysql -u root -p < C:\all.sql
```

> **注意** 如果使用--all-databases 参数备份了所有的数据库，则恢复时不需要指定数据库。因为 all.sql 文件中含有 CREATE DATABASE 语句，可以通过该语句创建数据库。创建数据库之后，可以执行 all.sql 文件中的 USE 语句选择数据库，然后在数据库中创建表并插入记录。

2. 恢复到指定数据库

例如，将 node.sql 文件导入 ss 数据库，账户名为 root，密码为 root，命令如下。

```
mysql -u root -proot ss < node.sql
```

3. 通过 source 导入数据库

首先通过 mysql 命令登录数据库，在 mysql 命令提示符下执行 source 命令。source 命令语法格式是：source 路径/文件名.sql。

例如，将 node.sql 文件导入 ss 数据库，账户名为 root，密码为 root，命令如下。

```
shell> mysql -u root -proot
mysql>use ss
mysql>source node.sql
```

二、直接复制到数据库目录

采用直接复制数据的方式可以将数据文件直接复制到 MySQL 的数据库目录下。通过这种方式恢复数据时，必须保证两个 MySQL 的主版本号是相同的，因为只有两个 MySQL 的主版本号相同时，才能保证这两个 MySQL 数据库的文件类型是相同的，而且，这种方式对复制使用 MyISAM 存储引擎的表比较有效。

在 Linux 系统下数据库目录通常在/var/lib/mysql、/user/local/mysql/data 或/user/local/mysql/var 这 3 个目录下。上述位置只是数据库目录常用的位置，具体位置要根据 MySQL 安装时设置的位置确定。

三、XtraBackup 快速恢复

1. 恢复完全备份

需要说明的是，进行数据恢复时，需要关闭 MySQL 服务器，而且数据目录必须是空的，因为执行 innobackupex --copy-back 命令不会覆盖已存在的文件。

（1）准备完全备份，命令如下。

```
shell> innobackupex --apply-log /data/backup/2021-11-08_09-41-06
```

数据备份完成后，暂且不能进行恢复操作，因为备份的数据中可能会包含尚未提交的事务或已经提交但尚未同步至数据文件中的事务。所以，此时数据文件仍处于不一致状态。准备的主要作用正是通过回滚未提交的事务及同步已经提交的事务至数据文件，使数据文件处于一致状态。参数 --apply-log 的作用就是通过回滚未提交的事务及同步已经提交的事务至数据文件来确保数据文件处于一致状态。

执行上述命令后，xtrabackup_checkpoints 文件里面的 backup_type 会变成 full-prepared 状态（之前是 full-backuped 状态）。

（2）恢复，命令如下。

```
shell> innobackupex --defaults-file=/usr/local/mysql/my.cnf --copy-back /data/
backup/2021-11-08_09-41-06/
```

 注意 上述命令加了 **--defaults-file** 参数，该参数用于指定从哪个文件读取 **MySQL** 配置，必须将其放在该命令第一个参数的位置。**--copy-back** 参数表示进行数据恢复时将备份数据文件复制到 **MySQL** 服务器的数据目录中。

另外，以上恢复操作没有指定恢复到哪个目录，这就需要在 my.cnf 文件中进行配置，例如 datadir=/data/mysql 这个配置项就指明了 MySQL 的数据目录是/data/mysql 目录。

下面总结恢复完全备份的两个要点。

（1）数据目录必须为空。除非指定 innobackupex --force-non-empty-directories 参数，否则--copy-backup 参数不会覆盖已存在的文件。

（2）在恢复之前，必须关闭 MySQL 实例，不能将一个运行中的 MySQL 实例还原到数据目录中。

2. 恢复增量备份

准备增量备份与准备完全备份有一些不同，具体如下。

（1）需要在每个备份（包括完全备份和各个增量备份）上，将已经提交的事务进行重放。重放之后，所有的备份数据将合并到完全备份数据上。

（2）基于所有的备份将未提交的事务进行回滚。

第一步：通过--apply-log 参数进行完全备份，命令如下。

```
shell> innobackupex --apply-log --redo-only /data/backup/backup_dir
```

第二步：把增量备份数据合并到完全备份数据上，命令如下。

```
shell> innobackupex --apply-log --redo-only /data/backup/backup_dir --incremental-dir=/data/backup/increment_data
```

待增量备份数据合并到完全备份数据上，再查看 xtrabackup_checkpoints 文件，代码如下。

```
[root@report-server backup_dir]# more xtrabackup_checkpoints
backup_type = log-applied
from_lsn = 0
to_lsn = 48526869189            #与增量备份上的 LSN 一致
last_lsn = 48526869189
compact = 0
recover_binlog_info = 0
```

查看增量备份上的 xtrabackup_checkpoints 文件，代码如下。

```
backup_type = incremental
from_lsn = 48526868973          #上次完全备份上的 LSN
to_lsn = 48526869189            #增量备份的截止 LSN
last_lsn = 48526869189
compact = 0
recover_binlog_info = 0
```

第三步：回滚完全备份，命令如下。

```
shell> innobackupex --apply-log /data/backup/backup_dir
```

第四步：恢复，命令如下。

```
shell> innobackupex --defaults-file=/usr/local/mysql/my.cnf --copy-back /data/backup/backup_dir
```

进入数据目录，修改权限，命令如下。

```
shell> chown -R mysql:mysql *
```

启动 MySQL 服务，检查数据是否恢复成功。

5.3.3 数据库迁移

一、相同版本 MySQL 之间的数据库迁移

相同版本的 MySQL 之间的数据库迁移是非常容易、简单的，也是成功率非常高的一种迁移情况。其迁移过程就是普通的数据备份与数据恢复操作。

在某些情况下，可以直接通过复制/粘贴 MySQL 的数据文件来完成数据库的迁移，但这种方法不是最安全的。安全、常用的方法是使用 mysqldump 命令导出数据，然后在目标数据库服务器使用 mysql 命令导入数据，最终完成整个数据库迁移过程。

例如，要将 www.abc.com 主机上的 MySQL 数据库全部迁移到 www.cba.com 主机上，只需在 www.abc.com 主机上执行如下命令。

```
shell> mysqldump -h www.abc.com -u root -ppassword dbname | mysql -h www.cba.com -u root -ppassword
```

上述的命令中，使用 mysqldump 命令导出的数据直接通过管道"|"传输给 mysql 命令来导入目标数据库系统；dbname 为要迁移的数据库名称，如果需要迁移所有数据库，可使用--all-databases

参数（即将 dbname 改为--all-databases）。

二、不同版本 MySQL 之间的数据库迁移

不同版本的 MySQL 之间的数据库迁移主要有以下两种情况。

- 低版本数据库向高版本数据库迁移（升级）。
- 高版本数据库向低版本数据库迁移（降级）。

常见的是第一种，即数据库版本升级的数据迁移。先用 mysqldump 命令备份 MySQL 下的所有数据库，如果希望在新版本（升级后）的数据库中保留旧版本中的用户访问控制信息，只需将旧版本中的主 MySQL 数据库恢复到新版本即可。如果还有其他的数据库，则根据需求自行恢复。

如果是第二种情况，即高版本数据库向低版本数据库迁移，此时就要注意版本之间的功能等差异。例如，MySQL 4.x 中的数据库大多使用 Latin 1 作为默认字符集，而 MySQL 5.x 中的数据库默认使用 utf8 字符集。此时，如果数据库中包含中文数据，就需要对字符集进行变更。

三、不同数据库之间的迁移

不同数据库之间的迁移，是指不同类型数据库之间的迁移，主要有以下两种情况。

- MySQL 数据库向 Oracle 数据库的迁移。
- MySQL 数据库向 SQL Server 数据库的迁移。

不同数据库之间在进行数据迁移时，影响成功率的因素有很多，例如数据库之间默认字符集问题、不同数据库使用的开发语言（语法）问题等。

例如，MySQL 使用的是标准的 SQL，而 SQL Server 使用的是 T-SQL，这时就需要注意不同语言之间的语法差异了。

不同数据库之间的数据迁移难度相对较大、操作相对复杂，不过幸好相关平台推出了一些迁移工具，例如在 Windows 系统下，可以使用 MyODBC 工具实现 MySQL 数据库到 SQL Server 数据库的数据迁移。MySQL 官方也提供了 MySQL Migration Toolkit 工具，用于支持不同数据库之间的数据迁移。

5.3.4 表的导出和导入

一、使用 SELECT…INTO OUTFILE 语句导出文本文件

在 MySQL 中，可以使用 SELECT…INTO OUTFILE 语句将表的内容导出为一个文本文件。其基本的语法格式如下。

```
SELECT [列名] FROM table [WHERE 语句]
    INTO OUTFILE '目标文件' [OPTION];
```

该语句分为两个部分。前半部分是一个普通的 SELECT 语句，通过这个 SELECT 语句来查询所需要的数据；后半部分则用来导出数据。其中，"目标文件"参数表示将查询的记录导出到目标文件中；"OPTION"参数为可选参数，可取值如下。

- FIELDS TERMINATED BY '字符串'：设置字符串为字段之间的分隔符，可以为单个或多个字符。默认值是"\t"。
- FIELDS ENCLOSED BY '字符'：设置字符来标注字段的值，只能为单个字符。默认情况下不使用任何字符。
- FIELDS OPTIONALLY ENCLOSED BY '字符'：设置字符来标注 CHAR、VARCHAR 和 TEXT 等字符型字段。默认情况下不使用任何字符。

- FIELDS ESCAPED BY '字符'：设置转义字符，只能为单个字符。默认值为 "\"。
- LINES STARTING BY '字符串'：设置每行数据开头的字符，可以为单个或多个字符。默认情况下不使用任何字符。
- LINES TERMINATED BY '字符串'：设置每行数据结尾的字符，可以为单个或多个字符。默认值是 "\n"。

FIELDS 和 LINES 两个子句都是自选的，但是如果两个子句都被指定了，FIELDS 子句必须位于 LINES 子句的前面。

该语法中的目标文件被创建到服务器主机上，因此只有拥有文件写入权限（FILE 权限），才能使用此语法。同时，目标文件不能是一个已经存在的文件。

使用 SELECT...INTO OUTFILE 语句可以非常快速地把一个表转储到服务器上。如果想要在服务器主机之外的部分客户主机上创建结果文件，则不能使用 SELECT...INTO OUTFILE 语句。

二、使用 mysqldump 命令导出文本文件

mysqldump 命令的语法格式如下。

```
mysqldump -u root -ppassword -T 目标目录 dbname table [OPTION]
```

上述语法格式中的参数说明如下。

- password：root 账户的密码。
- dbname：数据库的名称。
- table：表的名称。
- OPTION 可以取以下值。

--fields-terminated-by=字符串：设置字段的分隔符，默认值是 "\t"。

--fields-enclosed-by=字符：设置字符来标注字段。

--fields-optionally-enclosed-by=字符：设置字符来标注 CHAR、VARCHAR 和 TEXT 等字符型字段。

--fields-escaped-by=字符：设置转义字符。

--lines-terminated-by=字符串：设置每行的结束符。

例如，用 mysqldump 命令来导出 test 数据库下 order 表的记录，各字段用 "、"隔开，字符型数据用双引号标注，命令如下。

```
mysqldump -u root -p -T D:\ test order
--lines-terminated-by="\r\n"
--fields-terminated-by="、"
--fields-optionally-enclosed-by='"'
```

使用 mysqldump 命令还可以导出 XML 格式的文件。

其语法格式如下。

```
mysqldump -u root
-ppassword --xml|-X dbname table
>目标文件名;
```

上述语法格式中的参数说明如下。

- password：root 账户的密码。
- --xml | -X：导出 XML 格式的文件。
- dbname：数据库的名称。

- table：表的名称。
- 目标文件名：导出的 XML 文件的路径。

例如，将数据表 student 中的内容导出到 XML 文件中，命令如下。

```
shell> mysqldump -u root -p --xml test student >D:/student.xml
```

三、使用 mysql 命令导出文本文件

在 MySQL 管理过程中，有时候需要把数据库中的数据导出到外部存储文件中，MySQL 中的数据可以导出到 TXT、XML、HTML 等格式的文件中，同样这些导出文件也可以再次导入 MySQL 中。

使用 mysql 命令导出文本文件的语法格式如下。

```
mysql -u 账户名 -p --execute ="SELECT 语句" 数据库名>导出文件存放路径
```

四、使用 LOAD DATA INFILE 语句导入文本文件

MySQL 中提供了 LOAD DATA INFILE 语句用于导入文本文件。

该语句的完整语法格式如下。

```
LOAD DATA [LOW_PRIORITY | CONCURRENT] [LOCAL] INFILE 'file_name'
[REPLACE | IGNORE]
INTO TABLE tbl_name
[PARTITION (partition_name,...)]
[CHARACTER SET charset_name]
[{FIELDS | COLUMNS}
[TERMINATED BY 'string']
[[OPTIONALLY] ENCLOSED BY 'char']
[ESCAPED BY 'char']
]
[LINES
[STARTING BY 'string']
[TERMINATED BY 'string']
]
[IGNORE number {LINES | ROWS}]
[(col_name_or_user_var,...)]
[SET col_name = expr,...]
```

例如，从当前目录中读取文件 dump.txt，将该文件中的数据插入当前数据库的 mytbl 表中，命令如下。

```
mysql>LOAD DATA LOCAL INFILE'dump.txt' INTO TABLE mytbl;
```

可以在 LOAD DATA 语句中指定字段的分隔符（默认为"\t"）和每行的结束符（默认为"\n"），命令如下。

```
mysql>LOAD DATA LOCAL INFILE 'dump.txt' INTO TABLE mytbl
->FIELDS TERMINATED BY ':'
->LINES TERMINATED BY '\r\n';
```

LOAD DATA 语句默认情况下是按照数据文件中字段的顺序插入数据的，如果数据文件中字段的顺序与插入表中字段的顺序不一致，则需要指定字段的顺序。例如，数据文件中字段的顺序是 a,b,c，但插入表中字段的顺序为 b,c,a，则数据导入命令如下。

```
mysql>LOAD DATA LOCAL INFILE 'dump.txt' INTO TABLE mytbl
->INTO TABLE mytbl(b,c,a);
```

注意 执行 LOAD DATA 语句需要有处理文件的权限，例如 GRANT FILE ON *.* TO user@host;。

五、使用 mysqlimport 命令导入文本文件

在 MySQL 中，可以使用 mysqlimport 命令将文本文件导入 MySQL 中。mysqlimport 命令的基本语法格式如下。

```
mysqlimport -u root -ppassword [--local] dbname filename.txt [OPTION]
```

上述语法格式中，"password"参数是 root 账户的密码，必须与"-p"参数紧挨着；"--local"参数是在本地计算机中查找文本文件时使用的；"dbname"参数是数据库的名称；"filename.txt"参数指定了文本文件的路径和名称；"OPTION"为可选参数，其说明如表 5-1 所示。

表 5-1 mysqlimport 命令中的 OPTION 说明

参数	参数描述
--fields-terminated-by=字符串	设置字段分隔符，默认值为 "\t"
--fields-enclosed-by=字符	设置字段中括起来的字符
--fields-optionally-enclosed-by=字符	设置 CHAR、VARCHAR 和 TEXT 等字符型字段中括起来的字符
--fields-escaped-by=字符	设置转义字符，默认值为 "\"
--lines-terminated-by=字符串	设置每行数据结尾的字符，可以为单个或多个字符，默认值为 "\n"
--ignore-lines=n	表示可以忽略前 *n* 行
--columns=column_list,-c column_list	该参数使用以逗号分隔的列名作为其值，列名的顺序指示如何匹配数据文件列和表列
--compress,-C	压缩在客户端和服务器之间发送的所有信息（如果二者均支持压缩）
-d,--delete	导入文本文件之前清空表
--force,-f	忽略错误。例如，如果某个文本文件的表不存在，则继续处理其他文件。不使用--force，如果表不存在，则 mysqlimport 退出
--host=host_name,-h host_name	将数据导入给定主机上的 MySQL 服务器，默认主机是 localhost
--local,-L	从本地客户端读入输入文件
--lock-tables,-l	处理文本文件前锁定所有表以便写入。这样可以确保所有表在服务器上保持同步
--password[=password],-p[password]	连接服务器时使用的密码。如果使用短参数形式（-p），参数和密码之间不能有空格。在命令提示符窗口中，如果--password 或-p 参数后面没有密码值，则提示输入一个密码
--port=port_num,-P port_num	用于连接的 TCP/IP 端口号
--protocol={TCP|SOCKET|PIPE|MEMORY}	使用的连接协议

续表

参数	参数描述
--replace,-r --replace 和--ignore	控制复制唯一键值已有记录的输入记录的处理。如果指定--replace，新行将替换有相同的唯一键值的已有行；如果指定--ignore，复制已有的唯一键值的输入行将被跳过；如果不指定这两个参数，当发现一个复制键值时会出现一个错误，并且忽视文本文件的剩余部分
--silent,-s	沉默模式，只有出现错误时才输出信息
--user=user_name,-u user_name	连接 MySQL 服务器时使用的账户名
--verbose,-v	冗长模式，输出程序操作的详细信息
--version,-V	显示版本信息并退出

5.3.5　Linux crontab

一、crontab 介绍

Linux crontab 是用来定期执行程序的命令。当操作系统安装完成之后，默认便会执行此任务调度命令。crontab 命令会定期检查是否有要执行的工作，如果有要执行的工作便会自动执行该工作。

crontab 是 cron table 的简写，它是 cron 的配置文件，也可以称为作业列表，可以在以下目录下找到相关配置文件。

- /var/spool/cron/ 目录下存放的是每个用户的 crontab 任务，每个任务以创建者的名字命名。
- /etc/crontab 文件负责调度各种管理和维护任务。
- /etc/cron.d/目录用来存放任何要执行的 crontab 文件或脚本。

当然，还可以把脚本放在/etc/cron.hourly、/etc/cron.daily、/etc/cron.weekly、/etc/cron.monthly 目录中，让它每小时/天/星期/月执行一次。

二、crontab 命令的使用方法

crontab 命令的语法格式如下。

```
crontab [ -u user ] { -e | -r | -1 }
```

上述语法格式中的参数说明如下。

- -u user：设定指定 user 的时程表。如果不使用-u user，就表示设定自己的时程表。
- -e：运行文本编辑器来设定时程表，内置的文本编辑器是 Vi。
- -r：删除目前的时程表。
- -l：列出目前的时程表。

使用 crontab -e 进入当前用户的工作表编辑界面，该界面是常见的 Vim 界面。每行是一条命令，命令由"时间+动作"构成，格式如下。

```
f1 f2 f3 f4 f5 program
```

上述格式中，f1～f5 表示时间，分别表示分、时、日、月、周；program 表示动作。

时间中的通配符说明如下。

（1）*：取值范围内的所有数字。

（2）/：每过多少个数字。

（3）-：从起始时间到终止时间。

（4），: 散列数字。

下面通过几个例子说明时间中的通配符的使用方法。

例 1：每分钟执行一次 myCommand。

```
* * * * * myCommand
```

例 2：每小时的第 3 分钟和第 15 分钟执行 myCommand。

```
3,15 * * * * myCommand
```

例 3：在 8 点到 11 点的第 3 分钟和第 15 分钟执行 myCommand。

```
3,15 8-11 * * * myCommand
```

例 4：每隔两天的 8 点到 11 点的第 3 分钟和第 15 分钟执行 myCommand。

```
3,15 8-11 */2 * * myCommand
```

例 5：每周一 8 点到 11 点的第 3 分钟和第 15 分钟执行 myCommand。

```
3,15 8-11 * * 1 myCommand
```

例 6：每天 21:30 重启 smb。

```
30 21 * * * /etc/init.d/smb restart
```

例 7：每小时重启 smb。

```
0 */1 * * * /etc/init.d/smb restart
```

5.4　项目任务分解

MySQL 的备份可以通过自带的 mysqldump 命令和第三方的备份工具来实现，自动备份需要使用 crontab 命令建立定时任务。任务 5-1 和任务 5-2 要求读者掌握基本的备份操作；任务 5-3 要求读者完成项目场景的自动备份；任务 5-4 和任务 5-5 要求读者进一步掌握数据的迁移工作。

任务 5-1　使用 mysqldump 命令备份和恢复数据

微课视频

一、任务说明

MySQL 自带了一款功能强大的逻辑备份工具，即 mysqldump 命令，其不仅常常被用于执行数据备份任务，而且可用于数据迁移。使用 mysqldump 命令可以把数据从 MySQL 数据库中以 SQL 语句的形式直接输出或生成备份的文件。尽管 mysqldump 命令只是一个命令，但是其功能已经相当完善。本任务要求使用 mysqldump 命令进行数据的备份与恢复。

二、任务实施过程

步骤 1：备份数据

在 MySQL 中，经常使用 mysqldump 命令备份整个数据库，使用 mysqldump 命令时，需要指明备份数据库的账户和密码，并设置备份文件的路径和文件名，命令如下。

```
shell> mysqldump -u root -p --all-databases >full.sql
```

如何判断备份是否成功呢？当查看备份文件时，能在文件最后一行找到如下内容，则表示备份成功。

```
shell> tail -10 full.sql
-- Dump completed on 2020-10-19 13:54:51
```

备份时，可通过设置参数来改变要备份的数据，例如备份指定数据库 test 就可用如下命令。

```
shell> mysqldump -u root -p --single-transaction -E -R --databases test >test.sql
```

上述命令中，--single-transaction 使得在备份过程中，数据库锁定但是可以进行读取操作，无法进行 DDL 操作，这样可以保证 InnoDB 引擎表的一致性；−E 和−R 分别表示导出事件和存储过程。

步骤 2：恢复数据

在逻辑备份中，相对于备份数据，恢复数据显得很简单，只需要将备份文件导入数据库即可，命令如下。

```
shell> mysql -u root -p <full.sql
```

任务 5-2　使用 Percona XtraBackup 备份和恢复数据

一、任务说明

Percona XtraBackup 是一个基于 MySQL 的服务器的开源热备份实用程序，它不会在备份期间锁定数据库。无论是 24 小时×7 天高负载服务器还是低事务量环境，Percona XtraBackup 都可以使备份成为一个无缝过程，且不会破坏生产环境中服务器的性能。Percona 推荐从存储库安装 Percona XtraBackup。在本任务中，需要完成在 Linux 系统下部署 Percona XtraBackup，并实现 MySQL 数据库的热备份。

微课视频

二、任务实施过程

步骤 1：安装依赖包

在安装 Percona XtraBackup 之前，请确保已安装相关依赖软件包，命令如下。

```
shell> yum -y install libev
shell> yum -y install perl
shell> yum -y install rsync perl l perl-Digest-MD5
```

步骤 2：安装 Percona XtraBackup

官方推荐从 Percona 存储库安装 Percona XtraBackup，首先安装 Percona 存储库，命令如下。

```
shell> sudo yum install -y https://repo.percona.com/yum/percona-release-latest.
noarch.rpm
```

步骤 3：启用 Percona XtraBackup 存储库

启用 Percona XtraBackup 存储库，命令及执行结果如下。

```
shell> percona-release enable-only tools release
* Disabling all Percona Repositories
* Enabling the Percona Tools repository
<*> All done!
```

步骤 4：安装 Percona XtraBackup

Percona XtraBackup 8.0 只支持 MySQL 8.0，如果是其他版本 MySQL，需安装 Percona XtraBackup 2.4。安装 Percona XtraBackup 8.0 的命令如下。

```
shell> yum install -y percona-xtrabackup-80
```

步骤 5：赋予账户备份权限

备份前，账户需要获得 BACKUP_ADMIN 权限才能使用 xtrabackup 命令进行热备份，获得权限的命令如下。

```
mysql> grant BACKUP_ADMIN on *.* to 'root'@'%';
mysql> flush privileges;
```

步骤 6：备份数据

安装完成后，首先尝试在 MySQL 数据库中备份全库，使用 xtrabackup 命令时，需要指明备份数据库的配置文件和账号密码，并设置备份文件的路径和文件名，命令如下。

```
shell>xtrabackup --defaults-file=/etc/my.cnf -u root -p --backup --target-dir=
/XtraBackup/backup
```

执行上述命令后，Percona XtraBackup 则开始备份，并在控制台输出备份的过程，最后，如果输出"completed OK!"，则说明本次物理备份成功，如图 5-1 所示。

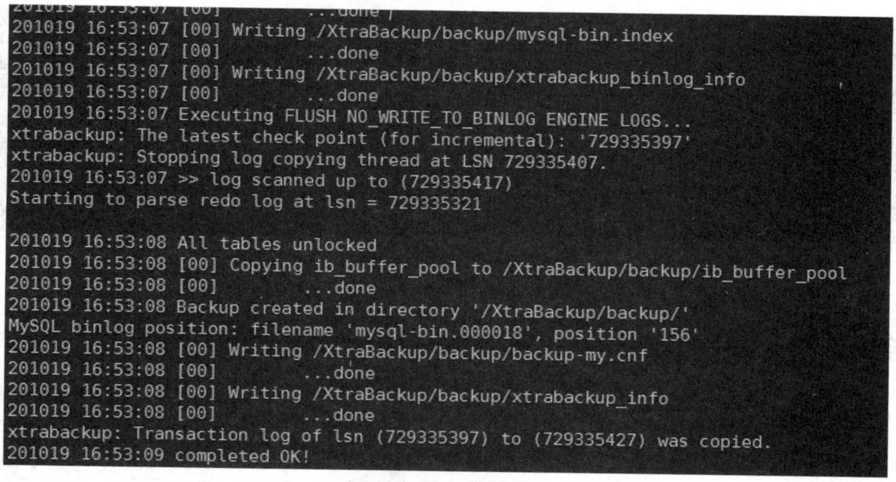

图 5-1　备份数据

查看备份的文件，如图 5-2 所示。

图 5-2　备份文件

步骤 7：恢复数据

在 Percona XtraBackup 中，使用--backup 参数进行备份后，需要准备数据文件才能恢复数据。数据文件在准备好之前时间点不一致，因为它们是在程序运行的不同时间复制的，而准备步骤可使文件在同一时刻完全一致。命令如下。

```
shell> xtrabackup --defaults-file=/etc/my.cnf -u root -p --prepare --target-dir=
/XtraBackup/backup
```

最后，如果输出"completed OK!"，则说明本次准备成功，如图 5-3 所示。

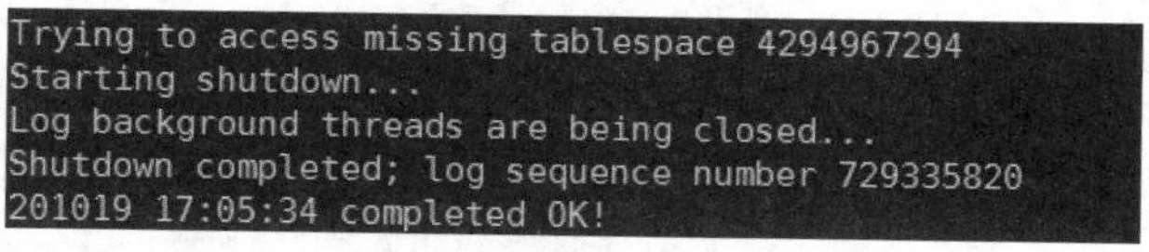

图 5-3　准备数据

准备后的备份文件发生了改变，如图 5-4 所示。

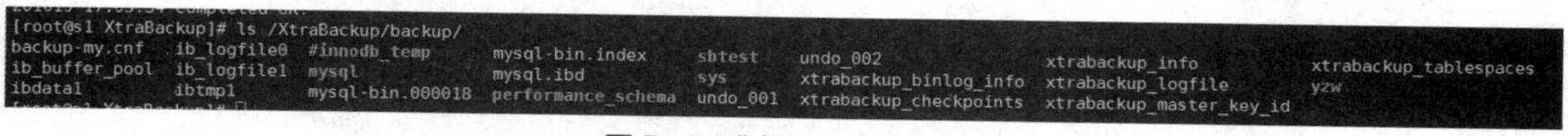

图 5-4　准备后的备份文件

准备完成后，就可以开始恢复数据，需要注意的是，进行恢复时，首先要保证数据库的数据目录为空，否则恢复时将报错。恢复命令如下。

```
shell> xtrabackup --defaults-file=/etc/my.cnf -u root -p --copy-back --target-dir=
/XtraBackup/backup
```

输入上述命令并按"Enter"键后，Percona XtraBackup 会开始恢复，并在控制台输出恢复的过程，最后，如果输出"completed OK!"，则说明本次恢复成功，如图 5-5 所示。

```
201021 10:34:16 [01]        ...done
201021 10:34:16 [01] Copying ./xtrabackup_info to /mysql/product/mysql80/data/x
201021 10:34:16 [01]        ...done
201021 10:34:16 [01] Copying ./xtrabackup_master_key_id to /mysql/product/mysql
201021 10:34:16 [01]        ...done
201021 10:34:16 [01] Copying ./ibtmp1 to /mysql/product/mysql80/data/ibtmp1
201021 10:34:16 [01]        ...done
201021 10:34:16 [01] Creating directory ./#innodb_temp
201021 10:34:16 [01] ...done.
201021 10:34:16 completed OK!
```

图 5-5　恢复数据

任务 5-3　使用 mysqldump+crontab 自动备份数据库

一、任务说明

微课视频

项目场景中需要完成对 MySQL 数据库的自动备份，以便在服务器崩溃时能恢复数据库。在 Windows 系统下，可以通过"任务计划程序"来实现定时任务。在 Linux 系统下，可以执行 crontab 命令实现定时任务。本任务要求在 Linux 系统下通过 crontab 命令实现对数据库的自动备份操作。

二、任务实施过程

步骤 1：编写备份脚本文件

在 Linux 系统下，使用 Vi 或者 Vim 编写脚本文件并将脚本文件命名为 mysql_dump_script.sh。脚本文件内容如下。

```bash
#!/bin/bash
#保存备份天数，备份 31 天数据
number=31
#备份保存路径
backup_dir=/root/mysqlbackup
#日期
dd=$(date +%Y-%m-%d-%H-%M-%S)
#备份工具
tool=mysqldump
#用户名
username=root
#密码
password=Hello123.
#将要备份的数据库
database_name=mydb

#如果目录不存在则创建
if [ ! -d $backup_dir ];
then
    mkdir -p $backup_dir;
```

```
    fi

    #简单写法 mysqldump -u root -pHello123. users > /root/mysqlbackup/users-$filename.sql
    $tool -u $username -p$password $database_name > $backup_dir/$database_name-$dd.sql

    #写创建备份日志
    echo "create $backup_dir/$database_name-$dd.dupm" >> $backup_dir/log.txt

    #找出需要删除的备份
    delfile=$(ls -l -crt $backup_dir/*.sql | awk '{print $9 }' | head -1)

    #判断现在的备份数量是否大于$number
    count=$(ls -l -crt $backup_dir/*.sql | awk '{print $9 }' | wc -l)

    if [ $count -gt $number ]
    then
      #删除最早生成的备份，只保留 number 数量的备份
      rm $delfile
      #写删除文件日志
      echo "delete $delfile" >> $backup_dir/log.txt
    fi
```

步骤 2：给脚本文件增加可执行权限

编辑好脚本文件以后，还需要给它加上可执行权限，命令如下。

```
shell>chmod +x mysql_dump_script.sh
```

步骤 3：编辑 crontab 定时任务

使用 crontab –e 命令创建定时任务，命令如下。

```
shell> crontab -e
```

在定时任务中输入如下内容，设置在每天 1 点执行备份脚本文件。

```
0 1 * * * /root/mysql_dump_script.sh
```

步骤 4：启动 crontab 定时任务

命令如下。

```
systemctl start crond
```

在任务启动后，服务器就会按照指定的每天 1 点执行备份脚本文件实现数据库的备份。

任务 5-4 迁移 MySQL 数据库

微课视频

一、任务说明

在项目场景中需要完成 MySQL 数据库的迁移工作，本任务要求将 Linux 系统中的 MySQL 数据库迁移到 Windows 系统的 MySQL 数据库中，实现不同系统下的相同数据库产品间的数据库迁移工作。

二、任务实施过程

步骤 1：允许远程访问

首先将 Linux 系统下 MySQL 数据库的 root 账户设置为允许远程主机访问，命令语句如下。

```
mysql> update mysql.user set host='%' where user='root';
mysql> flush privileges;
```

步骤 2：在 Windows 系统的 MySQL 中建立目标数据库

使用 mysqldump 命令导入数据库时，要求目标数据库必须先存在，所以在导入的目标主机上先创建好目标数据库，这里的目标主机使用的是 Windows 系统，所以在目标主机中先打开命令提示符，在命令提示符下输入如下命令。

```
d:                             #转换盘符，本任务的数据库安装在 D 盘
cd mysql-8.0.27-winx64\bin     #Windows 系统中 MySQL 的安装目录

mysql -u root -p
mysql> create database sakila;
```

步骤 3：迁移数据库

在导入的目标主机上先打开命令提示符，在命令提示符下输入如下命令进行 sakila 数据库的迁移。

```
D:\mysql-8.0.27-winx64\bin>mysqldump -h192.168.226.100 -u root -pHello123. sakila
| mysql -u root -p123456 sakila
```

步骤 4：检查迁移结果

最后，检查一下迁移的结果。在目标主机的命令提示符下登录本地数据库并查看，命令如下。

```
mysql -u root -p
mysql>use sakila;
mysql>show tables;
```

如果能显示出 sakila 数据库中的所有表，证明数据库迁移成功。

任务 5-5 迁移 MySQL 表数据

微课视频

一、任务说明

在项目场景中，有时还需要在不同数据库之间完成数据迁移的工作，本任务就是要求将 MySQL 中数据表的数据迁移至 SQL Server 中。

完成不同数据库之间的数据迁移有很多方法，既可以借助于第三方的数据抽取工具（如 Kettle），也可以将数据先导出成一种中间格式，再将中间格式的数据导入至数据库中，本任务的实施采用后一种方式。

二、任务实施过程

步骤 1：查看数据导出目录

在将 MySQL 数据表的数据导出之前，首先要查询 MySQL 的默认数据导出目录。默认情况下，数据将导出到该目录下，如果没有指定这个目录，会提示没有导出权限。查询 MySQL 默认数据导出目录的命令如下。

```
mysql> show variables like '%secure%';
+-------------------------+----------------------+
| Variable_name           | Value                |
+-------------------------+----------------------+
| require_secure_transport | OFF                 |
| secure_file_priv        | /var/lib/mysql-files/ |
+-------------------------+----------------------+
2 rows in set (0.02 sec)
```

步骤 2：导出表数据

将 sakila 数据库中的 actor 数据表的数据以文本格式导出，字段分隔符采用默认的制表符，即"\t"，导出命令如下。

```
mysql> use sakila;
mysql> select * from actor into outfile '/var/lib/mysql-files/actor.txt';
```

导出后，查看 actor.txt 文本文件的内容，并将文本文件复制到目标 SQL Server 主机上。

步骤 3：导入数据

在 Windows 系统中找到 SQL Server 的导入导出工具，如图 5-6 所示。

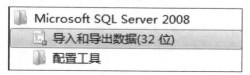

图 5-6　Windows 系统中的 SQL Server 导入导出工具

运行工具，通过向导完成数据的导入工作。首先选择导入数据源，如图 5-7 所示，选择数据源为"平面文件源"，文件名则单击"浏览"按钮选择要导入的文本文件，即 actor.txt，然后单击"下一步"按钮。

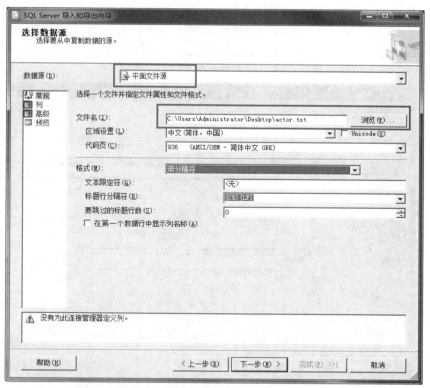

图 5-7　SQL Server 导入向导之选择数据源

在图 5-8 所示界面中选择行列分隔符进行数据预览，单击"下一步"按钮。

在图 5-9 中选择目标数据库的服务器名称和目标数据库，单击"下一步"按钮。

图 5-8　SQL Server 导入向导之预览导入数据

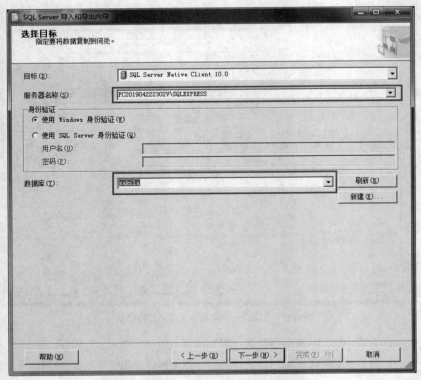

图 5-9　SQL Server 导入向导之选择目标

接着进入选择源表和源视图界面，如图 5-10 所示。

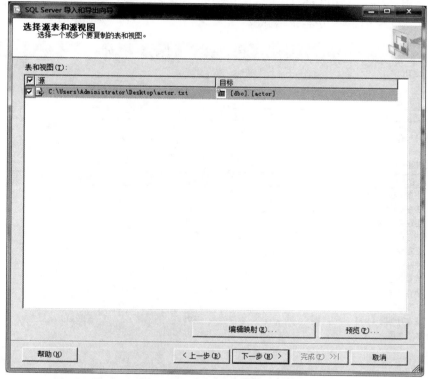

图 5-10　SQL Server 导入向导之选择源表和源视图

单击"编辑映射"按钮，完成源数据列到目标数据列的映射，如图 5-11 所示。

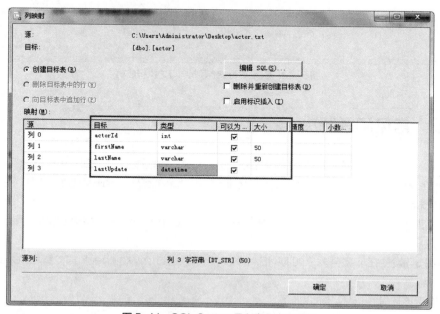

图 5-11　SQL Server 导入向导之列映射

单击"确定"按钮完成目标表的创建和列的映射工作。单击"下一步"按钮，继续单击"下一步"按钮，最后单击"完成"按钮开始进行数据导入工作。如果没有问题，则出现图 5-12 所示的执行成功界面，表示数据导入任务成功完成。

图 5-12　SQL Server 导入向导之执行成功

5.5　常见问题解决

问题 1：出现"mysqldump: Couldnt execute show create table '$tb_name': Table ./$db_name/$tb_name is marked as crashed and last (automatic?) repair failed (144)"错误提示。

原因分析
通过报错信息可以得知，该表已经损坏，导致 mysqldump 命令在拉取表定义时报错。

解决方案
如果该损坏发生在非事务表（如 MyISAM 表），可以通过 mysqlcheck 命令或者 repair table 命令修复。

（1）检查该表是否损坏，命令如下。

```
check table table_name
```

（2）修复表，命令如下。

```
repair table table_name
```

问题 2： 出现 "xtrabackup: Original data directory /mysql/product/mysql80/data is not empty!" 错误提示。

原因分析

进行恢复时，首先要保证数据库的数据目录为空，否则恢复时将报错。通过报错信息可以得知，数据目录不为空。

解决方案

另外创建一个目录，将数据目录中的数据转移到新目录中，将数据目录空出来。

问题 3： 出现 "mysqldump: Error 2020: Got packet bigger than max_allowed_packet bytes when dumping table $tb_name at row: xxxx" 错误提示。

原因分析

此问题由默认的 max_allowed_packet 过小导致。

解决方案

在使用 mysqldump 命令时，增加 max_allowed_packet 的大小，命令如下。

```
mysql>SET GLOBAL max_allowed_packet = 64*1024*1024;
```

5.6 课后习题

一、填空题

1. _____工作可以防止原数据丢失，保证数据的安全。

2. 根据备份的方法（是否需要数据库离线），可以将备份分为_____、_____、_____。

3. 按照备份数据库的内容来分，备份可以分为_____、_____。

4. MySQL 中主要提供了_____命令用于备份。

二、单选题

1. 数据备份的方法不包括（　　）。

    A. 冷备份　　　　　B. 热备份　　　　　C. 温备份　　　　　D. 全备份

2. （　　）不是常用备份工具。

    A. mysqldump　　　B. Xshell　　　　　C. mysqlhotcopy　D. xtrabackup

3. 增量恢复中不包括（　　）。

    A. 准备一个完全备份

    B. 整理完全备份

    C. 把增量备份数据合并到完全备份数据上

    D. 回滚完全备份

三、多选题

1. 热备份可以分为（　　）。

    A. 逻辑备份　　　　B. 离线备份　　　　C. 裸文件备份　　　D. 在线备份

2. Percona XtraBackup 特点包括（　　）。

    A. 能够对使用 InnoDB 存储引擎的数据库实现热备份，无须暂停数据库的运行

    B. 能够对 MySQL 进行增量备份

    C. 对 MySQL 备份能够实现流式压缩并传输给其他服务器，通过--stream 参数实现

    D. MySQL 服务运行时能够在 MySQL 服务器之间进行表的迁移

3. （　　　）可用来导入文本文件。

    A. 使用 SELECT...INTO OUTFILE 语句

    B. 使用 mysqldump 命令

    C. 使用 LOAD DATA INFILE 语句

    D. 使用 mysqlimport 命令

四、问答/操作题

1. 简述你知道的备份工具，并说明该工具用于逻辑备份还是物理备份？

2. 请尝试用其他方式进行 Percona XtraBackup 安装。

3. 请问怎么确认使用 mysqldump 命令备份成功？

4. 请解释物理备份和逻辑备份、联机备份和脱机备份、完全备份和增量备份的概念。

项目6
监控、测试并优化MySQL性能

06

6.1 项目场景

　　夏天来临，天天电器商场的空调在线销售量及售后服务访问量逐渐增加，随着该商场的空调大促销活动的开始，有客户反馈购买空调商品的页面经常卡顿，甚至在申请提交空调服务时，偶尔会出现提交失败的情况。业务系统管理员也反馈在系统中按照电话号码尾号进行模糊查询时，会出现假死机状态。信息部门接到任务，要求对系统运行进行实时监控，排查原因，优化访问性能，改善用户的体验。

6.2 教学目标

一、知识目标

1. 熟悉 MySQL 性能监控常用指标
2. 掌握 MySQL 性能监控常用工具的用法
3. 掌握 MySQL 性能测试工具的使用方法
4. 掌握 MySQL 性能调优的概念和基本方法

二、能力目标

1. 能使用 MONyog 等工具监控 MySQL 服务器
2. 能基于性能参数对 MySQL 数据库的读写性能进行简单调优
3. 能完成对 MySQL 数据库的压力测试
4. 能基于 explain 工具分析并优化 SQL 查询

三、素养目标

1. 培养精益求精的工匠意识
2. 培养软件即服务意识
3. 加强规范操作意识

6.3 项目知识导入

6.3.1 性能监控

　　应用系统开发过程中，由于初期数据量小，开发人员更重视实现功能，但是在应用系统正式上线后，随着数据量的急剧增长，数据库开始显露出性能方面的问题，因此必须对数据库进行性能优化。

性能优化是指通过某些有效的方法提高 MySQL 数据库的性能，主要是为了使 MySQL 数据库运行速度更快、占用的磁盘空间更小。在对数据库进行优化前，必须对 MySQL 数据库的性能指标有所了解。

一、性能监控常用指标

绝大多数 MySQL 性能指标可以通过以下两种方式获取。

1. mysqladmin

使用 mysqladmin extended-status 命令获得的 MySQL 性能指标，默认为累计值。如果想了解当前状态，需要进行差值计算。在该命令中，加上参数--relative（-r）就可以看到各个指标的差值，配合参数--sleep（-i）就可以指定刷新的频率。示例命令如下。

```
shell > mysqladmin -h127.0.0.1 -uroot -p extended-status --relative --sleep=1
```

执行上述命令后，系统会列出相关的 MySQL 性能指标。由于性能指标比较多，需要耐心等待一会儿。

2. show global status

使用 show global status 命令可以列出 MySQL 服务器运行的各种状态值和累计值，如图 6-1 所示。

```
mysql> show global status where variable_name like 'I%';
+-------------------------------------+----------------------------------------------+
| Variable_name                       | Value                                        |
+-------------------------------------+----------------------------------------------+
| Innodb_buffer_pool_dump_status      | Dumping of buffer pool not started           |
| Innodb_buffer_pool_load_status      | Buffer pool(s) load completed at 220426  4:26:31 |
| Innodb_buffer_pool_resize_status    |                                              |
| Innodb_buffer_pool_pages_data       | 1156                                         |
| Innodb_buffer_pool_bytes_data       | 18939904                                     |
| Innodb_buffer_pool_pages_dirty      | 0                                            |
| Innodb_buffer_pool_bytes_dirty      | 0                                            |
| Innodb_buffer_pool_pages_flushed    | 172                                          |
| Innodb_buffer_pool_pages_free       | 7032                                         |
| Innodb_buffer_pool_pages_misc       | 4                                            |
| Innodb_buffer_pool_pages_total      | 8192                                         |
| Innodb_buffer_pool_read_ahead_rnd   | 0                                            |
| Innodb_buffer_pool_read_ahead       | 0                                            |
| Innodb_buffer_pool_read_ahead_evicted | 0                                          |
| Innodb_buffer_pool_read_requests    | 15394                                        |
| Innodb_buffer_pool_reads            | 1015                                         |
| Innodb_buffer_pool_wait_free        | 0                                            |
| Innodb_buffer_pool_write_requests   | 1660                                         |
| Innodb_data_fsyncs                  | 52                                           |
| Innodb_data_pending_fsyncs          | 0                                            |
| Innodb_data_pending_reads           | 0                                            |
| Innodb_data_pending_writes          | 0                                            |
| Innodb_data_read                    | 25285632                                     |
| Innodb_data_reads                   | 1584                                         |
| Innodb_data_writes                  | 226                                          |
| Innodb_data_written                 | 2865664                                      |
```

图 6-1 MySQL 服务器运行的各种状态值和累计值

执行 mysqladmin extended-status 命令或 show global status 命令得到的指标特别多。实际应用中，需要重点关注以下性能指标。

1. QPS

QPS（Queries Per Second，每秒查询数）是指 MySQL 服务器每秒执行的查询总量，通过查询数目状态值（Queries）每秒内的变化量来近似表示，即

QPS = (Queries2 −Queries1) / (Uptime2 − Uptime1)

例如，通过下面的查询结果计算 QPS。

```
mysql> show global status where variable_name in ('Queries', 'Uptime');
+---------------+-------+
| Variable_name | Value |
+---------------+-------+
| Queries       | 90157 |
| Uptime        | 71170 |
+---------------+-------+
2 rows in set (0.00 sec)
mysql> show global status where variable_name in ('Queries', 'Uptime');
+---------------+-------+
| Variable_name | Value |
+---------------+-------+
| Queries       | 90178 |
| Uptime        | 71497 |
+---------------+-------+
2 rows in set (0.00 sec)
```

代入上面的查询结果，即

```
QPS=(90178-90157)/(71497-71170)≈0.06422
```

 注意 MySQL 中的查询计数器有两个状态变量：Queries 和 Questions，它们的不同之处在于 Queries 变量包括了存储过程中执行的语句次数，所以理论上 Queries 变量的值总是大于等于 Questions 变量的值。

2. TPS

TPS（Transactions Per Second，每秒事务数）是指 MySQL Server 每秒处理的事务数量。

事务数 TC=Com_insert+Com_delete+Com_update。其中，Com_insert 为 insert 语句执行的次数；Com_update 为 update 语句执行的次数；Com_delete 为 delete 语句执行的次数。

TPS 计算公式如下。

TPS=(TC2 −TC1) / (Uptime2 − Uptime1)

例如，通过下面的查询结果计算 TPS。

```
mysql> show global status where variable_name in ('Com_insert' , 'Com_delete' ,
'Com_update', 'Uptime');
+---------------+-------+
| Variable_name | Value |
+---------------+-------+
| Com_delete    | 12    |
| Com_insert    | 30007 |
| Com_update    | 267   |
| Uptime        | 72096 |
```

```
+----------------+-------+
4 rows in set (0.00 sec)
mysql> show global status where variable_name in ('Com_insert' , 'Com_delete' ,
'Com_update', 'Uptime');
+----------------+-------+
| Variable_name  | Value |
+----------------+-------+
| Com_delete     | 15    |
| Com_insert     | 30047 |
| Com_update     | 280   |
| Uptime         | 74376 |
+----------------+-------+
4 rows in set (0.01 sec)
```

代入上面的查询结果，即

TPS=[(15+30047+280)−(12+30007+267)]/(74376−72096)≈0.02456

3. 线程状态

Threads_running：当前正处于激活状态的线程个数，可以理解为当前并发数。

语句执行的具体结果如下。

```
mysql> show global status like 'Threads_running';
+-------------------+-------+
| Variable_name     | Value |
+-------------------+-------+
| Threads_running   | 1     |
+-------------------+-------+
1 row in set (0.08 sec)
```

Threads_connected：当前连接的线程的个数，即当前打开的连接数。

语句执行的具体结果如下。

```
mysql> show global status like 'Threads_connected';
+-------------------+-------+
| Variable_name     | Value |
+-------------------+-------+
| Threads_connected | 5     |
+-------------------+-------+
1 row in set (0.08 sec)
```

4. 流量状态

Bytes_received：从所有客户端接收到的字节数。

Bytes_sent：发送给所有客户端的字节数。

5. InnoDB 引擎文件读写次数

Innodb_data_reads：InnoDB 引擎从文件中读取的次数。

Innodb_data_writes：InnoDB 引擎从文件中写入的次数。

Innodb_data_fsyncs：InnoDB 引擎进行 fsync()操作的次数。

6. InnoDB 引擎读写量

Innodb_data_read：自服务器启动以来读取的数据量。

Innodb_data_written：InnoDB 引擎写入的数据量（以字节为单位）。

7. InnoDB 引擎缓冲池状态

Innodb_buffer_pool_reads：表示 InnoDB 缓冲池无法满足的请求数，即从物理磁盘读取的次数。

Innodb_buffer_pool_read_requests：从 InnoDB 缓冲池读取的请求数（逻辑读取的请求数）。

Innodb_buffer_pool_write_requests：向 InnoDB 缓冲池执行的写入次数。

Innodb_buffer_pool_pages_dirty：InnoDB 缓冲池中脏页（在内存中修改但尚未写入数据文件的数据页）的数量。

Innodb_buffer_pool_pages_flushed：InnoDB 缓冲池中刷新页面的请求数。

Innodb_buffer_pool_pages_free：InnoDB 缓冲池中的空闲页面数量。

Innodb_buffer_pool_pages_total：InnoDB 缓冲池的总大小，以 page 为单位。

Innodb_buffer_read_hit_ratio：InnoDB 缓冲池的读命中率，计算公式如下。

Innodb_buffer_read_hit_ratio=(1-Innodb_buffer_pool_reads/Innodb_buffer_pool_read_requests)×100%

Innodb_buffer_usage：InnoDB 缓冲池的利用率，计算公式如下。

Innodb_buffer_usage=(1-Innodb_buffer_pool_pages_free/ Innodb_buffer_pool_pages_total)×100%

8. InnoDB 日志

Innodb_os_log_fsyncs：向日志文件完成 fsync()写入的数量。

Innodb_os_log_written：写入日志文件的字节数。

Innodb_log_writes：向日志文件物理写入的次数。

Innodb_log_write_requests：向日志文件写入的请求数。

9. InnoDB 行

Innodb_rows_deleted：从 InnoDB 表中删除的行数。

Innodb_rows_inserted：向 InnoDB 表中插入的行数。

Innodb_rows_read：从 InnoDB 表中读取的行数。

Innodb_rows_updated：InnoDB 表中更新的行数。

Innodb_row_lock_waits::等待行锁的次数。

Innodb_row_lock_time：获取行锁花费的总时间，以毫秒为单位。

Innodb_row_lock_time_avg：获取行锁花费的平均时间，以毫秒为单位。

注：行锁即行级锁定。

10. MyISAM 索引缓存

MyISAM 存储引擎的缓存仅仅缓存索引数据，并不会缓存实际的表数据信息到内存中，索引数据以块（Block）为最小存储单位。

key_buffer_size：MyISAM 索引缓存大小。

Key_read_requests：从 MyISAM 索引缓存中读取块的请求数。

Key_write_requests：将块写入 MyISAM 索引缓存中的请求数。

Key_reads：将块从磁盘文件物理读取到 MyISAM 索引缓存的次数。缓存未命中的概率可以为 Key_reads/Key_read_requests。

Key_writes：从 MyISAM 索引缓存中物理写入磁盘文件的次数。

Key_blocks_used：MyISAM 索引缓存中已使用的块数。

Key_blocks_unused：MyISAM 索引缓存中未使用的块数。

（Key_usage_ratio：MyISAM 索引缓存的利用率，计算公式如下。

Key_usage_ratio = Key_blocks_used/(Key_blocks_used+Key_blocks_unused) × 100%

Key_read_hit_ratio：MyISAM 的索引缓存的读命中率，计算公式如下。

Key_read_hit_ratio=(1−Key_reads/Key_read_requests) × 100%

Key_write_hit_ratio：MyISAM 的索引缓存的写命中率，计算公式如下。

Key_write_hit_ratio =(1−Key_writes/Key_write_requests) × 100%

11. 临时表

Created_tmp_disk_tables：服务器执行语句时在磁盘上自动创建的临时表数量。

Created_tmp_tables：服务器执行语句时在内存中自动创建的临时表数量。

Created_tmp_disk_tables/Created_tmp_tables 的值最好不要超过 10%，如果 Created_tmp_tables 的值比较大，可能是排序句子过多或者连接句子优化不足。

12. 其他

Slow_queries：执行时间超过 long_query_time 的查询的个数（重要）。

Sort_rows：已经排序的行数。

Open_files：打开的文件的数量。

Open_tables：当前打开的表的数量。

Select_scan：对第一个表进行完全扫描的连接数量。

二、性能监控常用工具

1. mysqladmin

mysqladmin 是 MySQL 的客户端命令行管理工具，用于执行监视流程管理操作、检查服务器配置、重装权限、检查当前状态、设置 root 账户的密码、更改 root 账户的密码，以及创建、删除数据库等操作。例如，要检查 MySQL 状态及正常运行时间，可以执行 mysqladmin −u root −p version 命令。只有具有 root 权限才能从 Shell 执行命令。命令及执行结果如下。

```
[root@mm mysql]# mysqladmin -u root -p version
Enter password:
mysqladmin Ver 8.0.21 for Linux on x86_64 (MySQL Community Server - GPL)
Copyright (c) 2000, 2020, Oracle and/or its affiliates. All rights reserved.

Oracle is a registered trademark of Oracle Corporation and/or its
affiliates. Other names may be trademarks of their respective
owners.

Server version      8.0.21
Protocol version    10
Connection          Localhost via UNIX socket
UNIX socket         /var/lib/mysql/mysql.sock
Uptime:             5 hours 41 min 18 sec

Threads: 3  Questions: 19  Slow queries: 0  Opens: 134  Flush tables: 3  Open tables:
55  Queries per second avg: 0.000
```

2. MONyog

MONyog 是一个优秀的 MySQL 监控工具，可以实时监控 MySQL 服务器，查看 MySQL 服务器的运行状态。它可用于帮助管理更多的 MySQL 服务器，在出现严重的问题或中断之前找到并解决 MySQL 数据库的问题。它可以积极主动地监控数据库环境，并会就如何优化性能、加强安全性或为

MySQL 数据库系统减少停机时间提供意见。

MONyog 提供了一个日志分析模块，可以方便地识别在服务器上运行缓慢的语句和应用程序。当需要优化应用程序时，MONyog 提供各种过滤和 explain 选项，用于实现高效的工作流程。MONyog 可以提取错误日志的内容，同时可以通过邮件或 SNMP（Simple Network Management Protocol，简单网络管理协议）发送警报，及时报告 MySQL 服务器状态。

运维人员面临的最大挑战之一是管理的 MySQL 服务器和数据库越来越多。无论 MySQL 环境如何，每个服务器在基本管理、安全性、性能监控和可用性方面都需要特别注意。MONyog 提供了图表，用户通过图表可以监控单个或多组服务器的 MySQL 和操作系统特定指标。图表的设计使得数据库管理员可以通过图形界面实时查询、监控和进行日志分析，从而可以轻松了解所有 MySQL 服务器的安全性、可用性和性能。

MONyog 的查询分析器功能可帮助识别有问题的 SQL 语句，例如它可以发现长时间运行的查询语句，并且不需要将应用程序配置为通过 MySQL 代理连接。MONyog 可以通过解析慢查询日志或以一定的间隔拍摄 SHOW PROCESSLIST 快照来查找有问题的 SQL 语句。

6.3.2　性能测试

在部署新的业务系统时，面对新的服务器、新的网络环境，可能需要对服务器进行压力测试（或者说性能测试），以证实资源和预期的承载压力是否匹配。一般会从多个维度（如 CPU、内存、磁盘 I/O 等）来进行加压，以查看服务器是否依旧正常运行。如果能及早发现问题，就能避免后续的很多被动情况。

行业中的性能测试工具主要有以下几类。

1.　mysqlslap

mysqlslap 是 MySQL 自带的基准测试工具，随 MySQL 5.1.4 推出，可以通过模拟多个并发客户端访问 MySQL 来进行压力测试。

2.　tpcc-mysql

tpcc-mysql 是 Percona 公司按照 TPC-C 开发的工具，主要用于 MySQL 的压力测试。

3.　sysbench

sysbench 是一个主流的、开源的、模块化的、跨平台的多线程性能测试工具，可以用来对 CPU、内存、磁盘 I/O、线程、数据库进行性能测试。sysbench 目前支持的数据库系统有 MySQL、Oracle 和 PostgreSQL。

一、sysbench 的使用方法

sysbench 的安装请参考任务 6-3，或者直接在 Linux CentOS 7 中使用命令 yum install -y sysbench 进行快捷安装。安装完成后，可以通过命令 sysbench --help 来查看 sysbench 支持哪些功能参数，命令及执行结果如下。

```
shell> sysbench --help
Usage:
  sysbench [options]... [testname] [command]

Commands implemented by most tests: prepare run cleanup help

General options:
  --threads=N                    number of threads to use [1]
  --events=N                     limit for total number of events [0]
```

```
      --time=N                      limit for total execution time in seconds [10]
      --forced-shutdown=STRING      number of seconds to wait after the --time limit
before forcing shutdown, or 'off' to disable [off]
      --thread-stack-size=SIZE      size of stack per thread [64K]
      --rate=N                      average transactions rate. 0 for unlimited rate [0]
      --report-interval=N           periodically report intermediate statistics with
a specified interval in seconds. 0 disables intermediate reports [0]
      --report-checkpoints=[LIST,...] dump full statistics and reset all counters at
specified points in time. The argument is a list of comma-separated values representing
the amount of time in seconds elapsed from start of test when report checkpoint(s) must
be performed. Report checkpoints are off by default. []
      --debug[=on|off]              print more debugging info [off]
      --validate[=on|off]           perform validation checks where possible [off]
      --help[=on|off]               print help and exit [off]
      --version[=on|off]            print version and exit [off]
      --config-file=FILENAME        File containing command line options
      --tx-rate=N                   deprecated alias for --rate [0]
      --max-requests=N              deprecated alias for --events [0]
      --max-time=N                  deprecated alias for --time [0]
      --num-threads=N               deprecated alias for --threads [1]


   Pseudo-Random Numbers Generator options:
      --rand-type=STRING random numbers distribution {uniform,gaussian,special,pareto}
[special]
      --rand-spec-iter=N number of iterations used for numbers generation [12]
      --rand-spec-pct=N percentage of values to be treated as 'special' (for special
distribution) [1]
      --rand-spec-res=N percentage of 'special' values to use (for special distribution)
[75]
      --rand-seed=N      seed for random number generator. When 0, the current time is
used as a RNG seed. [0]
      --rand-pareto-h=N parameter h for pareto distribution [0.2]


   Log options:
      --verbosity=N verbosity level {5 - debug, 0 - only critical messages} [3]


      --percentile=N        percentile to calculate in latency statistics (1-100). Use
the special value of 0 to disable percentile calculations [95]
      --histogram[=on|off] print latency histogram in report [off]


   General database options:


      --db-driver=STRING  specifies database driver to use ('help' to get list of
available drivers) [mysql]
      --db-ps-mode=STRING prepared statements usage mode {auto, disable} [auto]
      --db-debug[=on|off] print database-specific debug information [off]


   Compiled-in database drivers:
    mysql - MySQL driver
    pgsql - PostgreSQL driver


   mysql options:
```

```
    --mysql-host=[LIST,...]           MySQL server host [localhost]
    --mysql-port=[LIST,...]           MySQL server port [3306]
    --mysql-socket=[LIST,...]         MySQL socket
    --mysql-user=STRING             MySQL user [sbtest]
    --mysql-password=STRING         MySQL password []
    --mysql-db=STRING               MySQL database name [sbtest]
    --mysql-ssl[=on|off]            use SSL connections, if available in the client
library [off]
    --mysql-ssl-cipher=STRING        use specific cipher for SSL connections []
    --mysql-compression[=on|off]     use compression, if available in the client
library [off]
    --mysql-debug[=on|off]          trace all client library calls [off]
    --mysql-ignore-errors=[LIST,...] list of errors to ignore, or "all"
[1213,1020,1205]
    --mysql-dry-run[=on|off]        Dry run, pretend that all MySQL client API calls
are successful without executing them [off]

  pgsql options:
    --pgsql-host=STRING      PostgreSQL server host [localhost]
    --pgsql-port=N           PostgreSQL server port [5432]
    --pgsql-user=STRING      PostgreSQL user [sbtest]
    --pgsql-password=STRING PostgreSQL password []
    --pgsql-db=STRING        PostgreSQL database name [sbtest]

Compiled-in tests:
  fileio - File I/O test
  cpu - CPU performance test
  memory - Memory functions speed test
  threads - Threads subsystem performance test
  mutex - Mutex performance test

See 'sysbench <testname> help' for a list of options for each test.
```

从上述结果可以看到，sysbench 内置如下测试。

- fileio：文件 I/O 测试。
- cpu：CPU 性能测试。
- memory：内存功能速度测试。
- threads：线程子系统性能测试。
- mutex：互斥锁性能测试。

1. fileio

sysbench 提供了 fileio 测试功能，可以执行 sysbench --test= fileio help 命令查看其使用方法，命令及执行结果如下。

```
[root@db-master ~]# sysbench --test=fileio help
sysbench 0.4.12: multi-threaded system evaluation benchmark
fileio options:
  --file-num=N              number of files to create [128]
  --file-block-size=N       block size to use in all IO operations [16384]
  --file-total-size=SIZE    total size of files to create [2G]
  --file-test-mode=STRING   test mode {seqwr, seqrewr, seqrd, rndrd, rndwr,
rndrw}
```

```
      --file-io-mode=STRING        file operations mode {sync,async,fastmmap,
slowmmap} [sync]
      --file-async-backlog=N       number of asynchronous operatons to queue per
thread [128]
      --file-extra-flags=STRING    additional flags to use on opening files
{sync,dsync,direct} []
      --file-fsync-freq=N          do fsync() after this number of requests (0 - don't
use fsync()) [100]
      --file-fsync-all=[on|off]    do fsync() after each write operation [off]
      --file-fsync-end=[on|off]    do fsync() at the end of test [on]
      --file-fsync-mode=STRING     which method to use for synchronization {fsync,
fdatasync} [fsync]
      --file-merged-requests=N     merge at most this number of IO requests if
possible (0 - don't merge) [0]
      --file-rw-ratio=N            reads/writes ratio for combined test [1.5]
```

fileio 测试的参数说明如表 6-1 所示。

表 6-1 fileio 测试的参数说明

参数	参数说明
--file-num=N	代表生成测试文件的数量，默认为 128
--file-block-size=N	测试时所使用文件块的大小，如果想让磁盘针对 InnoDB 存储引擎进行测试，可以将其设置为 16384 字节，即 InnoDB 存储引擎页的大小。默认为 16384 字节
--file-total-size=SIZE	创建测试文件的总大小，默认为 2GB
--file-test-mode=STRING	文件测试模式，包含 seqwr（顺序写）、seqrewr（顺序读写）、seqrd（顺序读）、rndrd（随机读）、rndwr（随机写）、rndrw（随机读写）
--file-io-mode=STRING	文件操作模式，包含 sync（同步）、async（异步）、fastmmap（快速 mmap）、slowmmap（慢速 mmap），默认为 sync
--file-async-backlog=N	对应每个线程队列的异步操作数，默认为 128
--file-extra-flags=STRING	打开文件时的参数，这是与 API 相关的参数
--file-fsync-freq=N	在指定的请求数之后执行 fsync()函数，该请求数即执行 fsync()函数的频率。fsync()函数作用于同步磁盘文件，0 代表不使用，默认值为 100
--file-fsync-all=[on | off]	每执行完一次写操作，就执行一次 fsync()函数。默认为 off
--file-fsync-end=[on | off]	在测试结束时执行 fsync()函数。默认为 on
--file-fsync-mode=STRING	文件同步函数的参数，同样是与 API 相关的参数。由于不同操作系统对 fdatasync 的支持情况不同，因此不建议使用 fdatasync。默认为 fsync
--file-merged-requests=N	大多情况下，合并可能的 I/O 的请求数，默认为 0
--file-rw-ratio=N	测试时的读写比例，默认为 1.5，即 3∶2

使用 sysbench 测试文件读写性能时，先要创建初始化 fileio 文件，命令如下。

```
[root@db-master sysbench]# sysbench --test=fileio --file-num=16 --file-total-
size=2G prepare
```

执行上述命令后，将创建 16 个测试文件，总大小为 2GB。

接下来对这些文件进行测试。例如，使用 16 个线程随机读进行测试，命令如下。

```
shell>  sysbench  --test=fileio  --file-total-size=2G  --file-test-mode=rndrd
--time=180 --events=100000000 --threads=16 --file-num=16 --file-extra-flags=direct
--file-fsync-freq=0 --file-block-size=16384 run
    WARNING: the --test option is deprecated. You can pass a script name or path on
the command line without any options.
    sysbench 1.0.20 (using bundled LuaJIT 2.1.0-beta2)


    Running the test with following options:
    Number of threads: 16
    Initializing random number generator from current time



    Extra file open flags: directio
    16 files, 128MiB each
    2GiB total file size
    Block size 16KiB
    Number of IO requests: 100000000
    Read/Write ratio for combined random IO test: 1.50
    Calling fsync() at the end of test, Enabled.
    Using synchronous I/O mode
    Doing random read test
    Initializing worker threads...


    Threads started!



    File operations:
        reads/s:                    29655.68
        writes/s:                   0.00
        fsyncs/s:                   0.00


    Throughput:
        read, MiB/s:                463.37
        written, MiB/s:             0.00


    General statistics:
        total time:                      180.0002s
        total number of events:          5338085


    Latency (ms):
            min:                             0.03
            avg:                             0.54
            max:                             400.81
            95th percentile:                 0.05
            sum:                          2870992.11


    Threads fairness:
        events (avg/stddev):        333630.3125/900.46
        execution time (avg/stddev):  179.4370/0.17
```

测试结束后，记得执行 cleanup 命令，以确保将测试所产生的文件都删除，命令如下。

```
shell> sysbench --test=fileio --file-num=16 --file-total-size=2G cleanup
```

2. cpu

sysbench 提供了 cpu 测试功能，可以执行 sysbench --test=cpu help 命令查看其使用方法，命令及执行结果如下。

```
shell> sysbench --test=cpu help
WARNING: the --test option is deprecated. You can pass a script name or path on
the command line without any options.
sysbench 1.0.20 (using bundled LuaJIT 2.1.0-beta2)

cpu options:
  --cpu-max-prime=N upper limit for primes generator [10000]
```

上述执行结果中，--cpu-max-prime=N 参数用来指定素数生成数量的上限，具体参数值可以根据 CPU 的性能来设置，默认为 10000。

3. memory

sysbench 提供了 memory 测试功能，可以执行 sysbench --test=memory help 命令查看其使用方法，命令及执行结果如下。

```
shell> sysbench --test=memory help
WARNING: the --test option is deprecated. You can pass a script name or path on
the command line without any options.
sysbench 1.0.20 (using bundled LuaJIT 2.1.0-beta2)

memory options:
  --memory-block-size=SIZE    size of memory block for test [1K]
  --memory-total-size=SIZE    total size of data to transfer [100G]
  --memory-scope=STRING       memory access scope {global,local} [global]
  --memory-hugetlb=[on|off]   allocate memory from HugeTLB pool [off]
  --memory-oper=STRING        type of memory operations {read, write, none} [write]
  --memory-access-mode=STRING memory access mode {seq,rnd} [seq]
```

memory 测试的参数说明如表 6-2 所示。

表 6-2　memory 测试的参数说明

参数	参数说明
--memory-block-size=SIZE	测试内存块的大小，默认为 1KB
--memory-total-size=SIZE	数据传输的总大小，默认为 100GB
--memory-scope=STRING	内存访问的范围，包括 global 和 local，默认为 global
--memory-hugetlb=[on|off]	是否从 HugeTLB 池分配内存的开关，默认为 off
--memory-oper=STRING	内存操作的类型，包括 read、write、none，默认为 write
--memory-access-mode=STRING	内存访问模式，包括 seq 和 rnd，默认为 seq

4. threads

sysbench 提供了 threads 测试功能，可以执行 sysbench --test=threads help 命令查看其使用方法，命令及执行结果如下。

```
shell> sysbench --test=threads help
```

```
   WARNING: the --test option is deprecated. You can pass a script name or path on
the command line without any options.
   sysbench 1.0.20 (using bundled LuaJIT 2.1.0-beta2)

   threads options:
     --thread-yields=N number of yields to do per request [1000]
     --thread-locks=N  number of locks per thread [8]
```

threads 测试的参数说明如表 6-3 所示。

表 6-3　threads 测试的参数说明

参数	参数说明
--thread-yields=N	指定每个请求的压力，默认为 1000
--thread-locks=N	指定每个线程的锁数量，默认为 8

5. mutex

sysbench 提供了 mutex 测试功能，可以执行 sysbench --test=mutex help 命令查看其使用方法，命令及执行结果如下。

```
shell> sysbench --test=mutex help
   WARNING: the --test option is deprecated. You can pass a script name or path on
the command line without any options.
   sysbench 1.0.20 (using bundled LuaJIT 2.1.0-beta2)

mutex options:
   --mutex-num=N   total size of mutex array [4096]
   --mutex-locks=N number of mutex locks to do per thread [50000]
   --mutex-loops=N number of empty loops to do outside mutex lock [10000]
```

mutex 测试的参数说明如表 6-4 所示。

表 6-4　mutex 测试的参数说明

参数	参数说明
--mutex-num=N	数组互斥锁的总大小，默认是 4096
--mutex-locks=N	每个线程互斥锁的数量，默认是 50000
--mutex-loops=N	内部互斥锁的空循环数量，默认是 10000

二、mysqlslap 压力测试

mysqlslap 是一个 MySQL 官方提供的压力测试工具。它通过模拟多个并发客户端访问 MySQL 来进行压力测试，并且能很好地对比多个存储引擎在相同环境下的并发压力性能差别。

mysqlslap 调用语法如下。

```
mysqlslap [选项]
```

mysqlslap 常用选项如表 6-5 所示。

表 6-5　mysqlslap 常用选项

选项名称	选项描述
--auto-generate-sql	自动生成测试表和数据，表示用 mysqlslap 自己生成的 SQL 脚本来测试并发压力

选项名称	选项描述
--auto-generate-sql-add-autoincrement	对生成的表自动添加 auto_increment 列
--auto-generate-sql-load-type	测试语句的类型，取值包括 read、key、write、update 和 mixed，默认为 mixed
--auto-generate-sql-write-number	每个线程执行多少行数据的插入
--commit	设置执行 N 条 DML 语句后提交一次
--compress	如果服务器和客户端都支持压缩，则压缩二者之间传递的信息
--concurrency	表示并发量，也就是模拟多少个客户端同时执行 select 语句。可指定多个值，例如，--concurrency=100,200,500
--create-schema	自定义的测试库名称
--debug-info	输出内存和 CPU 的相关信息
--delimiter	在 SQL 语句中使用的定界符
--detach	执行 N 条语句后断开重连
--engine=myisam,innodb	要测试的存储引擎，可以有多个，用分隔符隔开。例如，--engines=myisam,innodb
--help	显示帮助信息
--host	MySQL 服务器所在的主机
--iterations	执行测试的迭代次数，表示要在不同并发环境下，各自执行测试多少次
--number-char-cols	自动生成的测试表中包含 N 个字符类型的列，默认为 1
--number-int-cols	自动生成的测试表中包含 N 个数字类型的列，默认为 1
--number-of-queries	总的测试查询次数（并发客户数 × 每位客户查询次数）
--only-print	只输出测试语句而不实际执行
--password	连接服务器时使用的密码
--port	连接的 TCP/IP 端口号
--post-query	包含要在测试完成后执行的语句的文件或字符串
--query	使用自定义脚本执行测试，例如可以自定义一个存储过程或者 SQL 语句来执行测试
--user	连接服务器时使用的 MySQL 账户名

mysqlslap 的运行分为以下 3 个阶段。

（1）创建架构、表及可选的任何存储程序或数据以供测试使用。此阶段使用单个客户端连接。

（2）运行负载测试。此阶段可以使用很多客户端连接。

（3）清理（断开连接、删除指定表）。此阶段使用单个客户端连接。

下面介绍两个使用示例。

例 1：测试 100 个并发线程，自动生成 SQL 测试脚本，执行 1000 次总查询。命令及执行结果如下。

```
shell> mysqlslap -u root -pHello123! -a --concurrency=100 --number-of-queries=1000
```

```
mysqlslap: [Warning] Using a password on the command line interface can be insecure.
Benchmark
 Average number of seconds to run all queries: 1.351 seconds
 Minimum number of seconds to run all queries: 1.351 seconds
 Maximum number of seconds to run all queries: 1.351 seconds
 Number of clients running queries: 100
 Average number of queries per client: 10
```

例 2：测试 100 个并发线程，测试 5 次，自动生成 SQL 测试脚本，读、写、更新混合测试，自增长字段，测试引擎为 InnoDB，执行 5000 次总查询。命令及执行结果如下。

```
shell> mysqlslap –u root -pHello123! --concurrency=100 --iterations=5 --auto-
generate-sql --auto-generate-sql-load-type=mixed --auto-generate-sql-add-autoincrement
--engine=innodb --number-of-queries=5000

Benchmark
 Running for engine innodb
 Average number of seconds to run all queries: 1.264 seconds
 Minimum number of seconds to run all queries: 1.161 seconds
 Maximum number of seconds to run all queries: 1.404 seconds
 Number of clients running queries: 100
 Average number of queries per client: 50
```

6.3.3 性能调优

影响数据库性能的因素有很多，包括 SQL 查询速度、大表和大事务、数据库存储引擎、数据库参数配置、服务器硬件等。下面从查询优化、表设计优化和配置优化等方面来了解一下有关 MySQL 数据库性能调优的一些常用方法。

一、查询优化

据统计，80%的响应时间问题都是应用了性能差的 SQL 语句造成的。那么如何定位并优化慢查询语句？具体场景需要具体分析，一般思路如下。

（1）根据慢查询日志定位慢查询语句。

（2）使用 explain 等工具分析 SQL 语句。

（3）修改 SQL 语句或者尽量利用索引。

查询优化的原则是：最大化利用索引；尽可能地避免全表扫描；减少对无效数据的查询。

慢查询日志在项目 4 中介绍过，这里不再赘述。接下来介绍 explain 工具。

explain 工具是 MySQL 中常用的查询分析工具，可以用于分析 SELECT 语句，以便管理员了解查询效率低的原因。需要注意的是，执行 explain 命令并不会真正地执行 SQL 语句，而是对 SQL 语句做一些分析。explain 关键字一般放在 SELECT 语句的前面，用于描述 MySQL 如何执行查询操作及返回结果集需要执行的行数。命令如下。

```
mysql> explain SELECT first_name, last_name, SUM(amount) AS total
    -> FROM staff INNER JOIN payment
    -> ON staff.staff_id = payment.staff_id
    -> AND payment_date LIKE '2005-08%'
 -> GROUP BY first_name, last_name;
```

上述命令的分析结果如图 6-2 所示。

图6-2　explain 分析结果

图6-2 展示了一些 explain 的字段，这些字段的详细说明如表6-6 所示。

表6-6　explain 字段说明

字段名称	字段说明
id	查询的唯一标识
select_type	查询类型
table	查询表
partitions	匹配的分区
type	连接类型
possible_keys	可能使用的索引
key	最终使用的索引
key_len	最终使用的索引的长度
ref	与索引一起被使用的字段或常数
rows	查询扫描的行数，是一个估算值
filtered	查询条件所过滤的数据的百分比
Extra	额外的信息

下面对其中的一些重点字段做详细的介绍。

（1）type：显示的是访问类型，是较为重要的一个字段。type 项从好到坏依次是：system > const > eq_ref > ref > fulltext > ref_or_null > index_merge > unique_subquery > index_subquery > range > index > all。一般来说，要保证查询至少达到 range 级别，最好能达到 ref 级别。type 项说明如表6-7 所示。

表6-7　type 项说明

type 项	type 项说明
system	表仅有一行（系统表），这是 const 的一个特例
const	单条记录，系统会把匹配行中的其他字段作为常数处理，例如主键或唯一索引查询
eq_ref	类似 ref，区别在于使用的是唯一索引，使用主键的关联查询
ref	使用非唯一索引扫描或唯一索引前缀扫描，返回单条记录，常出现在关联查询中
fulltext	全文索引检索
ref_or_null	如同 ref，但是 MySQL 必须在初次查找的结果里找出 NULL，然后进行二次查找
index_merge	说明索引合并优化被使用
unique_subquery	在某些 IN 查询中使用此种类型，而不是常规的 ref: value IN (SELECT primary_key FROM single_table WHERE some_expr)

续表

type 项	type 项说明
index_subquery	在某些 IN 查询中使用此种类型，与 unique_subquery 类似，但是查询的是非唯一索引: value IN (SELECT key_column FROM single_table WHERE some_expr)
range	索引范围扫描。只检索给定范围的行，使用一个索引来选择行。key 字段显示使用了哪个索引。当使用=、<>、>、>=、<、<=、IS NULL、<=>、BETWEEN 或者 IN 操作符用常量比较关键字字段时，可以使用 range
index	索引全扫描。扫描表的时候按照索引次序而不是行进行。主要优点是避免了排序，但是开销仍然非常大
all	最坏的情况，从头到尾扫描全表

（2）Extra 是另外一个很重要的字段，该字段显示 MySQL 在查询过程中的一些详细信息。Extra 项说明如表 6-8 所示。

表 6-8　Extra 项说明

Extra 项	Extra 项说明
Using index	说明查询是覆盖了索引的，不需要读取数据文件，从索引树（索引文件）中即可获得信息。如果同时出现 Using where，则表明索引被用来执行对索引键值的查找；如果没有 Using where，则表明索引被用来读取数据而非执行查找动作。这是由 MySQL 服务层完成的，但无须再回表查询记录
Using index condition	索引条件推送，用于二级索引，可以在索引上执行如 like 这样的操作，从而减少不必要的 I/O 操作
Using where	使用 where 子句来限制哪些行将与下一张表匹配或者是返回给用户。需要注意的是，Extra 字段出现 Using where 表示 MySQL 服务器将存储引擎返回服务层后再应用 where 条件过滤
Using join buffer	使用连接缓存：Block Nested Loop 表示连接算法是块嵌套循环连接；Batched Key Access 表示连接算法是批量索引连接
Impossible where	where 子句的值总是 false，不能用来获取任何元组
Select tables optimized away	在没有 GROUP BY 子句的情况下，基于索引优化 MIN/MAX 操作，或者对于 MyISAM 存储引擎优化 COUNT(*)操作，不必等到进入执行阶段再进行计算，查询执行计划生成的阶段即可完成优化
Distinct	优化 Distinct 操作，在找到第一匹配的元组后就停止找同样值的动作

二、表设计优化

1. 表设计规范化

单表的设计首先要规范化，满足第三范式，消除数据冗余。

数据库范式是确保数据库结构合理、满足各种查询需求、避免数据库操作异常的数据库设计方式。满足范式要求的表称为规范化表，范式产生于 20 世纪 70 年代初，一般表设计满足前 3 个范式即可。

第一范式（1NF）: 无重复的列。

所谓 1NF 是指在关系模型中，对域添加的一个规范要求，所有的域都应该是原子性的，即数据表的每一列都是不可分割的原子数据项，而不能是集合、数组、记录等非原子数据项。

第二范式（2NF）：属性。

在 1NF 的基础上，非主属性必须完全依赖于主码（在 1NF 的基础上消除非主属性对主码的部分函数依赖）。

第三范式（3NF）：属性。

在 1NF 的基础上，任何非主属性不依赖于其他非主属性，在 2NF 的基础上消除传递依赖。

2. 数据类型优化

表设计过程中，首先要注意的就是 MySQL 的数据类型优化。MySQL 支持的数据类型非常多，选择正确的数据类型对于实现高性能至关重要。不管存储哪种类型的数据，下面几个简单的原则都有助于提高数据库的访问性能。

（1）较小的数据类型通常更好。一般情况下，应该尽量使用能够正确存储数据的较小的数据类型。较小的数据类型通常更快，因为它们占用更少的磁盘、内存和 CPU 缓存，并且处理时需要的 CPU 周期也更少。例如，可以使用较小的整数类型来获取较小的表。MEDIUMINT 通常是比 INT 更好的选择，因为 MEDIUMINT 列使用的空间比 INT 列的少 25%。

另外，对于可以表示为字符串或数字的唯一 ID 或其他值，在字符串列和数字列中，首选数字列。由于数字可以比相应字符串存储在更少的字节中，因此它传输速度更快，并且占用内存更少。

（2）简单就好。简单数据类型的操作通常需要更少的 CPU 周期。例如，使用 MySQL 内置的类型（date、datetime 等）而不是字符串类型来存储日期和时间；用整数类型存储 IP 地址。

（3）尽量避免 NULL。很多表都包含可为 NULL 的列，即使应用程序并不需要保存 NULL，这是因为可为 NULL 是列的默认属性。通常情况下最好指定列为 NOT NULL，除非真的需要存储 NULL。

3. 索引优化

索引用于快速查找具有特定字段值的行。如果没有索引，MySQL 就必须从第一行开始读取整个表以找到相关的行。表格行越多，时间花费也越多。如果表中有相关字段的索引，MySQL 就可以快速确定要查找的行的位置，而不必查看所有数据，这比顺序读取每一行要快得多。索引优化一般遵循以下一些原则。

（1）索引并不是越多越好，要根据查询有针对性地创建索引，考虑给 WHERE 和 ORDER BY 子句上涉及的字段建立索引，可根据 explain 来查看是用了索引还是全表扫描。

（2）应尽量避免在 WHERE 子句中对字段进行 NULL 判断，否则将导致存储引擎放弃使用索引而进行全表扫描。

（3）值很少的字段不适合创建索引，例如"性别"这种只有两个值的字段。

（4）字符字段只创建前缀索引。

（5）字符字段最好不要作为主键。

（6）不用外键，由程序保证约束。

（7）尽量不用 UNIQUE，由程序保证约束。

（8）使用多字段索引时注意顺序和查询条件保持一致，同时删除不必要的单字段索引。

三、配置优化

配置优化即对 MySQL 的配置文件中的参数进行优化。可以通过启动时指定参数和使用配置文件两种方法配置 MySQL。

下面对 MySQL 配置文件的常用参数做简单介绍。

1. max_connections

max_connections 表示 MySQL 的最大连接数，如果服务器的并发连接请求量比较大，建议调高此值，以增加并行连接数量。当然这建立在服务器能支撑的情况下，因为 MySQL 会为每个连接提供连接缓冲区，这也会导致内存开销增多，所以要适当调整该值，不能盲目提高该值。

该值过小会出现 ERROR 1040: Too many connections 错误，可以通过"conn%"通配符查看当前的连接数量，以确定该值的大小。

查看 MySQL 最大连接数的命令及执行结果如下。

```
mysql> show variables like 'max_connections';
+-----------------+-------+
| Variable_name   | Value |
+-----------------+-------+
| max_connections | 151   |
+-----------------+-------+
1 row in set (0.05 sec)
```

查看 MySQL 自启动以来同时使用的最大连接数，命令及执行结果如下。

```
mysql> show global status like '%max_used_connections%';
+--------------------------+---------------------+
| Variable_name            | Value               |
+--------------------------+---------------------+
| Max_used_connections     | 3                   |
| Max_used_connections_time | 2021-10-12 09:57:17 |
+--------------------------+---------------------+
2 rows in set (0.05 sec)
```

注意 max_connections 的理想值设置为多少才合适呢？可以通过 Max_used_connections 值与其理想值的百分比来做参考，即 Max_used_connections / max_connections × 100%。理想的百分比在 85% 左右。如果 Max_used_connections 与 max_connections 的值相同，则超过服务器负载上限，也就是 max_connections 的值设置得过小；如果百分比低于 10%，则 max_connections 的值设置得过大。

2. back_log

back_log 表示 MySQL 能暂存的连接数量。MySQL 的连接数量达到 max_connections 时，新的请求将会被存在堆栈中，以等待某一连接释放资源，该堆栈的数量即 back_log。如果等待连接的数量超过 back_log，则新的连接请求将不被授予连接资源。back_log 表示在 MySQL 暂时停止回答新请求之前的短时间内有多少个请求可以被存在堆栈中。如果期望在短时间内暂存很多连接，则需要增加 back_log。

当观察主机进程列表（mysql> show full processlist）发现大量 ID 为 264084 的待连接进程时，就要增加 back_log 的值了。back_log 的默认值是 50，可调整为 128，对于 Linux 系统，可以设置为小于 512 的整数。

3. interactive_timeout

interactive_timeout 表示交互连接在被服务器关闭前等待行动的秒数。交互客户是指对 mysql_real_connect()使用 CLIENT_INTERACTIVE 选项的客户。interactive_timeout 的默认值是 28800，可调整为 7200。

4. key_buffer_size

key_buffer_size 用于指定索引缓冲区的大小，它能够决定索引处理的速度，尤其是索引读的速度。通过检查状态值 Key_read_requests 和 Key_reads，可以知道 key_buffer_size 设置是否合理。Key_reads / Key_read_requests 的值应该尽可能小，至少小于 1:100，1:1000 更好（上述状态值可以使用 show global status like 'key_read%'命令获得）。

key_buffer_size 只对 MyISAM 表起作用。即使不使用 MyISAM 表，但 MySQL 内部的临时磁盘表是 MyISAM 表，也要使用该值。

查看索引缓冲区的大小的命令及执行结果如下。

```
mysql> show variables like 'key_buffer_size';
+-----------------+-----------+
| Variable_name   | Value     |
+-----------------+-----------+
| key_buffer_size | 536870912 |
+-----------------+-----------+
1 row in set (0.10 sec)
```

由上述结果可知，系统分配了 512MB 内存给 key_buffer_size。接着查看使用情况，命令及执行结果如下。

```
mysql> show global status like 'key_read%';
+-------------------+-------------+
| Variable_name     | Value       |
+-------------------+-------------+
| Key_read_requests | 27813678764 |
| Key_reads         | 6798830     |
+-------------------+-------------+
2 rows in set (0.00 sec)
```

上述结果显示，一共有 27813678764 个索引读取请求；有 6798830 个请求在内存中没有找到，这些请求直接从磁盘读取索引。

计算索引未命中缓存的概率公式如下。

key_cache_miss_rate = Key_reads / Key_read_requests × 100%

key_cache_miss_rate 应在 0.1%以下（每 1000 个请求有一个直接读磁盘），若 key_cache_miss_rate 在 0.01% 以下，则说明 key_buffer_size 过大，可适当减小。

5. read_rnd_buffer_size

read_rnd_buffer_size 表示随机读缓冲区大小。当按任意顺序（如按照排序顺序）读取行时，系统将分配一个随机读缓冲区。进行排序查询时，MySQL 会首先扫描一遍该缓冲区，以避免搜索磁盘，提高查询速度。如果需要排序大量数据，可适当调高该值。但 MySQL 会为每个客户连接分配缓冲区，所以应适当设置该值，以避免内存开销过大，一般可将其设置为 16MB。

6. sort_buffer_size

系统会为每个需要进行排序的线程分配大小为 sort_buffer_size 的一个缓冲区。增加这个值可加速 ORDER BY 或 GROUP BY 操作。sort_buffer_size 的默认值是 2097144（2MB），可改为 16777208（16MB）。

7. join_buffer_size

join_buffer_size 表示联合查询操作使用的缓冲区大小。它与 read_rnd_buffer_size、sort_buffer_size 一样，系统会为每个连接分配指定大小的联合查询操作缓冲区，也就是说，如果

join_buffer_size 的值为 16MB，现在有 100 个线程连接，则服务器分配内存大小为 100×16MB。

8. table_cache

table_cache 表示表高速缓冲区的大小。当 MySQL 访问一个表时，如果表缓冲区中还有空间，该表就被打开并放入其中，这样可以更快地访问表的内容。通过检查峰值时间的状态值 Open_tables（当前在缓冲区中打开表的数量）和 Opened_tables（自 MySQL 启动起打开表的数量），可以决定是否需要增加 table_cache 的值。如果发现 Open_tables 等于 table_cache，并且 Opened_tables 在不断增长，就需要增加 table_cache 的值（上述状态值可以使用 show status like 'Open%tables' 命令获得）。

> **注意** 不能盲目地把 **table_cache** 设置得很大。如果该值设置得太大，可能会造成文件描述符不足，从而造成性能不稳定或者连接失败。对于内存为 **1GB** 的服务器，推荐将该参数设置为 **128～256MB**。对于内存为 4GB 左右的服务器，该参数可设置为 256MB 或 384MB。

9. max_heap_table_size

max_heap_table_size 表示用户可以创建的内存表（Memory Table）的大小。这个参数用来计算内存表的最大行数。这个参数支持动态改变，即 set @max_heap_table_size=#。这个参数和 tmp_table_size 一起限制了内部内存表的大小。如果某个内部 heap（堆积）表大小超过 tmp_table_size，MySQL 可以根据需要自动将内存中的 heap 表改为基于磁盘的 MyISAM 表。

10. tmp_table_size

通过设置 tmp_table_size 参数可以增加一张临时表（如通过高级 GROUP BY 操作生成的临时表）的大小。如果调高该值，MySQL 将同时增加 heap 表的大小，从而达到提高连接查询速度的效果，建议尽量优化查询，要确保查询过程中生成的临时表在内存中，避免临时表过大导致生成基于磁盘的 MyISAM 表。

每次创建临时表时，Created_tmp_tables 都会增加，如果临时表大小超过 tmp_table_size，则就会在磁盘上创建临时表，同时 Created_tmp_disk_tables 也会增加。Created_tmp_files 表示 MySQL 服务创建的临时文件数。比较理想的配置是：

Created_tmp_disk_tables / Created_tmp_tables × 100% ≤ 25%

tmp_table_size 的默认值为 16MB，可调到 64～256MB，线程独占，该值太大可能会造成内存不够进而导致 I/O 堵塞。

11. thread_cache_size

thread_cache_size 表示保存在缓冲区中的线程的数量。客户端断开连接之后，服务器连接此客户端的线程将会缓存起来而不是销毁（前提是缓存数未达上限）以响应下一个客户端，即可以重新利用保存在缓冲区中的线程。当断开连接时如果缓冲区中还有空间，客户端的线程将被放到缓冲区中，如果线程重新被请求，则请求将从缓冲区读取，如果缓冲区中是空的或者是新的请求，这个线程将被重新创建。如果有很多新的线程，增加 thread_cache_size 可以改善系统性能。

如果是短连接，则 thread_cache_size 可以适当设置得大一点儿。因为短连接往往需要不停创建、不停销毁，如果该值较大，连接线程都处于取用状态，不需要重新创建和销毁，所以性能会有比较大的提升。长连接不能保证连接的稳定性，所以设置该参数还是有必要的，如果连接池存在问题，会导致连接数据库不稳定，也会出现频繁地创建和销毁，但这种情况比较少。如果是长连接，则该参数值可以设置得小一点儿，一般设置为 50～100。

12. thread_concurrency

推荐将该值设置为服务器 CPU 核数的 2 倍，例如双核的 CPU 的 thread_concurrency 值应为 4；2 个双核的 CPU 的 thread_concurrency 值应为 8。thread_concurrency 的默认值是 8。

13. wait_timeout

wait_timeout 用于指定一个请求的最大连接时间。wait_timeout 的默认值是 28800 秒（8 小时），MySQL 会自动关闭空闲时间超过 wait_timeout 值的连接，防止连接数过多。对于 4GB 左右内存的服务器可以将该值设置为 5～10 小时。

6.4 项目任务分解

为了完成项目场景中提到的优化访问性能、改善用户的体验的任务，需要做比较多的事情，包括监控 MySQL 服务器、对 MySQL 服务器读写性能进行调优、创建 MySQL 服务器压力测试报告和优化查询等。具体的任务分解如下。

任务 6-1　安装 MONyog 工具监控 MySQL 服务器

微课视频

一、任务说明

MONyog 支持查询分析功能，能够轻松找出 MySQL 的问题所在。此外，它还可以帮助用户掌握服务器的运行状态，并查看在任一时间点绘制的具有详细查询信息的图表。本任务要求下载并安装 MONyog 工具以监控 MySQL 服务器。

二、任务实施过程

进入 MONyog 官方网站，如图 6-3 所示。

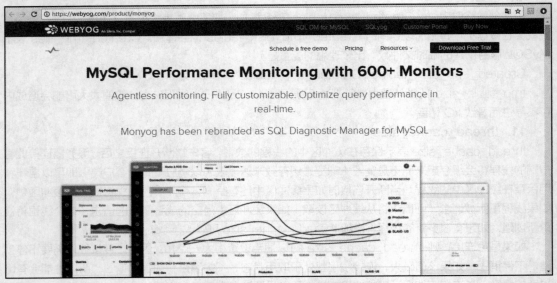

图 6-3　MONyog 官方网站

在图 6-3 所示的页面上单击"Download Free Trial"按钮下载 MONyog 软件的试用版。然后在图 6-4 所示的页面上输入相关用户信息后，单击"Start free trial"按钮。

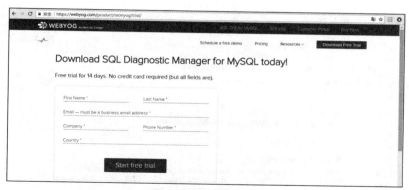

图 6-4　输入用户信息

　　然后在图 6-5 所示的页面上选择不同平台下的 MONyog 软件，这里选择下载"SQL Diagnostic Manager for MySQL (Windows)"。

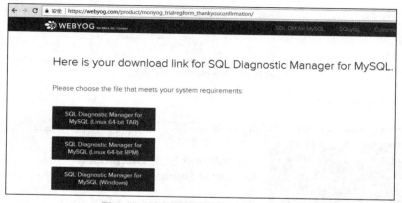

图 6-5　选择不同平台下的 MONyog 软件

双击下载的软件进行安装，按照默认设置安装即可，如图 6-6 所示。

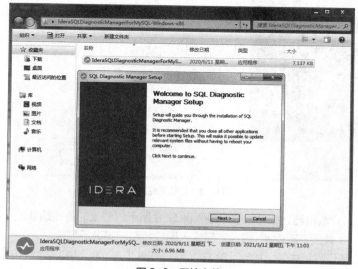

图 6-6　开始安装

在图 6-7 所示的界面设置管理员账户和密码。

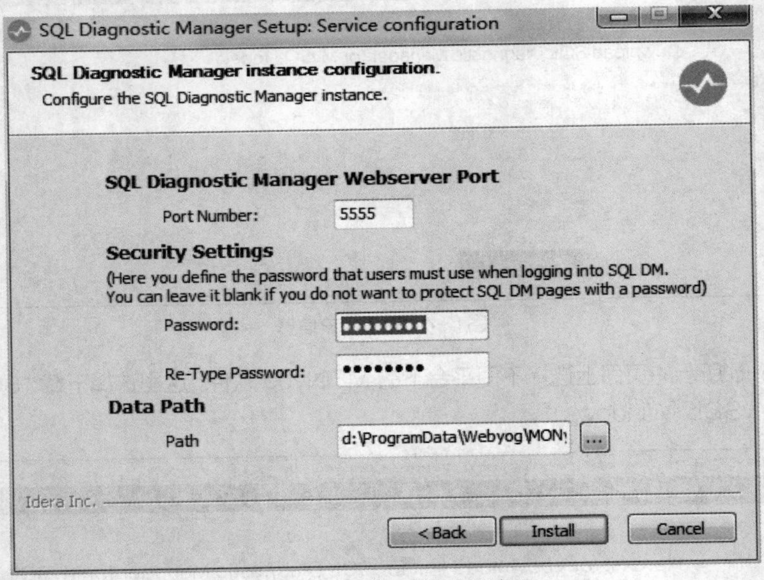

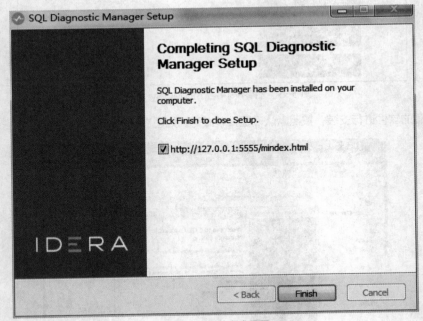

图 6-7　设置管理员账户和密码

安装完成界面如图 6-8 所示。

图 6-8　安装完成界面

安装完成后，打开浏览器，在地址栏中输入图 6-8 所示界面上的管理端地址（http://127.0.0.1:5555/mindex.html）并按"Enter"键，然后输入用户名和密码进行登录。

接着在图 6-9 所示界面中输入邮箱，单击"CONTINUE EVALUATION"按钮进入管理主界面，如图 6-10 所示。

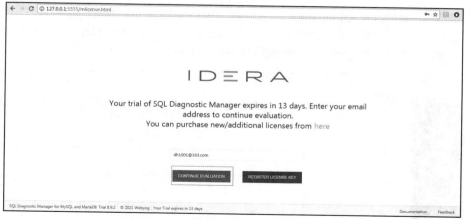

图 6-9　邮箱界面

图 6-10　管理主界面

　　下面进行数据库的连接设置。如图 6-11 所示，设置主机名、端口号，输入 MySQL 数据库的用户名和密码，然后单击"TEST"按钮进行测试，如果连接成功，则单击"SAVE"按钮进行保存。

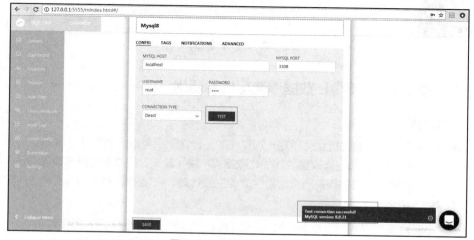

图 6-11　连接 MySQL 界面

配置完成后，就可以进入管理 MySQL 主界面，如图 6-12 所示。单击"Monitors"，然后单击"Select Servers"，选择刚刚设置的服务器，单击"Apply"就可以打开监控面板，如图 6-13 所示。在这个面板里面，可以看到各种信息，例如日志、分析结果等。

图 6-12　管理 MySQL 主界面

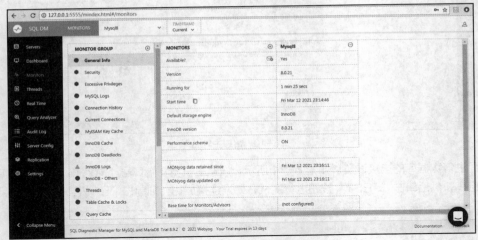

图 6-13　服务器监控面板

任务 6-2　对 MySQL 数据库读写性能调优

一、任务说明

首先我们要知道，大多数性能优化不是一项单纯的工作，需要考虑方方面面，例如 CPU、内存、I/O、数据库参数等，不是简单地修改参数就能让数据库"快"起来，虽然有时候修改参数确实能优化数据库性能。本任务要求通过调整来熟悉影响性能的主要参数，以便对性能优化形成一定认知。

二、任务实施过程

内存的大小能直接反映数据库性能。InnoDB 存储引擎既能缓存数据又能缓存索引。众所周知，内存读写速度远大于磁盘读写速度，故需要增加缓冲池大小，尽可能多地缓存热点数据，减少磁盘交换。

步骤 1: 调整 innodb_buffer_pool_size 参数

innodb_buffer_pool_size 表示缓冲池大小，该参数默认为 128MB，官方建议将该参数调整为操作系统物理内存的 40%～80%。

如操作系统的物理内存为 10GB，则可将该参数调整为 6GB，命令及执行结果如下。

```
mysql> show global variables like '%innodb_buffer_pool_size%';
+-------------------------+-----------+
| Variable_name           | Value     |
+-------------------------+-----------+
| innodb_buffer_pool_size | 134217728 |
+-------------------------+-----------+

mysql> set global innodb_buffer_pool_size=6442450944;
Query OK, 0 rows affected (0.01 sec)
```

步骤 2: 调整 tmp_table_size 参数

查看自 MySQL 服务启动以来，临时表的使用情况，命令及执行结果如下。

```
mysql> show global status where variable_name in ('Created_tmp_disk_tables',
'Created_tmp_tables');
+-------------------------+--------+
| Variable_name           | Value  |
+-------------------------+--------+
| Created_tmp_disk_tables | 712092 |
| Created_tmp_tables      | 726359 |
+-------------------------+--------+
```

计算:

Created_tmp_disk_tables / Created_tmp_tables × 100%

=712092/726359×100%

≈98%

从上述计算结果可以看出，由于临时表大小超过 tmp_table_size 参数，所以更多的临时表被创建到了磁盘上，从而影响了 SQL 语句的效率。根据前面的介绍，这个值要在 25%以下才比较理想。

所以，可以适当增大 tmp_table_size 参数，命令及执行结果如下。

```
mysql> show global variables like '%tmp_table_size%';
+----------------+----------+
| Variable_name  | Value    |
+----------------+----------+
| tmp_table_size | 16777216 |
+----------------+----------+
1 row in set (0.01 sec)

mysql> set global tmp_table_size=25165824;
Query OK, 0 rows affected (0.01 sec)
```

后续可以再通过观察 Created_tmp_disk_tables 的值来决定是否继续调整 tmp_table_size 参数。

任务 6-3　创建 MySQL 压力测试报告

微课视频

一、任务说明

sysbench 是一个跨平台且支持多线程的模块化基准测试工具，用于评估系统在运行高负载的数据库时相关核心参数的性能表现。本任务要求在 Linux CentOS 7 中安装并使用 sysbench 完成对 MySQL 的压力测试。

二、任务实施过程

步骤 1：安装 sysbench 软件

命令如下。

```
yum -y install make automake libtool pkgconfig libaio-devel git
##安装相关依赖包
git clone https://github.com/akopytov/sysbench.git
##下载 sysbench
cd sysbench
##打开 sysbench 目录
git checkout 1.0.18
##切换到 sysbench 1.0.18
./autogen.sh
##运行 autogen.sh
./configure --prefix=/usr --mandir=/usr/share/man
make
##编译
make install
[root@Middleware ~]# sysbench --version
sysbench 1.0.18-ab7d582
```

至此，sysbench 软件安装完毕。

步骤 2：准备数据

使用 sysbench 进行压力测试，通常分 prepare、run、cleanup 这 3 个阶段进行。在 prepare 阶段准备数据，生成相应数量及大小的表用于后续压力测试，命令如下。

```
sysbench --mysql-host=192.168.239.51 --mysql-port=3308 --mysql-user=yzw --mysql-
password=yzw --mysql-db=sbtest --table_size=25000 --tables=10 --events=0 --report-
interval=10 --time=600  oltp_read_write prepare
```

上述命令中的参数说明如下。

- --mysql-host=192.168.239.51：测试主机 IP 地址。
- --mysql-port=3308：连接数据库端口。
- --mysql-user=yzw：连接数据库用户。
- --mysql-password=yzw：连接数据库密码。
- --mysql-db=sbtest：连接数据库名。
- --table_size=25000：每张表有 25000 行。
- --tables=10：创建表数量。
- --events=0：限制最大请求数，0 表示不限制。
- --report-interval=10：每 10 秒输出一次报告。

- --time=600：执行 600 秒。

步骤 3：进行压力测试

命令如下。

```
sysbench --mysql-host=192.168.239.51 --mysql-port=3308 --mysql-user=yzw --mysql-
password=yzw --mysql-db=sbtest --table_size=25000 --tables=10 --events=0 --report-
interval=10 --time=600 oltp_read_write run
```

上述命令执行结果如图 6-14 所示。

```
[ 510s ] thds: 1 tps: 0.20 qps: 4.00 (r/w/o: 2.80/0.80/0.40) lat (ms,95%): 5918.87 err/s: 0.00 reconn/s: 0.00
[ 520s ] thds: 1 tps: 0.40 qps: 4.00 (r/w/o: 2.80/0.80/0.40) lat (ms,95%): 6135.91 err/s: 0.00 reconn/s: 0.00
[ 530s ] thds: 1 tps: 0.10 qps: 2.00 (r/w/o: 1.40/0.40/0.20) lat (ms,95%): 11523.48 err/s: 0.00 reconn/s: 0.00
[ 540s ] thds: 1 tps: 6.40 qps: 127.96 (r/w/o: 89.57/25.59/12.80) lat (ms,95%): 320.17 err/s: 0.00 reconn/s: 0.00
[ 550s ] thds: 1 tps: 7.40 qps: 148.02 (r/w/o: 103.62/29.60/14.80) lat (ms,95%): 369.77 err/s: 0.00 reconn/s: 0.00
[ 560s ] thds: 1 tps: 5.80 qps: 115.98 (r/w/o: 81.19/23.20/11.60) lat (ms,95%): 484.44 err/s: 0.00 reconn/s: 0.00
[ 570s ] thds: 1 tps: 0.20 qps: 4.00 (r/w/o: 2.80/0.80/0.40) lat (ms,95%): 2238.47 err/s: 0.00 reconn/s: 0.00
[ 580s ] thds: 1 tps: 1.80 qps: 36.00 (r/w/o: 25.20/7.20/3.60) lat (ms,95%): 995.51 err/s: 0.00 reconn/s: 0.00
[ 590s ] thds: 1 tps: 1.80 qps: 36.00 (r/w/o: 25.20/7.20/3.60) lat (ms,95%): 816.63 err/s: 0.00 reconn/s: 0.00
[ 600s ] thds: 1 tps: 0.10 qps: 2.00 (r/w/o: 1.40/0.40/0.20) lat (ms,95%): 4437.27 err/s: 0.00 reconn/s: 0.00
[ 610s ] thds: 1 tps: 0.00 qps: 0.00 (r/w/o: 0.00/0.00/0.00) lat (ms,95%): 0.00 err/s: 0.00 reconn/s: 0.00
[ 620s ] thds: 1 tps: 0.00 qps: 0.00 (r/w/o: 0.00/0.00/0.00) lat (ms,95%): 0.00 err/s: 0.00 reconn/s: 0.00
SQL statistics:
    queries performed:
        read:                            32536
        write:                           9296
        other:                           4648
        total:                           46480
    transactions:                        2324   (3.73 per sec.)
    queries:                             46480  (74.64 per sec.)
    ignored errors:                      0      (0.00 per sec.)
    reconnects:                          0      (0.00 per sec.)

General statistics:
    total time:                          622.6865s
    total number of events:              2324

Latency (ms):
         min:                                   42.46
         avg:                                  267.91
         max:                                30203.82
         95th percentile:                      719.92
         sum:                               622632.96

Threads fairness:
    events (avg/stddev):           2324.0000/0.00
    execution time (avg/stddev):   622.6330/0.00
```

图 6-14　压力测试结果

图 6-14 显示，此次压力测试约用时 622 秒，总计完成 32536 次 read、9296 次 write、4648 次 other，总计事务数为 2324，相关指标 TPS 为 3.73、QPS 为 74.64。评价压力测试效果需要进行多组别比对。

> **注意**　可修改并发数进行多次重复测试。

步骤 4：清理数据

完成压力测试之后需要清理生成的相关数据，底层会执行 drop table 命令。命令如下。

```
sysbench --mysql-host=192.168.239.51 --mysql-port=3308 --mysql-user=yzw --mysql-
password=yzw --mysql-db=sbtest --table_size=25000 --tables=10 --events=0 --report-
interval=10 --time=600 oltp_read_write cleanup
```

任务 6-4　使用 explain 工具分析并优化单表 SQL 查询

微课视频

一、任务说明

本任务要求使用 explain 工具，对 SQL 查询语句进行分析，并按照分析的结果优化 SQL 查询语句。

二、任务实施过程

步骤 1：创建表

先在 test 数据库中创建一个 article 表，命令如下。

```
mysql> CREATE TABLE IF NOT EXISTS `article` (`id` int(10) unsigned NOT NULL
AUTO_INCREMENT,
    -> `author_id` int(10) unsigned NOT NULL,
    -> `category_id` int(10) unsigned NOT NULL,
    -> `views` int(10) unsigned NOT NULL,
    -> `comments` int(10) unsigned NOT NULL,
    -> `title` varbinary(255) NOT NULL,
    -> `content` text NOT NULL,
    -> PRIMARY KEY (`id`)
    -> );
Query OK, 0 rows affected, 5 warnings (0.09 sec)
```

步骤 2：插入数据

在 article 表中插入几条测试数据，命令如下。

```
mysql> INSERT INTO `article`
    -> (`author_id`, `category_id`, `views`, `comments`, `title`, `content`) VALUES
    -> (1, 1, 1, 1, '1', '1'),
    -> (2, 2, 2, 2, '2', '2'),
    -> (1, 1, 3, 3, '3', '3');
Query OK, 3 rows affected (0.30 sec)
Records: 3  Duplicates: 0  Warnings: 0
```

步骤 3：分析查询

如果有查询需求：查询 category_id 为 1 且 comments 大于 1 的情况下，views 最多的 author_id。对 SQL 查询语句进行分析，命令及执行结果如下。

```
mysql> explain
    -> SELECT author_id
    -> FROM `article`
    -> WHERE category_id = 1 AND comments > 1
    -> ORDER BY views DESC
    -> LIMIT 1\G
*************************** 1. row ***************************
           id: 1
  select_type: SIMPLE
        table: article
   partitions: NULL
         type: all
possible_keys: NULL
          key: NULL
      key_len: NULL
          ref: NULL
         rows: 3
     filtered: 33.33
        Extra: Using where; Using filesort
1 row in set, 1 warning (0.00 sec)
```

从上述分析结果可以看出，type 字段的值是 all，即最坏的情况；Extra 字段里还出现了 Using

filesort，也是最坏的情况，所以优化是非常有必要的。

　　步骤 4：优化查询

　　最简单的优化方案之一就是加索引。根据查询的条件，WHERE 子句中共使用了 category_id、comments、views 这 3 个字段，所以可建立一个联合索引，命令如下。

```
mysql> ALTER TABLE `article` ADD INDEX x (`category_id`, `comments`, `views` );
Query OK, 0 rows affected (1.68 sec)
Records: 0  Duplicates: 0  Warnings: 0
```

　　再来分析，发现结果有一定改善，但仍然很糟糕，结果如下。

```
mysql>explain SELECT author_id FROM `article` WHERE category_id = 1 AND comments
> 1 ORDER BY views DESC LIMIT 1\G
*************************** 1. row ***************************
           id: 1
  select_type: SIMPLE
        table: article
   partitions: NULL
         type: range
possible_keys: x
          key: x
      key_len: 8
          ref: NULL
         rows: 1
     filtered: 100.00
        Extra: Using index condition; Using filesort
1 row in set, 1 warning (0.00 sec)
```

　　从上述结果可以看出，type 字段的值从原来的 all 变成了 range，有一定改善，但是 Extra 字段里出现 Using filesort 仍是无法接受的。但是已经建立了索引，为什么没用呢？这是因为按照 BTree 索引的工作原理，先排序 category_id，如果遇到相同的 category_id 则再排序 comments，如果遇到相同的 comments 则再排序 views。当 comments 字段在联合索引里处于中间位置时，因 comments 字段的值是一个范围值（range 类型），MySQL 无法利用索引再对后面的 views 字段进行排序，即 range 类型查询字段后面的索引无效。

　　因此需要抛弃 comments 字段，删除旧索引，命令如下。

```
mysql> DROP INDEX x ON article;
Query OK, 0 rows affected (0.02 sec)
Records: 0  Duplicates: 0  Warnings: 0
```

　　然后建立新索引，命令如下。

```
mysql> ALTER TABLE `article` ADD INDEX y (`category_id` , `views` ) ;
Query OK, 0 rows affected (0.02 sec)
Records: 0  Duplicates: 0  Warnings: 0
```

　　再对 SQL 查询语句进行分析，命令及执行结果如下。

```
mysql> explain SELECT author_id FROM `article` WHERE category_id = 1 AND comments
> 1 ORDER BY views DESC LIMIT 1\G
*************************** 1. row ***************************
           id: 1
  select_type: SIMPLE
        table: article
   partitions: NULL
```

```
           type: ref
possible_keys: y
            key: y
        key_len: 4
            ref: const
           rows: 2
       filtered: 33.33
          Extra: Using where; Backward index scan
1 row in set, 1 warning (0.00 sec)
```

从上述分析结果可以看到，type 字段的值变成了 ref，Extra 字段中的 Using index condition;
Using filesort 变成了 Using where; Backward index scan，结果非常理想。

任务6-5 使用explain工具分析并优化多表SQL查询

一、任务说明

本任务要求使用 explain 工具，对涉及多表的 SQL 查询语句进行分析，并按
照分析的结果优化 SQL 查询语句。

二、任务实施过程

步骤 1：创建表

首先创建 3 个表，即 class 表、book 表和 phone 表，命令如下。

```
mysql> CREATE TABLE IF NOT EXISTS `class` (
    -> `id` int(10) unsigned NOT NULL AUTO_INCREMENT,
    -> `card` int(10) unsigned NOT NULL,
    -> PRIMARY KEY (`id`)
    -> );
Query OK, 0 rows affected, 2 warnings (0.04 sec)

mysql> CREATE TABLE IF NOT EXISTS `book` (
    -> `bookid` int(10) unsigned NOT NULL AUTO_INCREMENT,
    -> `card` int(10) unsigned NOT NULL,
    -> PRIMARY KEY (`bookid`)
    -> );
Query OK, 0 rows affected, 2 warnings (0.04 sec)

mysql> CREATE TABLE IF NOT EXISTS `phone` (
    -> `phoneid` int(10) unsigned NOT NULL AUTO_INCREMENT,
    -> `card` int(10) unsigned NOT NULL,
    -> PRIMARY KEY (`phoneid`)
    -> ) engine = innodb;
Query OK, 0 rows affected, 2 warnings (0.03 sec)
```

步骤 2：插入大量数据

编写一个插入数据的存储过程，用 vi 命令编辑一个脚本文件，命令如下。

```
shell> vi p_insert_lot.sql
```

脚本文件内容如下。

```
delimiter //
create procedure p_insert_lot()
```

```
begin
    DECLARE i INT DEFAULT 0;
    while i < 10000 do
    begin
        declare j int;
        select FLOOR(1 + (RAND() * 20)) into j;
        insert into class(card) values(j);
        select FLOOR(1 + (RAND() * 20)) into j;
        insert into book(card) values(j);
        select FLOOR(1 + (RAND() * 20)) into j;
        insert into phone(card) values(j);
        set i = i + 1;
    end;
    end while;
end;
//
delimiter ;
```

登录 MySQL，运行这个脚本文件，创建存储过程，命令如下。

```
mysql> source /root/p_insert_log.sql;
Query OK, 0 rows affected (0.21 sec)
```

执行存储过程，命令如下。

```
mysql> call p_insert_lot;
```

插入大量数据需要等待比较长的时间。

步骤 3：分析两表连接查询

分析如下 left join 查询。

```
mysql>explain select * from class left join book on class.card = book.card\G
```

分析结果如下。

```
*************************** 1. row ***************************
           id: 1
  select_type: SIMPLE
        table: class
         type: all
possible_keys: NULL
          key: NULL
      key_len: NULL
          ref: NULL
         rows: 20000
        Extra:
*************************** 2. row ***************************
           id: 1
  select_type: SIMPLE
        table: book
         type: all
possible_keys: NULL
key: NULL
      key_len: NULL
          ref: NULL
```

```
        rows: 20000
        Extra:
2 rows in set (0.00 sec)
```

从上述分析结果可以看出，第二个 all 是需要优化的。

为 book 表建立索引，命令如下。

```
ALTER TABLE `book` ADD INDEX y (`card`);
```

再次分析结果，如下。

```
*************************** 1. row ***************************
           id: 1
  select_type: SIMPLE
        table: class
         type: all
possible_keys: NULL
          key: NULL
      key_len: NULL
          ref: NULL
         rows: 20000
        Extra:
*************************** 2. row ***************************
           id: 1
  select_type: SIMPLE
        table: book
         type: ref
possible_keys: y
          key: y
      key_len: 4
          ref: test.class.card
         rows: 1000
        Extra:
2 rows in set (0.00 sec)
```

从上述结果可以看到，第二个 type 字段的值变成了 ref，rows 字段的值变成了 1000，优化效果比较明显，这是由 left join 特性决定的。left join 条件用于确定如何从右表搜索行，左表一定都有，所以右表是关键，一定要建立索引。

同理，如果是 right join，right join 条件用于确定如何从左表搜索行，右表一定都有，所以左表是关键，一定要建立索引。

可以试着用上述的步骤来分析以下 inner join 查询。

```
mysql > explain select * from class inner join book on class.card = book.card;
```

综上所述，inner join 与 left join 差不多，都需要优化右表；而 right join 需要优化左表。

步骤 4：分析三表连接查询

分析三表连接查询时，同样遵循上述的原则，

给左连接的两个右表添加索引，命令如下。

```
ALTER TABLE `phone` ADD INDEX z (`card`);
ALTER TABLE `book` ADD INDEX y (`card`);
```

分析三表连接查询，命令及执行结果如下。

```
mysql>explain select * from class left join book on class.card=book.card left join
```

```
phone on book.card = phone.card;

      *************************** 1. row ***************************
             id: 1
    select_type: SIMPLE
          table: class
           type: all
  possible_keys: NULL
            key: NULL
        key_len: NULL
            ref: NULL
           rows: 20000
          Extra:
      *************************** 2. row ***************************
             id: 1
    select_type: SIMPLE
          table: book
           type: ref
  possible_keys: y
            key: y
        key_len: 4
            ref: test.class.card
           rows: 1000
          Extra:
      *************************** 3. row ***************************
             id: 1
    select_type: SIMPLE
          table: phone
           type: ref
  possible_keys: z
            key: z
        key_len: 4
            ref: test.book.card
           rows: 260
          Extra: Using index
3 rows in set (0.00 sec)
```

从上述分析结果可以看出，后两个 type 字段的值都是 ref 且 rows 优化效果不错。

任务 6-6　申请及使用阿里云 RDS 数据库

一、任务说明

随着技术的发展及政策的推动，越来越多的企业及开发者认识到将数据库迁移到云上的好处，传统的自建开源数据库模式将会逐渐被云数据库模式取代，因此读者有必要了解云数据库。本任务要求完成申请及使用阿里云 RDS。

二、任务实施过程

需要说明的是，由于阿里云官网的改版，下述步骤与实际操作步骤可能会存在一定误差。

步骤 1：购买 RDS MySQL

进入阿里云官网，如图 6-15 所示。

图 6-15　购买 RDS MySQL

步骤 2：选择计费方式

选择计费方式，如图 6-16 所示。

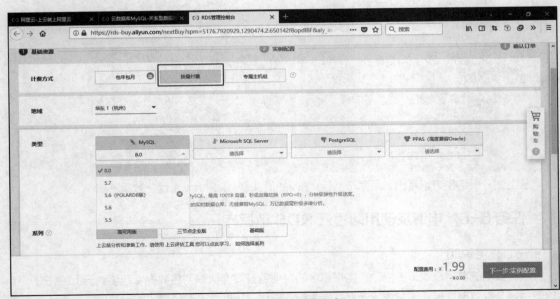

图 6-16　选择计费方式

步骤 3：选择网络类型

选择网络类型，如图 6-17 所示。

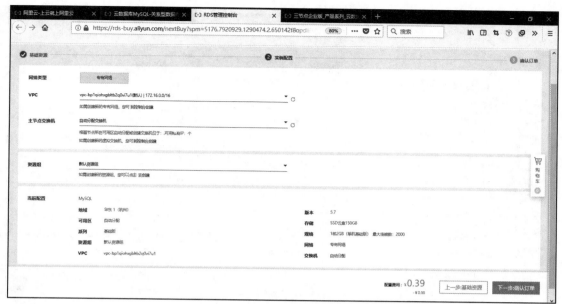

图 6-17　选择网络类型

步骤 4：选择服务器地域

选择申请 RDS 服务器地域，如图 6-18 所示。

图 6-18　选择申请 RDS 服务器地域

步骤 5：查看实例基本信息

查看实例基本信息，如图 6-19 所示。

图 6-19 查看实例基本信息

步骤 6：创建相关账号

创建相关账号用于后续连接、登录，如图 6-20 所示。

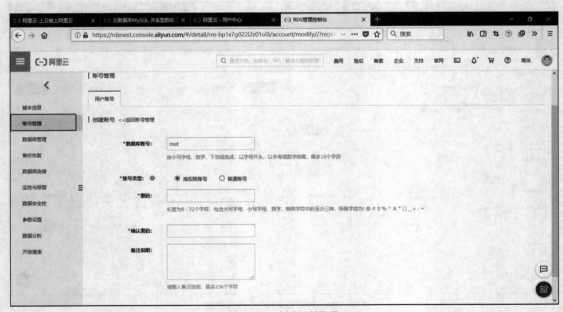

图 6-20 创建相关账号

步骤 7：登录数据库

登录数据库，如图 6-21 所示。

图 6-21　登录数据库

步骤 8：申请外网地址

阿里云 RDS 具有内网地址与外网地址，外网地址需申请才能使用，此处单击"申请外网地址"超链接，如图 6-22 所示。

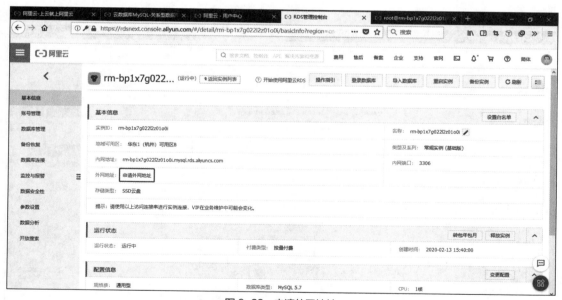

图 6-22　申请外网地址

步骤 9：测试外网地址

ping 外网地址以测试是否能连通，如图 6-23 所示。

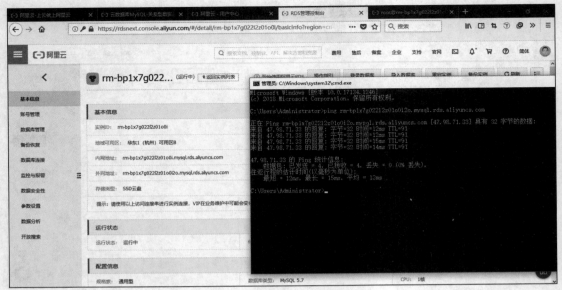

图 6-23　测试外网地址

步骤 10：设置白名单

阿里云 RDS 基于安全性的考虑，提供设置白名单功能，此处设置白名单以允许从外网地址访问阿里云 RDS。单击"数据安全性"，单击"白名单设置"，在打开的对话框中设置白名单，如图 6-24 所示。

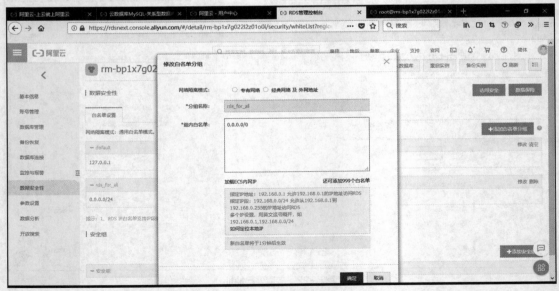

图 6-24　设置白名单

步骤 11：测试连接

选择自定义的客户端测试连接，此处使用 SQLyog 客户端来测试是否能正常连接 MySQL 数据库，如图 6-25 所示。

图 6-25　测试连接

任务 6-7　MySQL 及阿里云 RDS 数据库运维任务

一、任务说明

无论是自建 MySQL 还是阿里云 RDS，其面临的主要问题为业务模块运行效率低，而导致业务模块运行效率低的原因通常是 SQL 语句性能差。SQL 语句的性能直接影响业务模块运行的效率。因此日常运维中需要持续关注慢查询日志，以定位可能存在问题的 SQL 语句，从而在 SQL 语句层面进行优化。

二、任务实施过程

步骤 1：开启慢查询日志

可以在 MySQL 中设置一个阈值，将运行时间超过该值的所有 SQL 语句都记录到慢查询日志文件中，该阈值可以通过参数 long_query_time 来设置。

在默认情况下，MySQL 不启动慢查询日志，用户需要手动设置 slow_query_log 为 on。

启动慢查询日志，命令如下。

```
mysql> set global slow_query_log=on;
```

查看慢查询日志状态/位置，命令及执行结果如下。

```
mysql> show global variables like '%slow_query_log%';
+--------------------+------------------------------------------+
| Variable_name      | Value                                    |
+--------------------+------------------------------------------+
| slow_query_log     | ON                                       |
| slow_query_log_file | /mysql/product/mysql80/data/s1-slow.log |
+--------------------+------------------------------------------+
```

查看慢查询日志记录阈值，命令及执行结果如下。

```
mysql> show global variables like '%long_query_time%';
+--------------------+-----------+
```

```
| Variable_name   | Value    |
+-----------------+----------+
| long_query_time | 10.000000 |
+-----------------+----------+
```

设置慢查询日志记录阈值为 3 秒，命令如下。

```
mysql> set global long_query_time=3;
```

步骤 2：获取慢查询语句

按照平均查询时间排序慢查询日志，命令及执行结果如下。

```
mysqldumpslow -s at mysql-slow.log

Count: 3 Time=62.67s (188s) Lock=0.00s (0s) Rows=1623770.7 (4871312), root[root]
@localhost
SELECT /*!N SQL_NO_CACHE */ * FROM `feed_receive_0287`
```

上述的结果说明如下。

- Count: 3 表示该类型 SQL 语句执行 3 次。
- Time=62.67s (188s)表示最长执行时间为 62.67s（3 次总计执行时间为 188s）。
- Lock=0.00s (0s)表示锁定时间为 0s（3 次总计锁定时间为 0s）。
- Rows=1623770.7 (4871312)表示返回给客户端行总数为 4871312/3≈1623770.7 行（3 次扫描行总数为 4871312 行）。
- root[root]@localhost 表示连接用户。

步骤 3：查看执行计划

命令及执行结果如下。

```
mysql> explain select * from sbtest1 where c='77406798434-05209482854-78203775726-
01623148710-50397331930-74600067895-34337286377-60995103231-28127739989-55887467999';
+----+-------------+---------+------------+------+---------------+------+---------+------+--------+----------+-------------+
| id | select_type | table   | partitions | type | possible_keys | key  | key_len | ref  | rows   | filtered | Extra       |
+----+-------------+---------+------------+------+---------------+------+---------+------+--------+----------+-------------+
| 1  | SIMPLE      | sbtest1 | NULL       | all  | NULL          | NULL | NULL    | NULL | 942890 | 10.00    | Using where |
+----+-------------+---------+------------+------+---------------+------+---------+------+--------+----------+-------------+
```

步骤 4：根据执行计划进行优化

在步骤 3 中，where 子句中未创建索引，所以该查询语句会进行全表扫描。执行如下命令可对 c 字段创建索引来进行优化。

```
mysql> create index index_c on sbtest1(c);
```

6.5 常见问题解决

问题：连接 MySQL 服务器时出现 "ERROR 2013 (HY000): Lost connection to MySQL server at 'reading initial communication packet', system error: 0" 错误提示。

原因分析

一般出现该错误的原因如下。

（1）网络异常或延迟非常高的时候，MySQL 客户端与数据库建立连接的时间超过连接时间限制（系统变量 connect_timeout）会导致出现这个错误。MySQL 客户端与数据库建立连接需要完成三次握手协议，正常情况下，这个时间非常短，但是一旦网络异常、网络延迟非常高，就会导致这个握手协议无法完成。系统变量 connect_timeout 是 MySQL 服务器进程 mysqld 等待连接建立完成的时间，单位为秒。如果超过 connect_timeout 仍然无法完成握手协议，MySQL 客户端会报错。

（2）域名解析会导致出现这个错误。当客户端连接服务器时，服务器会对客户端的 IP 地址进行 DNS（Domain Name System，域名系统）解析，来获得客户端的域名或主机名，如果 DNS 解析出了问题或 DNS 解析相当慢，就会导致出现这个错误。

解决方案

建议设置 skip-name-resolve 参数，该参数设置后需重启 MySQL 才会生效。该参数将禁止 MySQL 对外部连接进行 DNS 解析，设置该参数可以节约 MySQL 进行 DNS 解析的时间。

6.6　课后习题

一、填空题

1. _____是指通过某些有效的方法提高 MySQL 的性能，主要是为了使 MySQL_____、_____。

2. MySQL 性能指标可以通过_____、_____两种方式获取。

3. _____是 MySQL 的客户端命令行管理工具，用于执行_____、_____、_____、_____、_____等操作。

4. _____是一个优秀的 MySQL 监控工具，可以实时监控 MySQL 服务器，查看 MySQL 服务器的运行状态。

5. _____是一个开源的、模块化的、跨平台的多线程性能测试工具。

6. 性能测试工具有_____、_____、_____。

7. mysqlslap 的运行分为_____、_____、_____ 3 个阶段。

8. 查询优化的原则是_____、_____、_____。

9. 影响数据库性能的因素有很多，包括_____、_____、_____、_____、_____等。

二、选择题

1. 关于 MySQL 性能指标，以下说法正确的是（　　）。

   A. TPS 是指 MySQL Server 每秒执行的查询总量

   B. QPS 是指 MySQL Server 每秒处理的事务数量

   C. threads_running 为当前并发数

   D. 使用 show global status 命令只能获取内存中自动创建的临时表数量

2. 关于 MONyog 的说法错误的是（　　）。

   A. 可以实时监控 MySQL 服务器，查看 MySQL 服务器的运行状态

   B. MONyog 提供了一个日志分析模块，可以方便地识别在服务器上运行缓慢的语句和应用程序

  C. MONyog 的查询分析器功能可帮助识别有问题的 SQL 语句，需要将应用程序配置为通过 MySQL 代理连接

  D. 可以提供所有 MySQL 服务器的实时图表

3. sysbench 内置测试主要包括（ ）。

  A. 文件 I/O 测试   B. CPU 性能测试

  C. 内存功能速度测试   D. 压力测试

4. 关于性能测试工具说法错误的是（ ）。

  A. mysqladmin 是 MySQL 的客户端命令行管理工具

  B. MONyog 可以实时监控 MySQL 服务器，查看 MySQL 服务器的运行状态

  C. MONyog 提供了一个日志分析模块，可以方便地识别在服务器上运行缓慢的语句和应用程序

  D. MONyog 的查询分析器支持 MySQL 代理，但是不可以通过解析慢查询日志或以规则的间隔拍摄 SHOW PROCESSLIST 快照来查找有问题的 SQL 语句

5. 关于 explain 字段的说明，下列说法错误的是（ ）。

  A. id 是唯一的标识

  B. filtered 是查询条件所过滤的数据的百分比

  C. type 是连接类型

  D. rows 是查询扫描的行数，是一个确定值

6. 关于 MySQL 数据类型优化，下列说法正确的是（ ）。

  A. 尽量使用能够正确存储数据的较小的数据类型

  B. 使用简单的数据类型

  C. 尽量避免 NULL

  D. 一般用数字列表示唯一 ID

7. 关于索引优化，下列说法正确的是（ ）。

  A. 索引越多越好

  B. 值很少的字段不适合建立索引

  C. 尽量使用外键和 UNIQUE 来保证约束

  D. 使用多列索引时注意顺序和查询条件保持一致，同时删除不必要的单列索引

8. 关于配置优化，下列说法错误的是（ ）。

  A. MySQL 的最大连接数通常情况下越大越好

  B. 随机读缓冲区大小一般设置为 16MB

  C. back_log 表示在 MySQL 暂时停止回答新请求之前的短时间内有多少个请求可以被存在堆栈中

  D. key_buffer_size 用于指定索引缓冲区的大小，它能够决定索引处理的速度，尤其是索引读的速度。

三、问答/操作题

1. 请阐述 MySQL 性能监控常用指标和常用工具。

2. 请尝试在 Linux 环境下分别对 MySQL 5.7 和 MySQL 8.0 进行压力测试，体会版本更新对性能的影响。

3. 简述性能优化的思路及流程。

项目7
MySQL复制

07

7.1 项目场景

随着天天电器商场在线业务的开展，为了时刻给用户提供 7×24 小时的优质服务，该公司要求信息部门对现有的服务器软硬件进行升级，明确要求当数据库的主服务器宕机时，能够及时启动备用服务器以提供不间断服务，从而保证数据库内容的实时备份。在实际的生产环境中，为了解决 MySQL 的单点故障问题和提高 MySQL 的整体服务性能，一般会建立 MySQL 主从复制。

7.2 教学目标

一、知识目标

1. 掌握 MySQL 复制的概念
2. 掌握 MySQL 复制的过程
3. 掌握 MySQL 复制的表现形式
4. 掌握 MySQL 复制的常用拓扑结构

二、能力目标

1. 能在 Windows 系统下建立 MySQL 主从复制
2. 能在 Linux 系统下建立 MySQL 主从复制
3. 能配置 MySQL 半同步复制
4. 能配置 MySQL 并行复制

三、素养目标

1. 加强安全防范意识
2. 了解系统稳定运行的重要性
3. 提升规范操作行为

7.3 项目知识导入

7.3.1 MySQL 复制概述

MySQL 复制是指从一台 MySQL 主服务器将数据复制到另一台或多台 MySQL 备用服务器的过

程，即将一个 MySQL（主库，Master）上的所有改变同步到另一个 MySQL（从库，Slave）。

MySQL 支持多种复制方式。传统复制方式基于主库二进制日志中的事件，并且要求二进制日志文件及其位置在主库和从库之间同步；第二种复制方式基于全局事务标识符（Global Transaction Identifier，GTID），这种复制方式是事务性的，因此不需要使用二进制日志文件和这些文件的位置，从而大幅简化了复制任务。

MySQL 复制格式有两种核心类型：基于语句的复制（Statement-Based Replication，SBR），它可以复制整个 SQL 语句；基于行的复制（Row-Based Replication，RBR），它仅复制更改的行。还可以使用第三种类型——混合复制（Mixed-Based Replication，MBR）。

MySQL 复制可以解决以下常见问题。

（1）服务的高可用性。从库可以提升为主库，减少宕机时间，双主时承担高可用角色。

（2）服务的高性能。从库可以用于查询、统计分析，分担主库负载，承担负载均衡角色。

（3）数据安全性。使用延迟从库作为数据备份以应对误删除带来的数据不可恢复性。

（4）分析。实时数据可以在主库上创建，而信息分析可以在从库上进行，从而不影响主库的性能。

（5）远程数据分发。可以使用复制来创建数据的本地副本以供远程站点使用，而无须永久访问主库。

7.3.2　MySQL 复制过程

一、传统复制

基于二进制日志文件的传统复制过程分为以下 3 步。

（1）主库将数据改变记录到二进制日志中（这些记录叫作二进制日志事件（Binary Log Events））；

（2）从库将主库的二进制日志事件复制到它的中继日志（Relay Log）中；

（3）从库重做中继日志中的事件（即数据重演），将改变反映到从库中。

传统复制过程如图 7-1 所示，详细步骤如下。

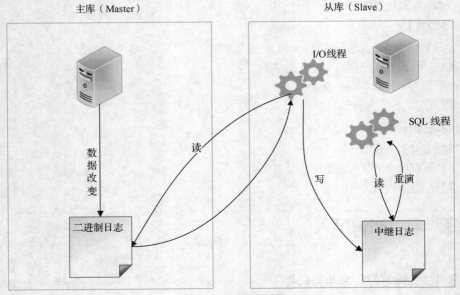

图 7-1　传统复制过程

（1）主库记录二进制日志。在每个事务更新数据完成之前，主库在二进制日志里记录这些改变，MySQL 将事件串行写入二进制日志（即使事务中的语句都是交叉执行的）。在事件写入二进制日志后，主库通知存储引擎提交事务。

（2）从库将主库的二进制日志复制到中继日志。首先，从库开始一个工作线程——I/O 线程。I/O 线程在主库上打开一个普通的连接，然后开始 Binlog Dump 进程。Binlog Dump 进程将从主库的二进制日志中读取事件，如果已经同步主库，它会睡眠并等待主库产生新的事件。I/O 线程将这些事件写入中继日志。

（3）SQL 线程从中继日志中读取事件，更新从库的数据，使其与主库中的数据保持一致。

二、GTID 复制

1. GTID 概述

GTID 是 MySQL 5.6 版本开始在主从复制方面推出的重要特性。GTID 是一个已提交事务的编号，并且是全局唯一编号，不仅是在主库上，在给定的复制设置中的所有数据库上它都是唯一的。

GTID 格式：GTID=server_uuid:transaction_id。

GTID 由 server_uuid 和 transaction_id 组成，其中 server_uuid 在数据库启动时自动生成，存放在数据库目录下的 auto.cnf 文件中；transaction_id 即事务 id，是事务提交时由系统按顺序分配的序列号。

在数据库事务提交时，二进制日志中会产生一个对应的 GTID。主从复制时，从库会通过 GTID 来确定同步的位置，不用再去找二进制日志文件的复制位置，即不再使用 master_log_file 和 master_log_pos 开启复制，而使用 master_auto_postion=1 的方式自动匹配 GTID 断点进行复制。

2. GTID 相关参数

GTID 相关参数可以通过 show variables like '%gtid%'命令查看，命令及结果如下所示。

```
mysql> show variables like '%gtid%';
+-----------------------------------+-----------------------------------------
-+
| Variable_name                     | Value                                   |
+-----------------------------------+-----------------------------------------
-+
| binlog_gtid_simple_recovery       | ON                                      |
| enforce_gtid_consistency          | ON                                      |
| gtid_executed                     | 874bfe44-551f-11ec-8f56-000c29c9ee3e:1-96 |
| gtid_executed_compression_period  | 0                                       |
| gtid_mode                         | ON                                      |
| gtid_next                         | AUTOMATIC                               |
| gtid_owned                        |                                         |
| gtid_purged                       | 874bfe44-551f-11ec-8f56-000c29c9ee3e:1-13 |
| session_track_gtids               | OFF                                     |
+-----------------------------------+-----------------------------------------
-+
9 rows in set (0.01 sec)
```

上述结果中的参数说明如下。

- binlog_gtid_simple_recovery：设置 MySQL 服务启动时是否自动寻找 GTID 集合值。

- enforce_gtid_consistency：强制要求只复制事务安全的事务。

- gtid_executed：表示在当前实例上执行过的 GTID 集合；实际上包含了所有记录到二进制日志中的事务。执行 RESET MASTER 命令可以将该变量置空。

- gtid_executed_compression_period：启用 GTID 时，服务器会定期在 mysql.gtid_executed 表上执行压缩。此参数可以控制压缩表之前允许的事务数，从而控制压缩率。设置为 0 时，则不进行压缩。
- gtid_mode：是否开启 GTID 模式。
- gtid_next：会话级参数，指示如何产生下一个 GTID。该参数可能的取值如下。

（1）AUTOMATIC：自动生成下一个 GTID。

（2）ANONYMOUS：执行事务不会产生 GTID。

（3）显式指定 GTID：可以指定任意形式合法的 GTID 值，但不能是当前 gtid_executed 中已经包含的 GTID，否则，下次执行事务时会报错。

- gtid_owned：表示正在执行的事务 GTID 及对应的线程 ID。
- gtid_purged：由于二进制日志需要定期进行清理，gtid_purged 用于记录已经被清除的二进制日志事务的 GTID 集合，清除的 GTID 集合会包括在 gtid_executed 中。执行 RESET MASTER 命令时会把 gtid_purged 置空，即始终保持 gtid_purged 是 gtid_executed 的子集。
- session_track_gtids：是否开启跟踪查询所有 MySQL 客户端的 GTID 执行情况。

3. GTID 复制的工作过程

这里简单地介绍一下 GTID 复制的工作过程。

（1）主库更新数据时，会在事务提交前产生 GTID，GTID 会被记录到二进制日志中。

（2）从库的 I/O 线程将变更的二进制日志写入本地的中继日志中。

（3）SQL 线程从中继日志中获取 GTID，然后查询从库的二进制日志中是否有相应记录。

（4）如果有记录，则说明该 GTID 的事务已经执行，从库会忽略。

（5）如果没有记录，从库就会从中继日志中执行该 GTID 的事务，并将其记录到二进制日志中。

（6）从库在复制主库的二进制日志时，会校验主库的 GTID 的事务是否已经执行过（一个 GTID 的事务只能执行一次）。

（7）为了保证主、从库中数据的一致性，多线程只能同时执行一个 GTID 的事务。

7.3.3 复制的表现形式

MySQL 复制常见的表现形式有以下 3 种。

（1）同步复制（Synchronous Replication）：事务必须在主库和从库同时提交成功。

（2）异步复制（Asynchronous Replication）：MySQL 默认采用异步复制，主库提交的事务不需要等从库接收到或者提交成功。

（3）半同步复制（Semisynchronous Replication）：主库在执行完客户端提交的事务后不是立刻返回给客户端，而是等待至少一个从库接收到并写到其中继日志中后才返回给客户端。相对于异步复制，半同步复制提高了数据的安全性，同时它也造成了一定程度的延迟，这个延迟最少是一个 TCP/IP 往返的时间。所以，半同步复制最好在低延迟的网络中使用。

同步复制、异步复制、半同步复制这 3 种复制的形式有如下特点。

- 同步复制：主库执行完一个事务并且所有的从库都要执行完该事务才返回给客户端。因为需要等待所有从库执行完该事务才能返回，所以同步复制的性能必然会受到严重的影响。
- 异步复制：主库在执行完客户端提交的事务后会立即将结果返回给客户端，并不关心从库是否已经接收并处理。这样就会有一个问题，如果主库崩溃，主库上已经提交的事务可能并没有传到从库上，此时强行将从库提升为主库，可能导致新主库上的数据不完整。

- 半同步复制：介于全同步复制与全异步复制之间的一种复制方式，主库只需要等至少一个从库接收到事务并写到其中继日志中即可，主库不需要等待所有从库给主库反馈。同时，这里只是一个收到的反馈，而不是已经完全完成并且提交的反馈，所以节省了很多时间。

从 MySQL 5.5 开始，MySQL 以插件的形式支持半同步复制。这说明半同步复制是更好的方式，兼顾了同步和性能。

7.3.4 复制的常用拓扑结构

MySQL 复制的拓扑结构一般要遵循以下一些基本原则：

（1）每个从库只能有一个主库；

（2）每个从库只能有唯一的服务器 ID；

（3）每个主库可以有很多从库；

（4）如果设置 log_slave_updates，则从库可以是其他从库的主库，从而扩散主库的更新。

MySQL 不支持多主服务器复制（Multimaster Replication），即一个从库有多个主库。但是，通过一些简单组合，可以建立灵活且强大的 MySQL 复制的拓扑结构。

下面介绍复制中常见的几种拓扑结构。

1. 单一主库和多从库

较简单的一种拓扑结构由一个主库和多个从库组成。从库之间并不相互通信，从库只能与主库进行通信，如图 7-2 所示。

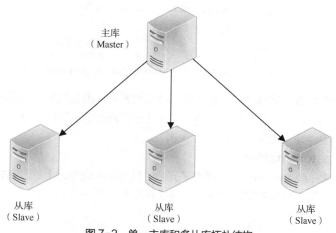

图 7-2　单一主库和多从库拓扑结构

如果写操作较少，而读操作很多，可以采取这种结构。可以将读操作分布到从库上，从而减小主库的压力。但是，当从库增加到一定数量时，从库对主库的负载和网络带宽都会产生很大影响。

这种结构虽然简单，但是它非常灵活，足够满足大多数应用需求。在实际应用中，有以下几点建议：

（1）不同的从库有不同的作用（如使用不同的索引或者不同的存储引擎）；

（2）用一个从库作为备用主库，只进行复制；

（3）将一个远程的从库用于灾难恢复。

2. 主动-主动模式的 Master-Master

主动-主动模式的 Master-Master 包含两台 MySQL 服务器，两台服务器上的数据库互为对方的主库和从库，如图 7-3 所示。

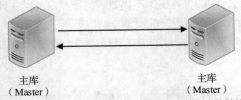

图 7-3　主动-主动模式的 Master-Master 拓扑结构

主动-主动模式是指两台服务器对于应用均可读写，通常用于实现特殊目的。例如一个可能的应用场景是两个处于不同地理位置的办公室都需要一份可写的数据副本。这种拓扑结构最大的问题是如何解决冲突。两个可写的互主服务器导致的问题非常多，这些问题通常发生在两台服务器同时修改一行记录，或同时在两台服务器上向一个包含 auto_increment 列的表中插入数据时。这些问题会经常发生，而且不易解决，因此并不推荐这种模式。

3. 主动-被动模式的 Master-Master

主动-被动模式的 Master-Master 由主动-主动模式的 Master-Master 变化而来，二者的主要区别在于主动-被动模式的 Master-Master 中的一台服务器是只读的被动服务器，它避免了主动-主动模式的 Master-Master 的缺点。实际上，这是一种具有容错性和高可用性的拓扑结构，如图 7-4 所示。

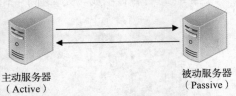

图 7-4　主动-被动模式的 Master-Master 拓扑结构

这种方式使得反复切换主动服务器和被动服务器非常方便，因为服务器的配置是对称的。这使得故障转移和故障恢复相对容易。它也允许用户在不关闭服务器的情况下执行维护、优化、升级操作系统（或者应用程序、硬件等）或其他任务。

4. 带从库的 Master-Master

带从库的 Master-Master 的优点是提供了冗余。其可以实现地理上的分布式部署，且不存在单一节点故障问题，而且可以将读密集型的请求放到从库上，如图 7-5 所示。

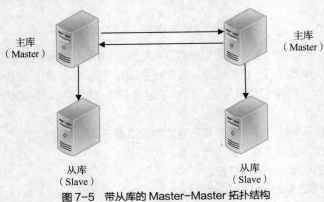

图 7-5　带从库的 Master-Master 拓扑结构

7.4 项目任务分解

为了解决项目场景中提到的单点故障问题，需要建立主从复制机制。本项目任务要求在不同平台下建立 MySQL 主从复制，并实现半同步复制、并行复制的配置。具体任务分解如下。

任务 7-1 在 Windows 系统下建立 MySQL 主从复制

微课视频

一、任务说明

任务开始前，需要准备好两个基于 Windows 系统的 MySQL 实例。由于 MySQL 主从复制基于二进制日志进行，所以这两个 MySQL 实例需要开启二进制日志。本任务要求在 Windows 系统下建立 MySQL 主从复制并进行数据同步测试。

二、任务实施过程

步骤 1：检查是否开启二进制日志

使用 show 命令检查二进制日志是否开启，如图 7-6 所示。

```
mysql> show global variables like 'log_bin%';
```

```
mysql> show global variables like 'log_bin%';
+----------------------------------+----------------------------------+
| Variable_name                    | Value                            |
+----------------------------------+----------------------------------+
| log_bin                          | ON                               |
| log_bin_basename                 | C:\mysql\mysql801\log\binlog     |
| log_bin_index                    | C:\mysql\mysql801\log\binlog.index|
| log_bin_trust_function_creators  | OFF                              |
| log_bin_use_v1_row_events        | OFF                              |
+----------------------------------+----------------------------------+
5 rows in set, 1 warning (0.16 sec)
```

图 7-6 检查二进制日志是否开启

log_bin 的值为 ON 表示二进制日志开启，log_bin_basename 的值表示二进制日志的保存路径和文件名。

步骤 2：关闭服务

按 "Windows+R" 组合键，输入 "services.msc" 并按 "Enter" 键打开服务管理界面，如图 7-7 所示。

	Internet Connect...	为家...	禁用	本地系统
	IP Helper	使用 ...	已启动 自动	本地系统
停止此服务	IPsec Policy Agent	Inter...	手动	网络服务
暂停此服务	ISCAgent	Inter...	手动	本地系统
重启动此服务	KtmRm for Distri...	协调...	手动	网络服务
	Link-Layer Topol...	创建...	手动	本地系统
	Media Center Ex...	允许 ...	禁用	本地服务
	Microsoft .NET F...	Micr...	手动	本地系统
	Microsoft .NET F...	Micr...	手动	本地系统
	Microsoft iSCSI I...	管理...	手动	本地系统
	Microsoft Softw...	管理...	手动	本地系统
	Multimedia Clas...	基于...	已启动 自动	本地系统
	mysql		已启动 自动	本地系统
	mysql801		已启动 自动	本地系统
	mysql802		已启动 自动	本地系统
	Net.Tcp Port Sh...	提供...	禁用	本地服务
	Netlogon	为用...	手动	本地系统

图 7-7 服务管理界面

151

为方便后续建立主从复制，简化操作步骤，首先关闭 MySQL 服务，或执行 net stop 服务名命令关闭服务，执行 net start 服务名命令启动服务。

步骤 3：复制数据文件

从库端相当于主库端的一个镜像，因此最简单的创建从库节点的方式之一，就是将与主库端相关的数据文件复制到从库端的 data 目录下。

步骤 4：启动服务

按照步骤 2 中的操作，通过服务管理界面启动 MySQL 服务或执行 net start 服务名命令启动服务。

步骤 5：创建复制专用账户

要想获得主库端生成的二进制日志，从库节点必须能够连接主库端。通常，建议创建一个账户专门用于复制数据，默认情况下，该账户需要拥有 replication slave 权限以执行必要的复制操作，命令如下，运行结果如图 7-8 所示。

```
mysql> create user repl@'192.168.131.128' identified by 'repl';
mysql> grant replication slave on *.* to 'repl'@'192.168.131.128';
```

```
mysql> create user repl@'192.168.131.128' identified by 'repl';
Query OK, 0 rows affected (0.01 sec)

mysql>
mysql>
mysql> grant replication slave on *.* to 'repl'@'192.168.131.128';
Query OK, 0 rows affected (0.01 sec)

mysql> show grants for repl@'192.168.131.128';
+--------------------------------------------------------------------+
| Grants for repl@192.168.131.128                                    |
+--------------------------------------------------------------------+
| GRANT REPLICATION SLAVE ON *.* TO `repl`@`192.168.131.128`         |
+--------------------------------------------------------------------+
1 row in set (0.00 sec)

mysql>
```

图 7-8　创建复制专用账户

执行命令后会创建一个名为 repl 的账户，允许该账户使用 IP 地址为 192.168.131.128 的主机连接服务器，该账户仅拥有读取二进制日志的权限。

步骤 6：配置从库端选项文件

在同一复制环境中，每个成员必须拥有独立的 server_id，所以两个实例需要配置不同的 server_id，如图 7-9 所示。

```
[mysqld]
server_id=2
log_bin=C:/mysql/mysql802/log/binlog
binlog_format=ROW
relay_log=C:/mysql/mysql802/log/relaylog
datadir = C:/mysql/mysql802/data
port = 33082
```

图 7-9　配置选项文件

步骤 7：获取主库端信息

使用 show master status 命令获取主库端信息，命令如下，运行结果如图 7-10 所示。

```
mysql> show master status;
```

```
mysql>
mysql> show master status;
+---------------+----------+--------------+------------------+-------------------+
| File          | Position | Binlog_Do_DB | Binlog_Ignore_DB | Executed_Gtid_Set |
+---------------+----------+--------------+------------------+-------------------+
| binlog.000008 |     1210 |              |                  |                   |
+---------------+----------+--------------+------------------+-------------------+
1 row in set (0.00 sec)

mysql>
```

图 7-10　获取主库端信息

查看主库端正在使用的二进制日志文件以及写入的位置，其中 File 和 Position 两个字段的值非常重要，将其记录下来，后面在配置从库节点时要用到。

步骤 8：启动从库端服务

按照步骤 2 中的操作，通过服务管理界面启动 MySQL 服务或执行 net start 服务名命令启动服务。

步骤 9：配置从库端到主库端的连接

命令及执行结果如图 7-11 所示。

```
mysql>
mysql> change master to
    -> master_host='192.168.131.128',
    -> master_user='repl',
    -> master_port=33081,
    -> master_password='repl',
    -> master_log_file='binlog.000008',
    -> master_log_pos=1210;
Query OK, 0 rows affected, 1 warning (0.13 sec)
```

图 7-11　配置从库端到主库端的连接

上述命令中的参数说明如下。

- master_host：指定要连接的主库主机地址。
- master_user：指定连接所使用的账户。
- master_port：指定要连接的主库主机端口。
- master_password：指定连接所使用的账户的密码。
- master_log_file：指定从主库端读取的二进制日志文件。
- master_log_pos：指定从主库端二进制日志文件开始读取的位置。

步骤 10：启动从库端的从库服务

如果前面的配置没问题，就可以使用 start slave 命令启动从库端的从库服务，命令如下。

```
mysql> start slave;
```

使用 show slave status\G 命令，可以查看从库端的数据接收和应用状态，如图 7-12 所示。

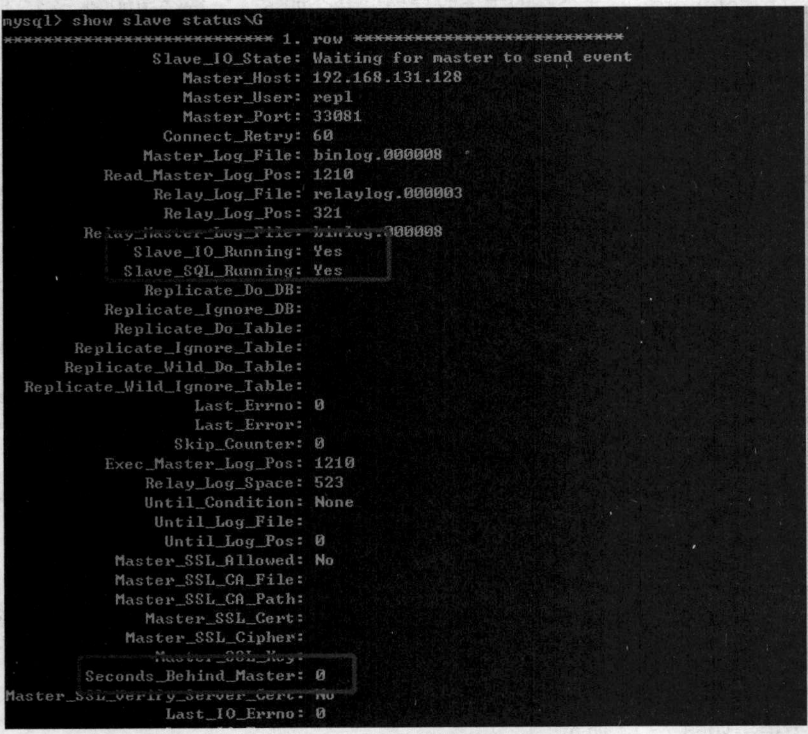

图 7-12　从库端状态

在图 7-12 中，Slave_IO_Running 和 Slave_SQL_Running 字段的值都是 Yes，表示主从复制正常运行；Seconds_Behind_Master 字段记录了从库端和主库端的延迟时间，其值越小越好。

步骤 11：数据同步测试

接下来测试一下数据是否能够同步。在主库端创建一个名为 mc 的数据库，命令如下。

```
mysql> create database mc;
```

然后在从库端查看数据是否同步，如图 7-13 所示。

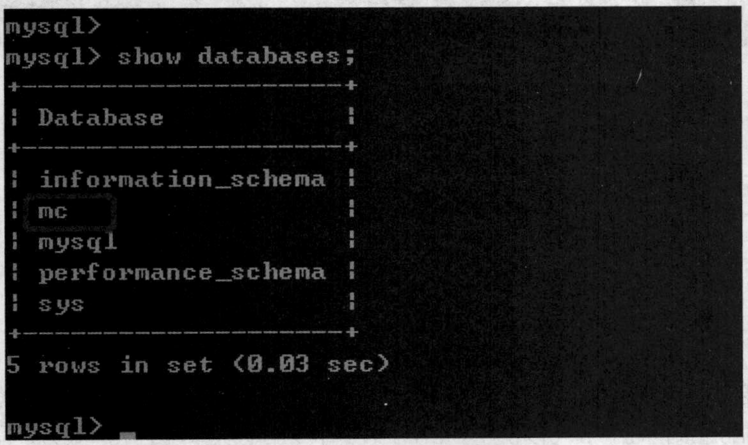

图 7-13　在从库端查看数据是否同步

如图 7-13 所示，从库端也有了一个名为 mc 的数据库，这表示数据同步成功。

任务 7-2　在 Linux 系统下建立 MySQL 主从复制

微课视频

一、任务说明

企业搭建具有高可用性的数据库系统时，复制是一种常用的技术方法。本任务要求在 Linux 系统下，基于二进制日志事件，建立 MySQL 主从复制并测试其同步情况。

二、任务实施过程

步骤 1：准备两个 MySQL 实例

任务开始前，需要准备两个 Linux 系统下的 MySQL 8.0 实例。本任务中两个 MySQL 实例分别为主库（192.168.80.8）和从库（192.168.80.9）。这两个实例版本一致。同时开启这两个实例的二进制日志。检查二进制日志是否开启的命令及执行结果如下。

```
mysql> show global variables like 'log_bin%';
+---------------------------------+------------------------------+
| Variable_name                   | Value                        |
+---------------------------------+------------------------------+
| log_bin                         | ON                           |
| log_bin_basename                | /var/lib/mysql/binlog        |
| log_bin_index                   | /var/lib/mysql/binlog.index  |
| log_bin_trust_function_creators | OFF                          |
| log_bin_use_v1_row_events       | OFF                          |
+---------------------------------+------------------------------+
5 rows in set (0.01 sec)
```

从上述结果可以看到，MySQL 的二进制日志处于开启状态。

步骤 2：关闭服务

使用 mysqladmin 命令或 systemctl 命令关闭两个 MySQL 实例的 MySQL 服务，命令如下。

```
master_shell> mysqladmin -u root -p shutdown
master_shell> mysqladmin -u root -p -h192.168.80.9 shutdown
```

步骤 3：复制数据文件

将主库端相关的 MySQL 数据文件打包，使用 scp 命令将其复制到从库端，然后将其解压到对应的从库端的 data 目录下，命令如下。

```
master_shell> cd /var/lib
master_shell> tar -zcvf /opt/data.tar.gz mysql/              #打包
master_shell> scp /opt/data.tar.gz  root@192.168.80.9:/opt/
slave_shell> tar -xzpvf /opt/data.tar.gz /var/lib/mysql/     #解压
slave_shell> chown -R mysql:mysql / var/lib/mysql/
```

tar 命令用于打包并压缩数据文件；scp 命令的作用是将数据传到从库端，方便后续建立主从复制；chown 命令用于修改账户和组。

步骤 4：配置 server_id

在同一复制环境中，每个成员必须拥有独立的 server_id，所以需要为两个实例配置不同的 server_id。使用 vi 命令编辑配置文件，修改 server_id。本任务中将主库端的 server_id 设置为 1，从库端的 server_id 设置为 2，命令及配置参数如下。

```
master_shell> vi /etc/my.cnf
[mysqld]
server_id=1

slave_shell> vi /etc/my.cnf
[mysqld]
server_id=2
```

步骤5：启动服务

使用 mysqld_safe 工具或 systemctl 命令分别启动两个实例的 MySQL 服务，具体命令如下。

```
master_shell> systemctl start mysqld
slave_shell> systemctl start mysqld
```

mysqld_safe 工具在 MySQL 安装目录的 bin 目录下。

步骤6：创建复制专用账户

要想获得主库端生成的二进制日志，从库节点必须能够连接主库端。通常，建议创建一个账户专门用于复制数据，默认情况下，该账户需要拥有 replication slave 权限以执行必要的复制操作，命令如下。

```
master_mysql> create user repl@ '192.168.80.9 ' identified by 'Repl123. ';
master_mysql> grant replication slave on *.* to 'repl'@'192.168.80.9';
master_mysql> flush privileges;
```

执行上述命令后会创建一个名为 repl 的账户，允许该账户使用 IP 地址为 192.168.80.9 的主机连接服务器，该账户仅拥有读取二进制日志的权限。

步骤7：获取主库端信息

使用 show master status 命令获取主库端信息，命令及执行结果如下。

```
master_mysql> show master status;
+---------------+----------+--------------+------------------+------------------
---+
| File          | Position | Binlog_Do_DB | Binlog_Ignore_DB | Executed_Gtid_Set
|
+---------------+----------+--------------+------------------+------------------
---+
| binlog.000036 |      957 |              |                  |
|
+---------------+----------+--------------+------------------+------------------
---+
1 row in set (0.00 sec)
```

上述结果是主库端正在使用的二进制日志文件和写入的位置，其中 File 和 Position 两个字段的值非常重要，将其记录下来，后面配置从库节点时要用到。

步骤8：配置从库端到主库端的连接

使用 change master to 命令配置从库端到主库端的连接。master_host 为主库端的 IP 地址，master_user 和 master_password 是之前创建的复制用的账户名和密码，master_log_file 和 master_log_pos 是之前记录的主库端信息。命令及执行结果如下。

```
slave_mysql> change master to
    -> master_host='192.168.80.8',
    -> master_user='repl',
```

```
    -> master_password='Repl123.',
    -> master_port=3306,
    -> master_log_file='binlog.000036',
    -> master_log_pos=957;
Query OK, 0 rows affected, 10 warnings (0.01 sec)
```

步骤 9：启动从库端的从库服务

如果前一步骤的配置没问题（有问题可参考本项目的"常见问题解决"），就可以使用 start slave 命令启动从库端的从库服务，命令如下。

```
slave_mysql> start slave;
```

步骤 10：查看从库服务状态

在从库端使用 show slave status\G 命令，可以查看从库端的数据接收和应用状态，命令及执行结果如下。

```
slave_mysql> show slave status \G;
*************************** 1. row ***************************
               Slave_IO_State: Waiting for source to send event
                  Master_Host: 192.168.80.8
                  Master_User: repl
                  Master_Port: 3306
                Connect_Retry: 60
              Master_Log_File: binlog.000036
          Read_Master_Log_Pos: 1914
               Relay_Log_File: 192-relay-bin.000003
                Relay_Log_Pos: 1278
        Relay_Master_Log_File: binlog.000036
             Slave_IO_Running: Yes
            Slave_SQL_Running: Yes
              Replicate_Do_DB:
          Replicate_Ignore_DB:
           Replicate_Do_Table:
       Replicate_Ignore_Table:
      Replicate_Wild_Do_Table:
  Replicate_Wild_Ignore_Table:
                   Last_Errno: 0
                   Last_Error:
                 Skip_Counter: 0
          Exec_Master_Log_Pos: 1914
              Relay_Log_Space: 1664
              Until_Condition: None
               Until_Log_File:
                Until_Log_Pos: 0
           Master_SSL_Allowed: No
           Master_SSL_CA_File:
           Master_SSL_CA_Path:
              Master_SSL_Cert:
            Master_SSL_Cipher:
               Master_SSL_Key:
        Seconds_Behind_Master: 0
```

```
        Master_SSL_Verify_Server_Cert: No
                       Last_IO_Errno: 0
                       Last_IO_Error:
                      Last_SQL_Errno: 0
                      Last_SQL_Error:
         Replicate_Ignore_Server_Ids:
                    Master_Server_Id: 1
                         Master_UUID: 874bfe44-551f-11ec-8f56-000c29c9ee3e
                    Master_Info_File: mysql.slave_master_info
                           SQL_Delay: 0
                 SQL_Remaining_Delay: NULL
             Slave_SQL_Running_State: Replica has read all relay log; waiting for more
updates
                   Master_Retry_Count: 86400
                         Master_Bind:
             Last_IO_Error_Timestamp:
            Last_SQL_Error_Timestamp:
                       Master_SSL_Crl:
                  Master_SSL_Crlpath:
                  Retrieved_Gtid_Set:
                   Executed_Gtid_Set:
                       Auto_Position: 0
                 Replicate_Rewrite_DB:
                         Channel_Name:
                  Master_TLS_Version:
               Master_public_key_path:
               Get_master_public_key: 1
                   Network_Namespace:
1 row in set, 1 warning (0.00 sec)
```

在上述结果中，Slave_IO_Running 和 Slave_SQL_Running 字段的值都是 Yes，表示主从复制正常运行；Seconds_Behind_Master 字段记录了从库端和主库端的延迟时间，其值越小越好。如果主从复制没有正常运行，请注意查看 Last_IO_Error 字段，此字段记录了连接出错的原因。

步骤 11：数据同步测试

接下来测试一下数据是否能够同步。在主库端创建一个名为 mc 的数据库，命令如下。

```
master_mysql> create database mc;
```

然后在从库端查看数据是否同步，命令及执行结果如下。

```
slave_mysql> show databases;
+--------------------+
| Database           |
+--------------------+
| information_schema |
| mc                 |
| mysql              |
| performance_schema |
| sys                |
+--------------------+
5 rows in set (0.01 sec)
```

在上述结果中，从库端也有了一个名为 mc 的数据库，这表示数据同步成功。

任务 7-3　配置 MySQL 半同步复制

微课视频

一、任务说明

MySQL 复制的表现形式默认为异步复制，这种方式对数据完整性的保护有限。MySQL 复制的半同步机制是指主库节点只要确认有至少一个从库节点接收到事务，即可向发起请求的客户端返回操作成功的消息。本任务要求配置 MySQL 半同步复制。

二、任务实施过程

步骤 1：查看当前安装的插件

可以通过 show plugins 命令查看当前系统中安装的所有插件，命令如下，运行结果如图 7-14 所示。

```
mysql> show plugins;
```

```
mysql> show plugins;
+----------------------------+----------+--------------------+---------+---------+
| Name                       | Status   | Type               | Library | License |
+----------------------------+----------+--------------------+---------+---------+
| binlog                     | ACTIVE   | STORAGE ENGINE     | NULL    | GPL     |
| mysql_native_password      | ACTIVE   | AUTHENTICATION     | NULL    | GPL     |
| sha256_password            | ACTIVE   | AUTHENTICATION     | NULL    | GPL     |
| caching_sha2_password      | ACTIVE   | AUTHENTICATION     | NULL    | GPL     |
| sha2_cache_cleaner         | ACTIVE   | AUDIT              | NULL    | GPL     |
| CSV                        | ACTIVE   | STORAGE ENGINE     | NULL    | GPL     |
| MEMORY                     | ACTIVE   | STORAGE ENGINE     | NULL    | GPL     |
| InnoDB                     | ACTIVE   | STORAGE ENGINE     | NULL    | GPL     |
| INNODB_TRX                 | ACTIVE   | INFORMATION SCHEMA | NULL    | GPL     |
| INNODB_CMP                 | ACTIVE   | INFORMATION SCHEMA | NULL    | GPL     |
| INNODB_CMP_RESET           | ACTIVE   | INFORMATION SCHEMA | NULL    | GPL     |
| INNODB_CMPMEM              | ACTIVE   | INFORMATION SCHEMA | NULL    | GPL     |
| INNODB_CMPMEM_RESET        | ACTIVE   | INFORMATION SCHEMA | NULL    | GPL     |
| INNODB_CMP_PER_INDEX       | ACTIVE   | INFORMATION SCHEMA | NULL    | GPL     |
| INNODB_CMP_PER_INDEX_RESET | ACTIVE   | INFORMATION SCHEMA | NULL    | GPL     |
| INNODB_BUFFER_PAGE         | ACTIVE   | INFORMATION SCHEMA | NULL    | GPL     |
| INNODB_BUFFER_PAGE_LRU     | ACTIVE   | INFORMATION SCHEMA | NULL    | GPL     |
| INNODB_BUFFER_POOL_STATS   | ACTIVE   | INFORMATION SCHEMA | NULL    | GPL     |
| INNODB_TEMP_TABLE_INFO     | ACTIVE   | INFORMATION SCHEMA | NULL    | GPL     |
```

图 7-14　查看安装的插件

要使用半同步复制，需要安装半同步复制功能插件。

步骤 2：找到插件

用 show variables 命令查看插件所在的目录，命令及执行结果如下。

```
mysql> show variables like 'plugin_dir';
+---------------+---------------------------+
| Variable_name | Value                     |
+---------------+---------------------------+
| plugin_dir    | /usr/lib64/mysql/plugin/  |
+---------------+---------------------------+
1 row in set (0.00 sec)
```

如上述结果所示，插件所在的目录为/usr/lib64/mysql/plugin/。找到目录后，在操作系统中查找半同步复制功能插件，该插件扩展名为.so，关键字为 semisync。查找命令及执行结果如下。

```
shell> ll /usr/lib64/mysql/plugin/semisync_*
-rwxr-xr-x. 1 root root 809120 Sep 28 10:10 /usr/lib64/mysql/plugin/semisync_master.so
-rwxr-xr-x. 1 root root 299272 Sep 28 10:09 /usr/lib64/mysql/plugin/semisync_
```

```
replica.so
  -rwxr-xr-x. 1 root root 311000 Sep 28 10:09 /usr/lib64/mysql/plugin/semisync_
slave.so
  -rwxr-xr-x. 1 root root 806368 Sep 28 10:09 /usr/lib64/mysql/plugin/semisync_
source.so
```

在上述结果中，分别找到了对应主库节点的 semisync_master.so 插件和对应从库节点的 semisync_slave.so 插件。

步骤 3：加载插件

找到插件后，需要将其加载到任务 7-2 部署的复制环境中。使用 install plugin 命令加载插件。在主库节点加载插件 semisync_master.so，命令及执行结果如下。

```
mysql> install plugin rpl_semi_sync_master soname 'semisync_master.so';
Query OK, 0 rows affected (0.53 sec)
```

在从库节点加载插件 semisync_slave.so，命令及执行结果如下。

```
mysql> install plugin rpl_semi_sync_slave soname 'semisync_slave.so';
Query OK, 0 rows affected (0.00 sec)
```

步骤 4：配置参数

首先在主库节点配置 global rpl_semi_sync_master_enabled 和 global rpl_semi_sync_master_timeout 参数，命令如下。

```
mysql> set global rpl_semi_sync_master_enabled=1;
mysql> set global rpl_semi_sync_master_timeout=3000;
```

接着在从库节点配置 global rpl_semi_sync_slave_enabled 参数，命令如下。

```
mysql> set global rpl_semi_sync_slave_enabled=1;
```

参数说明如下。

• global rpl_semi_sync_master_enabled：用于控制是否在主库节点启用半同步复制，默认值为 1，即启用状态。

• global rpl_semi_sync_master_timeout：用于指定主库节点等待从库节点响应的时间，单位是毫秒，默认值是 10000，即 10 秒。若超出指定时间从库节点仍无响应，则当前复制环境临时转换为异步复制。

• global rpl_semi_sync_slave_enabled：用于控制是否在从库节点启用半同步复制。

步骤 5：重启从库节点的 IO_THREAD

在从库节点重启 IO_THREAD，命令及执行结果如下。

```
mysql> stop slave IO_THREAD;
Query OK, 0 rows affected (0.00 sec)
mysql> start slave IO_THREAD;
Query OK, 0 rows affected (0.00 sec)
```

这一步是为了让从库节点重新连接主库节点，复制模式重新变为半同步复制。如果启动过程中没有报错，就说明半同步复制配置成功。这个配置在 MySQL 服务重启后会失效，想要保存该配置，需要将其保存在初始化参数文件中。

任务 7-4　配置 MySQL 并行复制

一、任务说明

MySQL 的复制是基于二进制日志的。MySQL 复制包括两个部分，即 I/O 线

微课视频

程和 SQL 线程。I/O 线程主要用于拉取、接收主库传递过来的二进制日志，并将其写入中继日志。SQL 线程主要负责解析中继日志，并将其应用到从库中。I/O 线程和 SQL 线程都是单线程的，但是 SQL 线程往往是复制的瓶颈，并行复制可以有效减少延迟。本任务要求配置 MySQL 并行复制。

二、任务实施过程

步骤 1：停止复制

动态配置 MySQL 并行复制需要先停止复制。在从库端使用 stop slave 命令停止复制，命令如下。

```
mysql> stop slave;
```

步骤 2：修改配置项

用 set global 命令动态修改配置项，命令及执行结果如下。

```
mysql> set global slave_parallel_type=LOGICAL_CLOCK;
Query OK, 0 rows affected (0.00 sec)

mysql> set global slave_parallel_workers=4;
Query OK, 0 rows affected (0.00 sec)
```

slave_parallel_type 配置项用于定义复制的类型，默认值为 DATABASE，即每个线程只能处理一个数据库，并行复制时需要把 slave_parallel_type 配置项配置成 LOGICAL_CLOCK，如上述命令所示。slave_parallel_workers 配置项用于定义复制的线程数。

步骤 3：开启复制

使用 start slave 命令开启复制，命令如下。

```
mysql> start slave;
```

步骤 4：查看状态

用 show slave status\G 命令查看从库端的数据接收和应用状态，命令如下。

```
mysql> show slave status\G
```

步骤 5：检查多线程复制状态

通过查看 performance_schema 系统数据库中的复制状态表查看复制状态，命令及执行结果如下。

```
mysql> use performance_schema;
mysql> show tables like '%replica%';
+-------------------------------------------------------+
| Tables_in_performance_schema (%replica%)              |
+-------------------------------------------------------+
| replication_applier_configuration                     |
| replication_applier_filters                           |
| replication_applier_global_filters                    |
| replication_applier_status                            |
| replication_applier_status_by_coordinator             |
| replication_applier_status_by_worker                  |
| replication_asynchronous_connection_failover          |
| replication_asynchronous_connection_failover_managed  |
| replication_connection_configuration                  |
| replication_connection_status                         |
| replication_group_member_stats                        |
```

```
| replication_group_members                                 |
+-----------------------------------------------------------+
12 rows in set (0.00 sec)

mysql> select * from replication_applier_status_by_coordinator\G
*************************** 1. row ***************************
                                            CHANNEL_NAME:
                                               THREAD_ID: 39
                                           SERVICE_STATE: ON
                                       LAST_ERROR_NUMBER: 0
                                      LAST_ERROR_MESSAGE:
                                    LAST_ERROR_TIMESTAMP: 0000-00-00 00:00:00.000000
                              LAST_PROCESSED_TRANSACTION: ANONYMOUS
       LAST_PROCESSED_TRANSACTION_ORIGINAL_COMMIT_TIMESTAMP: 2022-03-26 10:31:51.734282
      LAST_PROCESSED_TRANSACTION_IMMEDIATE_COMMIT_TIMESTAMP: 2022-03-26 10:31:51.734282
          LAST_PROCESSED_TRANSACTION_START_BUFFER_TIMESTAMP: 2022-03-26 10:31:51.856059
            LAST_PROCESSED_TRANSACTION_END_BUFFER_TIMESTAMP: 2022-03-26 10:31:51.856070
                                  PROCESSING_TRANSACTION:
           PROCESSING_TRANSACTION_ORIGINAL_COMMIT_TIMESTAMP: 0000-00-00 00:00:00.000000
          PROCESSING_TRANSACTION_IMMEDIATE_COMMIT_TIMESTAMP: 0000-00-00 00:00:00.000000
              PROCESSING_TRANSACTION_START_BUFFER_TIMESTAMP: 0000-00-00 00:00:00.000000
1 row in set (0.04 sec)

mysql> select * from replication_applier_status_by_worker\G
*************************** 1. row ***************************
                                            CHANNEL_NAME:
                                               WORKER_ID: 1
                                               THREAD_ID: 43
                                           SERVICE_STATE: ON
                                       LAST_ERROR_NUMBER: 0
                                      LAST_ERROR_MESSAGE:
                                    LAST_ERROR_TIMESTAMP: 0000-00-00 00:00:00.000000
                                 LAST_APPLIED_TRANSACTION: ANONYMOUS
        LAST_APPLIED_TRANSACTION_ORIGINAL_COMMIT_TIMESTAMP: 2022-03-26 10:31:51.734282
       LAST_APPLIED_TRANSACTION_IMMEDIATE_COMMIT_TIMESTAMP: 2022-03-26 10:31:51.734282
            LAST_APPLIED_TRANSACTION_START_APPLY_TIMESTAMP: 2022-03-26 10:31:51.856085
              LAST_APPLIED_TRANSACTION_END_APPLY_TIMESTAMP: 2022-03-26 10:31:51.876226
                                    APPLYING_TRANSACTION:
            APPLYING_TRANSACTION_ORIGINAL_COMMIT_TIMESTAMP: 0000-00-00 00:00:00.000000
           APPLYING_TRANSACTION_IMMEDIATE_COMMIT_TIMESTAMP: 0000-00-00 00:00:00.000000
               APPLYING_TRANSACTION_START_APPLY_TIMESTAMP: 0000-00-00 00:00:00.000000
                   LAST_APPLIED_TRANSACTION_RETRIES_COUNT: 0
       LAST_APPLIED_TRANSACTION_LAST_TRANSIENT_ERROR_NUMBER: 0
      LAST_APPLIED_TRANSACTION_LAST_TRANSIENT_ERROR_MESSAGE:
    LAST_APPLIED_TRANSACTION_LAST_TRANSIENT_ERROR_TIMESTAMP: 0000-00-00 00:00:00.000000
                       APPLYING_TRANSACTION_RETRIES_COUNT: 0
           APPLYING_TRANSACTION_LAST_TRANSIENT_ERROR_NUMBER: 0
          APPLYING_TRANSACTION_LAST_TRANSIENT_ERROR_MESSAGE:
```

```
            APPLYING_TRANSACTION_LAST_TRANSIENT_ERROR_TIMESTAMP: 0000-00-00 00:00:00.000000
*************************** 2. row ***************************
                                              CHANNEL_NAME:
                                                 WORKER_ID: 2
                                                 THREAD_ID: 46
                                             SERVICE_STATE: ON
                                         LAST_ERROR_NUMBER: 0
                                        LAST_ERROR_MESSAGE:
                                       LAST_ERROR_TIMESTAMP: 0000-00-00 00:00:00.000000
                                   LAST_APPLIED_TRANSACTION:
       LAST_APPLIED_TRANSACTION_ORIGINAL_COMMIT_TIMESTAMP: 0000-00-00 00:00:00.000000
      LAST_APPLIED_TRANSACTION_IMMEDIATE_COMMIT_TIMESTAMP: 0000-00-00 00:00:00.000000
          LAST_APPLIED_TRANSACTION_START_APPLY_TIMESTAMP: 0000-00-00 00:00:00.000000
            LAST_APPLIED_TRANSACTION_END_APPLY_TIMESTAMP: 0000-00-00 00:00:00.000000
                                       APPLYING_TRANSACTION:
           APPLYING_TRANSACTION_ORIGINAL_COMMIT_TIMESTAMP: 0000-00-00 00:00:00.000000
          APPLYING_TRANSACTION_IMMEDIATE_COMMIT_TIMESTAMP: 0000-00-00 00:00:00.000000
              APPLYING_TRANSACTION_START_APPLY_TIMESTAMP: 0000-00-00 00:00:00.000000
              LAST_APPLIED_TRANSACTION_RETRIES_COUNT: 0
 LAST_APPLIED_TRANSACTION_LAST_TRANSIENT_ERROR_NUMBER: 0
LAST_APPLIED_TRANSACTION_LAST_TRANSIENT_ERROR_MESSAGE:
LAST_APPLIED_TRANSACTION_LAST_TRANSIENT_ERROR_TIMESTAMP: 0000-00-00 00:00:00.000000
                     APPLYING_TRANSACTION_RETRIES_COUNT: 0
     APPLYING_TRANSACTION_LAST_TRANSIENT_ERROR_NUMBER: 0
    APPLYING_TRANSACTION_LAST_TRANSIENT_ERROR_MESSAGE:
     APPLYING_TRANSACTION_LAST_TRANSIENT_ERROR_TIMESTAMP: 0000-00-00 00:00:00.000000
*************************** 3. row ***************************
                                              CHANNEL_NAME:
                                                 WORKER_ID: 3
                                                 THREAD_ID: 47
                                             SERVICE_STATE: ON
                                         LAST_ERROR_NUMBER: 0
                                        LAST_ERROR_MESSAGE:
                                       LAST_ERROR_TIMESTAMP: 0000-00-00 00:00:00.000000
                                   LAST_APPLIED_TRANSACTION:
       LAST_APPLIED_TRANSACTION_ORIGINAL_COMMIT_TIMESTAMP: 0000-00-00 00:00:00.000000
      LAST_APPLIED_TRANSACTION_IMMEDIATE_COMMIT_TIMESTAMP: 0000-00-00 00:00:00.000000
          LAST_APPLIED_TRANSACTION_START_APPLY_TIMESTAMP: 0000-00-00 00:00:00.000000
            LAST_APPLIED_TRANSACTION_END_APPLY_TIMESTAMP: 0000-00-00 00:00:00.000000
                                       APPLYING_TRANSACTION:
           APPLYING_TRANSACTION_ORIGINAL_COMMIT_TIMESTAMP: 0000-00-00 00:00:00.000000
          APPLYING_TRANSACTION_IMMEDIATE_COMMIT_TIMESTAMP: 0000-00-00 00:00:00.000000
              APPLYING_TRANSACTION_START_APPLY_TIMESTAMP: 0000-00-00 00:00:00.000000
              LAST_APPLIED_TRANSACTION_RETRIES_COUNT: 0
 LAST_APPLIED_TRANSACTION_LAST_TRANSIENT_ERROR_NUMBER: 0
LAST_APPLIED_TRANSACTION_LAST_TRANSIENT_ERROR_MESSAGE:
LAST_APPLIED_TRANSACTION_LAST_TRANSIENT_ERROR_TIMESTAMP: 0000-00-00 00:00:00.000000
```

```
                    APPLYING_TRANSACTION_RETRIES_COUNT: 0
      APPLYING_TRANSACTION_LAST_TRANSIENT_ERROR_NUMBER: 0
     APPLYING_TRANSACTION_LAST_TRANSIENT_ERROR_MESSAGE:
   APPLYING_TRANSACTION_LAST_TRANSIENT_ERROR_TIMESTAMP: 0000-00-00 00:00:00.000000
*************************** 4. row ***************************
                                          CHANNEL_NAME:
                                             WORKER_ID: 4
                                             THREAD_ID: 48
                                         SERVICE_STATE: ON
                                     LAST_ERROR_NUMBER: 0
                                    LAST_ERROR_MESSAGE:
                                  LAST_ERROR_TIMESTAMP: 0000-00-00 00:00:00.000000
                              LAST_APPLIED_TRANSACTION:
      LAST_APPLIED_TRANSACTION_ORIGINAL_COMMIT_TIMESTAMP: 0000-00-00 00:00:00.000000
     LAST_APPLIED_TRANSACTION_IMMEDIATE_COMMIT_TIMESTAMP: 0000-00-00 00:00:00.000000
         LAST_APPLIED_TRANSACTION_START_APPLY_TIMESTAMP: 0000-00-00 00:00:00.000000
           LAST_APPLIED_TRANSACTION_END_APPLY_TIMESTAMP: 0000-00-00 00:00:00.000000
                                  APPLYING_TRANSACTION:
          APPLYING_TRANSACTION_ORIGINAL_COMMIT_TIMESTAMP: 0000-00-00 00:00:00.000000
         APPLYING_TRANSACTION_IMMEDIATE_COMMIT_TIMESTAMP: 0000-00-00 00:00:00.000000
             APPLYING_TRANSACTION_START_APPLY_TIMESTAMP: 0000-00-00 00:00:00.000000
                LAST_APPLIED_TRANSACTION_RETRIES_COUNT: 0
   LAST_APPLIED_TRANSACTION_LAST_TRANSIENT_ERROR_NUMBER: 0
  LAST_APPLIED_TRANSACTION_LAST_TRANSIENT_ERROR_MESSAGE:
LAST_APPLIED_TRANSACTION_LAST_TRANSIENT_ERROR_TIMESTAMP: 0000-00-00 00:00:00.000000
                    APPLYING_TRANSACTION_RETRIES_COUNT: 0
      APPLYING_TRANSACTION_LAST_TRANSIENT_ERROR_NUMBER: 0
     APPLYING_TRANSACTION_LAST_TRANSIENT_ERROR_MESSAGE:
   APPLYING_TRANSACTION_LAST_TRANSIENT_ERROR_TIMESTAMP: 0000-00-00 00:00:00.000000
4 rows in set (0.00 sec)
```

replication_applier_status_by_coordinator 表记录的是从库使用多线程复制时，从库的协调器工作状态。当从库使用多线程复制时，将在每个通道下创建一个协调器线程和多个工作线程，并使用协调器线程来管理这些工作线程。如果从库使用单线程复制，则此表为空。

如果从库是单线程，则 replication_applier_status_by_worker 表记录一条 WORKER_ID=0 的 SQL 线程的状态。如果从库是多线程，则该表记录系统参数 slave_parallel_workers 指定个数的工作线程状态（WORKER_ID 从 1 开始编号），此时协调器/SQL 线程状态记录在 replication_applier_status_by_coordinator 表，每一个通道都有自己独立的工作线程和协调器线程。

至此，MySQL 并行复制已经配置完成。与半同步复制一样，并行复制的配置在 MySQL 服务重启后会失效，想要保存该配置，需要将其保存在初始化参数文件中。

任务 7-5　基于 GTID 建立 MySQL 主从复制

微课视频

一、任务说明

GTID 复制比传统复制的搭建过程更简单、复制过程更安全、故障转移更优。本任务要求基于 GTID 建立 MySQL 主从复制并对其进行测试。

二、任务实施过程

步骤 1：开启 GTID

开启 GTID 功能，需要同时开启 gtid_mode 和 log_slave_updates 功能，还需要开启 enforce_gtid_consistency 功能。

打开/etc/my.cnf 配置文件，配置内容如下。

```
[mysqld]
gtid_mode=on        #开启 GTID
log_slave_updates=on
enforce_gtid_consistency=true        #保证 GTID 的一致性
```

在主库和从库上必须同时开启或者关闭 enforce_gtid_consistency 和 gtid_mode 功能，即主库和从库的 GTID 功能要保持一致。

步骤 2：查看 gtid_mode 状态

分别在主库和从库重启 MySQL 服务后，查看 gtid_mode 状态，命令及执行结果如下。

```
master_mysql> systemctl restart mysqld;

master_mysql> show variables like 'gtid_mode';
+---------------+-------+
| Variable_name | Value |
+---------------+-------+
| gtid_mode     | ON    |
+---------------+-------+
1 row in set (0.04 sec)

slave_mysql> systemctl restart mysqld;

slave_mysql> show variables like 'gtid_mode';
+---------------+-------+
| Variable_name | Value |
+---------------+-------+
| gtid_mode     | ON    |
+---------------+-------+
1 row in set (0.05 sec)
```

步骤 3：清除主库、从库信息

清除主库和从库之前的信息，在从库执行 stop slave 和 reset slave 命令，在主库执行 reset master 命令，命令及执行结果如下。

```
slave_mysql> stop slave;
slave_mysql> reset slave;
master_mysql> reset master;
master_mysql > show master status;
```

```
+---------------+----------+--------------+------------------+----------------
---+
| File          | Position | Binlog_Do_DB | Binlog_Ignore_DB | Executed_Gtid_Set
 |
+---------------+----------+--------------+------------------+----------------
---+
| binlog.000001 |    156   |              |                  |
 |
+---------------+----------+--------------+------------------+----------------
---+
1 row in set (0.00 sec)
```

在上述查询结果中，Executed_Gtid_Set 字段的值为空。下面通过简单的 DDL 操作，让其产生值，命令及执行结果如下。

```
mysql> use mc
mysql> create table t1(n1 int);
mysql> insert into t1 values(1);
mysql> show master status \G;
*************************** 1. row ***************************
             File: binlog.000001
         Position: 609
     Binlog_Do_DB:
 Binlog_Ignore_DB:
Executed_Gtid_Set: 874bfe44-551f-11ec-8f56-000c29c9ee3e:1-2
1 row in set (0.00 sec)
```

从上述的查询结果中发现，Executed_Gtid_Set 字段有了值，该值就是当前的 GTID。

步骤 4：导出主库数据

将主库的数据导出并分发到从库，命令如下。

```
shell> mysqldump –u root -p  --master-data=2 --single-transaction  -A > /tmp/all.sql
shell> scp /tmp/all.sql root@192.168.80.9:/tmp/all.sql
```

步骤 5：在从库导入主库数据

将主库的数据导入从库，命令如下。

```
mysql> source /tmp/all.sql
```

导入数据后查看 gtid_purged 变量的值，命令及执行结果如下。

```
mysql> select @@global.gtid_purged;
+------------------------------------------+
| @@global.gtid_purged                     |
+------------------------------------------+
| 874bfe44-551f-11ec-8f56-000c29c9ee3e:1-2 |
+------------------------------------------+
1 row in set (0.00 sec)
```

从上述结果发现，gtid_purged 变量的值与主库的 GTID 是一致的，证明导入成功。如果发现 gtid_purged 变量的值是空的，则要注意查看导入数据过程中的错误信息，在导入前确保从库的 gtid_executed 变量为空（可以执行 reset master 命令将 gtid_executed 变量置空）。

步骤 6：开启主从复制

在从库上开始同步主库，并启动主从复制，命令及执行结果如下。

```
mysql> change master to
    -> master_host='192.168.80.8',
    -> master_port=3306,
    -> master_user='root',
    -> master_password='Hello123.',
    -> master_auto_position=1;
Query OK, 0 rows affected, 8 warnings (0.03 sec)

mysql> start slave;
Query OK, 0 rows affected, 1 warning (0.02 sec)
```

开启主从复制后，查看从库状态，命令及执行结果如下。

```
mysql> show slave status\G;
*************************** 1. row ***************************
               Slave_IO_State: Waiting for source to send event
                  Master_Host: 192.168.80.8
                  Master_User: root
                  Master_Port: 3306
                Connect_Retry: 60
              Master_Log_File: binlog.000001
          Read_Master_Log_Pos: 609
               Relay_Log_File: localhost-relay-bin.000002
                Relay_Log_Pos: 409
        Relay_Master_Log_File: binlog.000001
             Slave_IO_Running: Yes
            Slave_SQL_Running: Yes
              Replicate_Do_DB:
          Replicate_Ignore_DB:
           Replicate_Do_Table:
       Replicate_Ignore_Table:
      Replicate_Wild_Do_Table:
  Replicate_Wild_Ignore_Table:
                   Last_Errno: 0
                   Last_Error:
                 Skip_Counter: 0
          Exec_Master_Log_Pos: 609
              Relay_Log_Space: 622
              Until_Condition: None
               Until_Log_File:
                Until_Log_Pos: 0
           Master_SSL_Allowed: No
           Master_SSL_CA_File:
           Master_SSL_CA_Path:
              Master_SSL_Cert:
            Master_SSL_Cipher:
               Master_SSL_Key:
        Seconds_Behind_Master: 0
Master_SSL_Verify_Server_Cert: No
```

```
                    Last_IO_Errno: 0
                    Last_IO_Error:
                   Last_SQL_Errno: 0
                   Last_SQL_Error:
      Replicate_Ignore_Server_Ids:
                 Master_Server_Id: 1
                      Master_UUID: 874bfe44-551f-11ec-8f56-000c29c9ee3e
                 Master_Info_File: mysql.slave_master_info
                        SQL_Delay: 0
              SQL_Remaining_Delay: NULL
          Slave_SQL_Running_State: Replica has read all relay log; waiting for more
updates
               Master_Retry_Count: 86400
                      Master_Bind:
          Last_IO_Error_Timestamp:
         Last_SQL_Error_Timestamp:
                   Master_SSL_Crl:
               Master_SSL_Crlpath:
               Retrieved_Gtid_Set:
                Executed_Gtid_Set: 874bfe44-551f-11ec-8f56-000c29c9ee3e:1-2
                    Auto_Position: 1
             Replicate_Rewrite_DB:
                     Channel_Name:
              Master_TLS_Version:
           Master_public_key_path:
            Get_master_public_key: 1
                Network_Namespace:
1 row in set, 1 warning (0.01 sec)
```

上述结果中，Auto_Position 字段显示了当前主从复制的方式，0 表示传统方式，1 表示 GTID 方式。

步骤 7：测试主从复制

下面通过在主库某个表中插入数据来测试从库的复制功能，命令及执行结果如下。

```
master_mysql> use mc;
master_mysql> insert into t1 values(2);

slave_mysql> select * from mc.t1;
+------+
| n1   |
+------+
|    1 |
|    2 |
+------+
2 rows in set (0.00 sec)
```

从上述的结果中可以看出，当主库的数据发生变化时，从库会跟着变化，这表示基于 GTID 的主从复制搭建完成。

7.5 常见问题解决

问题 1：出现"Last_IO_Error: error connecting to master 'repl@192.168.97.67:33068' - retry-time: 60 retries: 4 message: Authentication plugin 'caching_sha2_password' reported error: Authentication requires secure connection."错误提示。

原因分析

MySQL 8.0 默认使用 caching_sha2_password 身份验证插件，在从库连接主库时，如果使用了不被 caching_sha2_password 插件认可的 RSA 公钥，主库就会拒绝从库的连接请求。这时要从服务器请求 RSA 公钥。

解决方案

配置从库端到主库端的连接时，添加 get_master_public_key=1 参数，命令如下。

```
mysql> change master to
    -> master_host='192.168.97.67',
    -> master_user='repl',
    -> master_port=33068,
    -> master_password='repl',
    -> master_log_file='binlog.000106',
    -> master_log_pos= 1269;
-> get_master_public_key=1;
```

问题 2：执行 show slave status 命令时出现"Last_IO_Error: Fatal error: The slave I/O thread stops because master and slave have equal MySQL server UUIDs; these UUIDs must be different for replication to work."错误提示。

原因分析

UUID 相同导致出现该错误。

解决方案

把 UUID 的配置文件删除，然后把该从库节点的 server_id 修改成与其他节点不同，再重新启动 MySQL 服务，自动生成 UUID 即可。UUID 配置文件名为 auto.cnf，存放在 MySQL 的 data 目录下。

问题 3：登录时出现"Last_IO_Error: Got fatal error 1236 from master when reading data from binary log: 'Could not find first log file name in binary log index file'"错误提示。

原因分析

二进制日志写入因某些意外而中断，主库端打开一个新的二进制日志文件开始写入。但是从库端并不知道发生意外，仍然在同步前一个二进制日志，直到 master_log_pos 大于二进制日志文件位置上限触发告警。

解决方案

找到最后的二进制日志写入位置，重新配置主从连接。

7.6 课后习题

一、单选题

1. MySQL 8.0 设定主从库同步的命令是（　　　）。

    A. change master to

    B. set slave to

    C. change slave to

    D. set master to

2. MySQL 8.0 复制过程中将主库的二进制日志复制到中继日志的是（　　　）。

    A. SQL 线程

    B. OS 线程

    C. COPY 线程

    D. I/O 线程

3. 以下说法错误的是（　　　）。

    A. 复制对备份很有帮助，但是从服务器不是备份，不能完全代替备份

    B. 通过复制建立的从服务器有助于故障转移，减少故障的停机时间和恢复时间

    C. 建立主从复制后，数据就不需要备份了

    D. 复制不是完全实时地进行同步，而是异步实时

4. MySQL 复制的拓扑结构一般要遵循的基本原则有（　　　）。

    A. 每个从库能有一个或多个主库

    B. 每个从库能有多个服务器 ID

    C. 每个主库可以有很多从库

    D. 如果设置 log_slave_updates，则该从库不可以是其他从库的主库，因为会影响主库的更新

二、多选题

1. MySQL 支持的复制方式有（　　　）。

    A. 基于 SQL 语句的复制

    B. 基于行的复制

    C. 混合模式复制

    D. GTID 复制

2. MySQL 复制可以解决的常见问题有（　　　）。

    A. 服务的高可用性，从库可以提升为主库，减少宕机时间，双主复制时承担高可用角色

    B. 服务的高性能，从库可以用于查询、统计分析，分担主库负载，承担负载均衡角色

    C. 使用延迟从库作为数据备份以应对误删除带来的数据不可恢复性

    D. 为不间断服务提供解决方案

3. 复制的表现形式有（　　　）。

    A. 同步复制

    B. 异步复制

    C. 半同步复制

    D. 全同步复制

三、判断题

1. 在同一复制环境中，每个成员不必拥有独立的 server_id，就可以成功配置从库端文件。（　　　）

2. 可以使用 show master status 命令来成功获取主库端信息。（　　　）

3. 半同步复制的配置在 MySQL 服务重启后会失效，想要保存该配置，需要将其保存在初始化参数文件中。(　　)

4. MySQL 支持多主服务器复制，可以通过一些简单组合，建立灵活且强大的 MySQL 复制的拓扑结构。(　　)

5. 在数据库事务提交时会在二进制日志中产生一个对应的 GTID，主从复制时，从库会通过 GTID 来确定同步的位置，不用再去找二进制日志文件的复制位置。(　　)

四、问答/操作题

1. 请尝试建立 MySQL 主从复制。

2. 请在主–从的复制环境下手工完成主从切换。

3. 请简述 MySQL 复制的原理。

项目8
搭建及运维MySQL Cluster

8.1 项目场景

　　天天电器商场的数据量越来越大，对 MySQL 的并发访问要求进一步提高。以前的大部分高可用方案通常存在一定的缺陷，例如 MySQL Replication 方案中的主库是否存活的检测需要一定时间，如果需要主从切换也需要一定的时间。随着 MySQL Cluster 的广泛应用，数据库在性能和高可用性方面得到了很大的提高。因此信息部门组织员工学习 MySQL Cluster，尝试利用现有的低成本硬件横向提高数据库的并发访问能力。

8.2 教学目标

一、知识目标

1. 掌握 MySQL Cluster 的概念
2. 掌握 MySQL Cluster 节点及运行过程
3. 掌握 MySQL Cluster 的日志管理
4. 掌握 MySQL Cluster 的联机备份及数据恢复

二、能力目标

1. 能在 Windows 系统下建立 MySQL Cluster
2. 能在 Linux 系统下建立 MySQL Cluster
3. 能实现 MySQL Cluster 的联机备份和数据恢复

三、素养目标

1. 安全防范意识
2. 稳定、高效意识

8.3 项目知识导入

8.3.1 什么是 MySQL Cluster?

　　简单地讲，MySQL Cluster 是一种 MySQL 集群技术，由一组计算机构成。MySQL 集群技术在分布式系统中为 MySQL 提供了冗余特性，增强了安全性，可以大幅提高系统的可靠性和数据的有效性。

MySQL 提供了两种集群解决方案，即 MySQL InnoDB Cluster 和 MySQL NDB Cluster。这里所讲的 MySQL Cluster 即 MySQL NDB Cluster。MySQL Cluster 是一个完全独立的产品，使用 NDB 存储引擎，不需要在集群内的任何节点上安装 MySQL Server 软件。而 MySQL InnoDB Cluster 面向已经安装了 MySQL Server 软件的节点，提供了一种在它们之间复制数据的机制。

MySQL Cluster 是一种在无共享系统中启用内存数据库集群的技术。无共享架构使系统能够使用非常便宜的硬件，并且几乎没有对硬件或软件的特定要求。在无共享系统中，每个组件都应该有自己的内存和磁盘，不推荐也不支持使用网络共享、网络文件系统和 SAN（Storage Area Network，存储区域网络）等共享存储机制。

MySQL Cluster 将标准 MySQL 服务器与称为 NDB 的内存集群存储引擎集成在一起。MySQL Cluster 由一组称为主机的计算机组成，每台计算机运行一个或多个进程。这些称为节点的进程可能包括 MySQL 服务器（用于访问 NDB 数据）、数据节点（用于存储数据）、一个或多个管理服务器，以及可能的其他专用数据访问程序。MySQL Cluster 中这些组件的关系如图 8-1 所示。

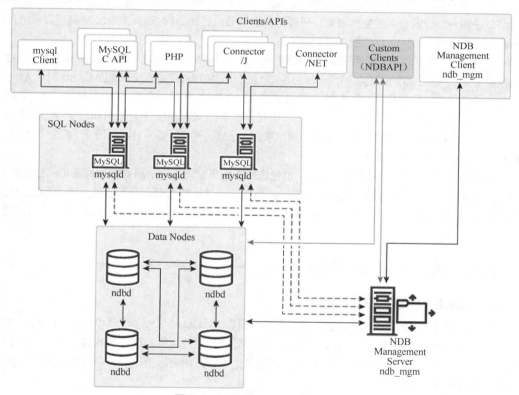

图 8-1　MySQL Cluster 组件关系

当数据存储在 NDB 存储引擎时，数据表存储在数据节点（Data Nodes）中，集群中的所有 MySQL 服务器（SQL Nodes）可以直接访问这些数据表。因此，假如有一个工资管理应用程序的数据存储在集群中，当该应用程序更新了员工的工资，所有查询该数据的 MySQL 服务器都可以立即发现此更新。

8.3.2　MySQL Cluster 节点

MySQL Cluster 节点按照功能来分，可以分为 3 种：管理节点、数据节点和 SQL 节点。集群中的某台计算机可以是某一种节点，也可以是 2 种或者 3 种节点的集合，这些节点组合在一起，为应用提供具有高可靠性、高性能的集群数据管理功能。

（1）管理节点：这类节点的作用是管理 MySQL Cluster 中的其他节点，提供配置数据、启动和停止节点、运行备份等功能。因为这种类型的节点管理其他节点的配置，所以应该首先启动这种类型的节点，然后再启动其他节点。使用命令 ndb_mgmd 启动管理节点。实际操作中，管理节点通过对一个叫作 config.ini 的配置文件进行维护而起到管理的作用，该文件可以用来配置需要维护的副本数量、需要在每个数据节点上为数据和索引分配多少内存等。管理节点通常还管理配置文件和集群日志。MySQL Cluster 中的每个节点从管理节点检索配置信息，并请求确定管理节点所在位置的方式。如果某节点内出现新的事件，则该节点会将这类事件的信息传输到管理节点，并将这类信息写入集群日志中。

（2）数据节点：此类节点用于存储集群数据。可以有多个数据节点，每个数据节点可以有多个镜像节点。任何一个数据节点发生故障时，只要它的镜像节点正常，MySQL Cluster 就可以正常运行。使用命令 ndbd 或 ndbmtd 可启动数据节点。

（3）SQL 节点：此类节点用于访问集群数据，是应用和数据节点之间的"桥梁"。应用不能直接访问数据节点，只能先访问 SQL 节点，然后通过 SQL 节点访问数据节点来返回数据。对于 MySQL Cluster，SQL 节点是使用 NDB 存储引擎的传统 MySQL 服务器。SQL 节点是使用--ndbcluster 和--ndb-connectstring 选项启动的 mysqld 进程。MySQL Cluster 中可以有多个 SQL 节点，通过每个 SQL 节点查询到的数据都是一致的。通常来说，SQL 节点越多，分配到每个 SQL 节点的负载就越小，系统的整体性能就越好。

MySQL Cluster 的访问过程为：首先，前台应用采用负载均衡算法将对数据库的访问分散到不同的 SQL 节点上，然后 SQL 节点对数据节点进行数据访问并从数据节点返回结果，最后 SQL 节点将收到的结果返回给前台应用。管理节点并不参与访问过程，它只用来对 SQL 节点和数据节点进行配置、管理。

8.3.3　维护 MySQL Cluster

一、Cluster 的日志管理

MySQL Cluster 提供了两种日志，分别是集群日志（Cluster Log）和节点日志（Node Log）。前者记录了所有节点生成的日志，后者仅记录了数据节点的本地事件。在大多数情况下，一般推荐使用集群日志，因为它在一个地方记录了所有节点的数据，更方便进行管理。节点日志一般在开发过程中使用，或者用来调试程序代码。

集群日志一般记录在配置文件（config.ini）所在的目录下，文件名格式为 ndb_<nodeid>_cluster.log，其中 nodeid 为管理节点号。

可以使用 ndb_mgm 客户端管理工具打开或者关闭日志，具体操作如下。

```
shell> ndb_mgm
-- NDB Cluster -- Management Client --
ndb_mgm> clusterlog info
Connected to Management Server at: localhost:1186
```

```
Severities enabled: INFO WARNING ERROR CRITICAL ALERT
ndb_mgm>
```

当前日志是打开的，可以用 clusterlog off 命令关闭日志，命令如下。

```
ndb_mgm> clusterlog off
Cluster logging is disabled
ndb_mgm>
```

用 clusterlog on 命令将日志打开，命令如下。

```
ndb_mgm> clusterlog on
Cluster logging is enabled.
ndb_mgm> clusterlog info
Severities enabled: INFO WARNING ERROR CRITICAL ALERT
ndb_mgm>
```

两种类型的事件日志都可以设置为记录不同内容的事件子集。每个可报告事件可以根据 3 个不同的标准进行区分。

（1）类别（Category）：可以是 STARTUP、STATISTICS、CHECKPOINT、NODERESTART、CONNECTION、SCHEMA、SINGLEUSER、BACKUP、ERROR 或 INFO 中的任意值。事件类别说明如表 8-1 所示，具体事件子集可参考官方文档"23.6.3.2 NDB Cluster Log Events"。

（2）优先级（Priority）：由 0～15 的数字之一表示，0 表示最重要，而 15 表示最不重要。

（3）严重级别（Severity Level）：可以是 ALERT、CRITICAL、ERROR、WARNING、INFO 或 DEBUG。这些值的含义如表 8-2 所示。

表 8-1　事件类别说明

事件类别	说明
STARTUP	启动事件。启动事件是由响应节点或集群的启动成功或失败而生成的。它们还提供与启动过程的进度有关的信息，包括有关日志记录活动的信息
STATISTICS	统计事件。其具有统计性质，且提供事务和其他操作的数量、各个节点发送或接收的数据量及内存使用情况等信息
CHECKPOINT	检查点事件。日志消息与检查点相关联
NODERESTART	重启节点事件。事件与节点重启过程的成功或失败有关
CONNECTION	连接事件。事件与集群节点之间的连接相关联
SCHEMA	架构事件。事件与 NDB Cluster 模式操作有关
SINGLEUSER	单用户事件。事件与进入和退出单用户模式相关
BACKUP	备份事件。事件提供有关正在创建或恢复的备份的信息
ERROR	错误事件。事件与集群错误和警告有关
INFO	信息事件。事件提供有关集群状态和与集群维护相关的活动的一般信息

表 8-2　严重级别说明

严重级别值	严重级别	说明
1	ALERT	应立刻更正的情况，如系统数据库损坏
2	CRITICAL	临界情况，如设备错误或资源不足
3	ERROR	应予以更正的情况，如配置错误

续表

严重级别值	严重级别	说明
4	WARNING	不能称为错误的情况，但仍需要特别处理
5	INFO	通报性信息
6	DEBUG	调试信息

根据这 3 种分类方法可以从 3 个不同的角度来对日志进行过滤。可以用 ndb_mgm 工具来完成过滤，具体设置方法如下。

（1）node_id clusterlog category=threshold：用 threshold 作为优先级阈值将 category 事件记录到日志。可以将 node_id 设置为 ALL（所有节点），或者只指定某个节点。

（2）clusterlog toggle severity_level：使指定的 severity_level 打开或者关闭。

例如，要让测试环境中的节点 2 的 STARTUP 事件只记录优先级为 3 以下的日志，可以进入 ndb_mgm 后执行如下命令。

```
ndb_mgm> 2 clusterlog startup=3
Executing CLUSTERLOG STARTUP=3 on node 2 OK!
ndb_mgm>
```

如果要在集群日志中过滤掉 DEBUG 和 INFO 信息，可以执行如下命令。

```
ndb_mgm> clusterlog toggle debug info
DEBUG disabled
INFO disabled
ndb_mgm>
```

然后查看日志，发现 DEBUG 和 INFO 信息已经不存在了。

```
ndb_mgm> clusterlog info
Severities enabled: WARNING ERROR CRITICAL ALERT
ndb_mgm>
```

二、Cluster 的联机备份

在 MySQL Cluster 中，可以在管理节点上使用 start backup 命令实现数据库的在线备份，可以使用 ndb_restore 命令来进行数据库的恢复。

使用 MySQL Cluster 的 start backup 可以生成以下 3 种格式的备份文件。

1. BACKUP-backup-id.node_id.ctl

控制文件存储表定义及其他对象的元数据。

2. BACKUP-backup-id.node_id.data

数据文件保存的是表中的记录，由于数据节点分片，因此每个节点上数据文件的数据是不一致的。

3. BACKUP-backup-id.node_id.log

日志文件保存已提交的事务记录。

上述文件中，backup-id 是备份标识，node_id 是数据节点的唯一编号。

例如，在一个 SQL 节点创建测试数据库，命令如下。

```
mysql> create database clusterdb;use clusterdb;
mysql> create table simples (id int not null primary key) engine=innodb;
mysql> insert into simples values (1),(2),(3),(4);
mysql> select * from simples;
```

查看集群节点情况，如图 8-2 所示。

```
[root@localhost mysql-cluster]# ./ndb_mgm -e show
Connected to Management Server at: localhost:1186
Cluster Configuration
---------------------
[ndbd(NDB)]     2 node(s)
id=2    @192.168.0.14  (mysql-5.6.31 ndb-7.4.12, Nodegroup: 0, *)
id=3    @192.168.0.15  (mysql-5.6.31 ndb-7.4.12, Nodegroup: 1)

[ndb_mgmd(MGM)] 1 node(s)
id=1    @192.168.0.13  (mysql-5.6.31 ndb-7.4.12)

[mysqld(API)]   3 node(s)
id=4    @192.168.0.16  (mysql-5.6.31 ndb-7.4.12)
id=5    @192.168.0.17  (mysql-5.6.31 ndb-7.4.12)
id=6 (not connected, accepting connect from any host)
```

图 8-2　查看集群节点情况

在管理节点上执行 start backup 命令进行备份，命令及执行结果如图 8-3 所示。

```
[root@localhost mysql-cluster]# ./ndb_mgm
-- NDB Cluster -- Management Client --
ndb_mgm> start backup
Connected to Management Server at: localhost:1186
Waiting for completed, this may take several minutes
Node 2: Backup 2 started from node 1
Node 2: Backup 2 started from node 1 completed
 StartGCP: 2455 StopGCP: 2458
 #Records: 2060 #LogRecords: 0
 Data: 51268 bytes Log: 0 bytes
```

图 8-3　在管理节点上进行备份

在数据节点上查看备份情况，如图 8-4 所示。

```
[root@localhost BACKUP-2]# ls
BACKUP-2-0.3.Data  BACKUP-2.3.ctl  BACKUP-2.3.log
[root@localhost BACKUP-2]#
```

图 8-4　在数据节点上查看备份情况

三、Cluster 的数据恢复

使用 ndb_restore 命令进行数据恢复，具体过程如下。

（1）启动管理节点，命令如下。

```
shell>/cluster80/bin/ndb_mgmd -f /cluster80/config.ini --reload
```

（2）启动数据节点，命令如下。

```
shell>/cluster80/bin/ndbd -initial
```

（3）在第一个节点恢复表结构，命令如下。

```
shell>/cluster80/bin/ndb_restore -c 192.168.100.223 -n 11 -b 1 -m --backup_path=
/data/dbdata1/BACKUP/BACKUP-1/
```

> **注意** 如果不涉及表结构的变更，则不使用参数-m。

（4）恢复数据。恢复数据可以在几个管理节点上同时进行，命令如下。

```
shell>/cluster80/bin/ndb_restore -c 192.168.100.223 -n 11 -b 1  -r --backup_path=
/data/dbdata1/BACKUP/BACKUP-1/
```

其中，192.168.100.223 为管理节点的 IP 地址；-n 后面是节点 id；-b 后面是要恢复的 backupid；-r 表示恢复数据；-m 表示恢复表结构。

8.4 项目任务分解

为了在现有的低成本硬件上横向提高数据库的并发访问能力，建立 MySQL Cluster 是一个可行的选择。本项目任务要求在 Windows 和 Linux 系统下，建立并管理 MySQL Cluster。

任务 8-1 在 Linux 系统下建立并管理 MySQL Cluster

一、任务说明

本任务要求在 Linux 系统下建立并管理 MySQL Cluster。需要准备好 3 台服务器，其 IP 地址分别为 192.168.97.67、192.168.99.68、192.168.99.69，将其分别作为管理节点、SQL 节点 1+数据节点 1、SQL 节点 2+数据节点 2。

微课视频

二、任务实施过程

步骤 1：下载 MySQL Cluster 介质

打开下载页面，根据操作系统下载对应的安装介质，如图 8-5 所示。

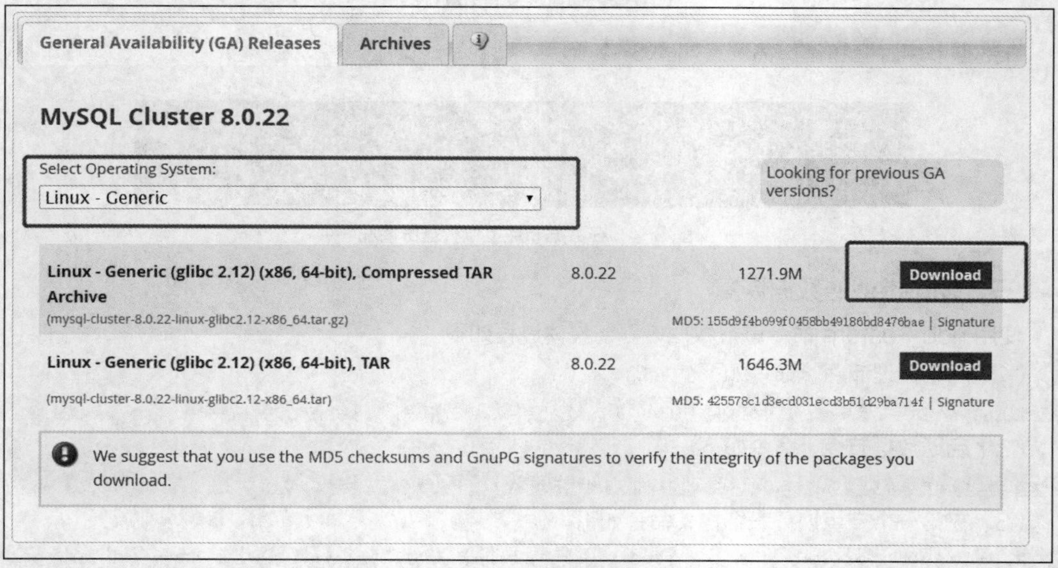

General Availability (GA) Releases	Archives	

MySQL Cluster 8.0.22

Select Operating System:

Linux - Generic ▾

Looking for previous GA versions?

Linux - Generic (glibc 2.12) (x86, 64-bit), Compressed TAR Archive	8.0.22	1271.9M	Download
(mysql-cluster-8.0.22-linux-glibc2.12-x86_64.tar.gz)		MD5: 155d9f4b699f0458bb49186bd8476bae | Signature
Linux - Generic (glibc 2.12) (x86, 64-bit), TAR	8.0.22	1646.3M	Download
(mysql-cluster-8.0.22-linux-glibc2.12-x86_64.tar)		MD5: 425578c1d3ecd031ecd3b51d29ba714f | Signature

❶ We suggest that you use the MD5 checksums and GnuPG signatures to verify the integrity of the packages you download.

图 8-5 下载页面

步骤 2：将下载的安装介质上传到服务器上

通过复制、采用 FTP 等方式，将安装介质上传到服务器上。

步骤 3：解压二进制包

将上传到服务器上的安装介质解压，并复制到 cluster80 目录下，并在该目录下建立 data 和 clu_data 两个目录。

```
shell> tar zxvf mysql-cluster-8.0.22-linux-glibc2.12-x86_64.tar.gz
shell> mkdir /cluster80
shell> cp -r mysql-cluster-8.0.22-linux-glibc2.12-x86_64/* /cluster80
shell> mkdir /cluster80/data
shell> mkdir /cluster80/clu_data
```

步骤 4：SQL 节点初始化

与安装 MySQL 类似，对 SQL 节点进行初始化，命令如下。

```
shell> /cluster80/bin/mysqld -initialize -basedir=/cluster80 -datadir=/cluster80/data -user=mysql
```

SQL 节点初始化结果如图 8-6 所示。

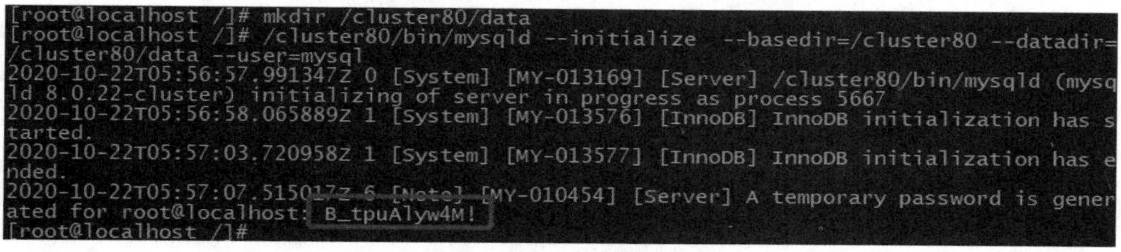

图 8-6　SQL 节点初始化结果

> **注意**　要将图 8-6 中圈出的临时密码记录下来。

步骤 5：配置 SQL 节点初始化选项文件

编辑 SQL 节点的配置文件 my.cnf，命令如下。

```
shell> vi /cluster80/my.cnf
```

文件内容如下：

```
[mysql_cluster]
ndb-connectstring=192.168.97.67
[mysqld]
ndbcluster
port = 3306
basedir = /cluster80
datadir = /cluster80/data
socket = /cluster80/mysql.sock
character-set-server = utf8
default_storage_engine=ndbcluster
```

步骤 6：给 mysql 账户授权

设置 mysql 账户对 cluster80 目录的权限，命令如下。

```
shell> chown -R mysql:mysql /cluster80/
```

步骤 7：数据节点配置

本任务的数据节点和 SQL 节点配置在同一台服务器上，所以无须再进行配置。

步骤 8：管理节点配置

管理节点的配置步骤与 SQL 节点的相似，可以参考步骤 1～步骤 6。详细命令如下。

```
shell> tar zxvf mysql-cluster-8.0.22-linux-glibc2.12-x86_64.tar.gz
shell> mkdir /cluster80
shell> cp -r mysql-cluster-8.0.22-linux-glibc2.12-x86_64/* /cluster80
shell> mkdir /cluster80/data
shell> mkdir /cluster80/clu_data
```

编辑管理节点的配置文件 config.ini，命令如下。

```
shell> vi /cluster80/config.ini
```

在配置文件 config.ini 中输入如下内容。

```
[ndbd default]
NoOfReplicas=2
DataMemory=200M

[ndb_mgmd]
HostName=192.168.97.67
DataDir=/cluster80/clu_data

[ndbd]
HostName=192.168.99.68
DataDir=/cluster80/clu_data

[ndbd]
HostName=192.168.99.69
DataDir=/cluster80/clu_data

[mysqld]
HostName=192.168.99.68

[mysqld]
HostName=192.168.99.69

[mysqld]

[mysqld]
```

最后，授予 mysql 账户对 cluster80 目录的权限，命令如下。

```
shell> chown -R mysql:mysql /cluster80/
```

步骤 9：启动管理节点服务

首先，使用 ndb_mgmd 命令启动管理节点服务，命令如下所示。然后使用管理工具 ndb_mgm 的 show 命令查看当前集群状态，如图 8-7 所示。

```
shell> /cluster80/bin/ndb_mgmd -f /cluster80/config.ini
shell> /cluster80/bin/ndb_mgm
ndb_mgm> show
```

```
[root@localhost /]# /cluster80/bin/ndb_mgm
-- NDB Cluster -- Management Client --
ndb_mgm> show
Connected to Management Server at: localhost:1186
Cluster Configuration
---------------------
[ndbd(NDB)]      2 node(s)
id=2 (not connected, accepting connect from 192.168.99.68)
id=3 (not connected, accepting connect from 192.168.99.69)

[ndb_mgmd(MGM)] 1 node(s)
id=1    @192.168.97.67   (mysql-8.0.22 ndb-8.0.22)

[mysqld(API)]    2 node(s)
id=4 (not connected, accepting connect from 192.168.99.68)
id=5 (not connected, accepting connect from 192.168.99.69)
```

图 8-7　启动管理节点服务并查看当前集群状态

注意　第一次启动管理节点服务或者修改过配置文件 config.ini 需要设置--initial 选项。如果修改过配置文件 config.ini，建议删除 ndb_1_config.bin.1 文件。

可以看到，当前其他节点都未连接，接下来要启动其他节点。

步骤 10：启动数据节点服务

命令如下。

```
shell> /cluster80/bin/ndbd --defaults-file=/cluster80/my.cnf
```

上述命令执行结果如图 8-8 所示。

```
[root@localhost cluster80]# /cluster80/bin/ndbd --defaults-file=/cluster80/my.cnf
2020-10-22 15:53:22 [ndbd] INFO     -- Angel connected to '192.168.97.67:1186'
2020-10-22 15:53:22 [ndbd] INFO     -- Angel allocated nodeid: 2
[root@localhost cluster80]#
```

图 8-8　启动数据节点服务

注意　第一次启动数据节点服务需要设置--initial 选项以初始化数据，并且确保系统上没有 ndbd 进程存在，否则启动会失败。

图 8-8 显示数据节点启动成功。继续按照上述步骤，启动所有数据节点。

步骤 11：启动 SQL 节点服务

（1）启动 SQL 节点服务，命令如下。

```
shell> /cluster80/bin/mysqld_safe --defaults-file=/cluster80/my.cnf &
```

（2）登录数据库并修改密码，命令如下。

```
shell> /cluster80/bin/mysql -u root -p'wfNU<fm:d6lA' -S /cluster80/mysql.sock
mysql> alter user 'root'@'localhost' identified by 'mysql';
mysql> flush privileges;
```

步骤 12：查看集群状态

查看集群状态，命令如下，运行结果如图 8-9 所示。

```
ndb_mgm> show
```

```
[root@localhost /]# /cluster80/bin/ndb_mgm
-- NDB Cluster -- Management Client --
ndb_mgm> show
Connected to Management Server at: localhost:1186
Cluster Configuration
---------------------
[ndbd(NDB)]     2 node(s)
id=2    @192.168.99.68  (mysql-8.0.22 ndb-8.0.22, Nodegroup: 0, *)
id=3    @192.168.99.69  (mysql-8.0.22 ndb-8.0.22, Nodegroup: 0)

[ndb_mgmd(MGM)] 1 node(s)
id=1    @192.168.97.67  (mysql-8.0.22 ndb-8.0.22)

[mysqld(API)]    2 node(s)
id=4    @192.168.99.68  (mysql-8.0.22 ndb-8.0.22)
id=5    @192.168.99.69  (mysql-8.0.22 ndb-8.0.22)

ndb_mgm>
```

图 8-9 查看集群状态

至此，MySQL Cluster 搭建完成。通过 ndb_mgm 可对 MySQL Cluster 进行管理。

任务 8-2　在 Windows 系统下建立并管理 MySQL Cluster

一、任务说明

本任务要求在 Windows 系统下建立并管理 MySQL Cluster。为了方便学习，本任务中将 3 个节点部署在同一台服务器上。

二、任务实施过程

步骤 1：下载 MySQL Cluster 安装介质

打开下载页面，根据操作系统下载对应的安装介质，如图 8-10 所示。

微课视频

General Availability (GA) Releases	Archives

MySQL Cluster 8.0.22

Select Operating System:

Microsoft Windows ▾

Looking for previous GA versions?

Windows (x86, 64-bit), MSI Installer	8.0.22	257.7M	Download
(mysql-cluster-8.0.22-winx64.msi)		MD5: 31bb78f0ba13604485ded84a18db1e2b | Signature	
Windows (x86, 64-bit), ZIP Archive	8.0.22	319.7M	Download
(mysql-cluster-8.0.22-winx64.zip)		MD5: 87cec5495b23e9d608bb1a0a77b9dbd5 | Signature	

ⓘ We suggest that you use the MD5 checksums and GnuPG signatures to verify the integrity of the packages you download.

图 8-10 下载页面

步骤 2：安装 MySQL Cluster

双击打开 MySQL Cluster 安装程序，单击"Next"按钮进行安装。在图 8-11 所示的安装界面中，勾选"I accept the terms in the License Agreement"复选框后单击"Next"按钮。

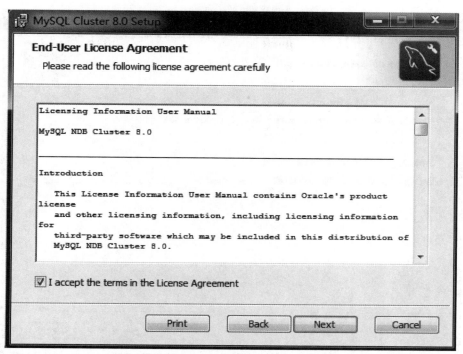

图 8-11　安装界面（1）

在图 8-12 所示的安装界面中选择"Typical"后，单击"Next"按钮开始安装，如图 8-13 所示。

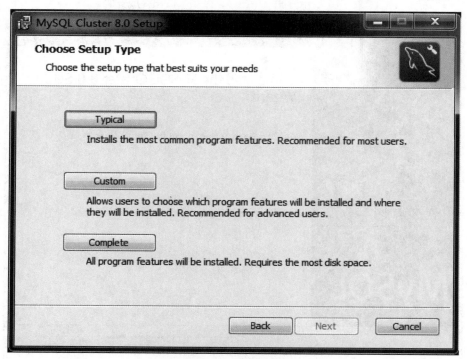

图 8-12　安装界面（2）

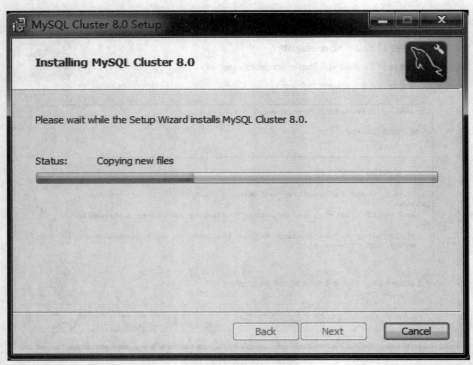

图 8-13　安装界面（3）

等待安装完成，出现图 8-14 所示界面。单击"Finish"按钮完成安装。

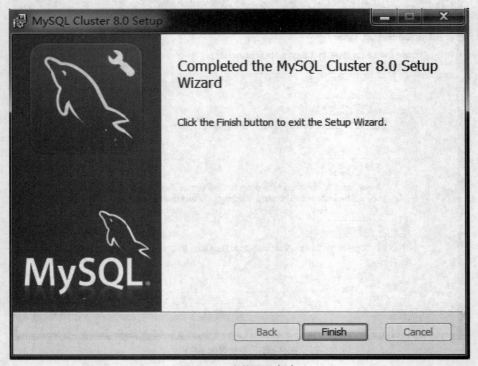

图 8-14　安装界面（4）

步骤 3: 初始化 SQL 节点

初始化两个 SQL 节点, 命令如下。

```
cmd> cd C:\Program Files\MySQL\MySQL Cluster 8.0\bin
cmd> mysqld --initialize --basedir="C:\Program Files\MySQL\MySQL Cluster 8.0"
--datadir="C:\Program Files\MySQL\ndbd1\data"
cmd> mysqld --initialize --basedir="C:\Program Files\MySQL\MySQL Cluster 8.0"
--datadir="C:\Program Files\MySQL\ndbd2\data"
```

临时密码保存在错误日志中, 错误日志保存在 data 目录下, 错误日志文件名为计算机名.err, 如图 8-15 所示, 命名为 R-PC.err。

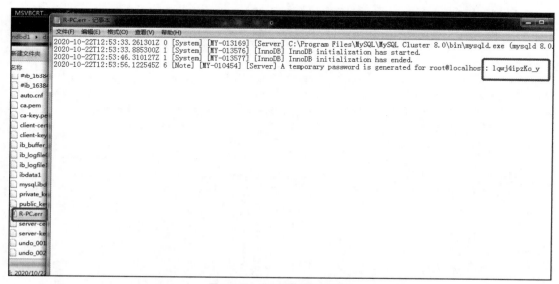

图 8-15　错误日志和临时密码

步骤 4: 配置 SQL 节点初始化选项文件

在 ndbd1 目录下新建初始化选项文件并添加以下内容。

```
[mysql_cluster]
ndb-connectstring=192.168.131.128

[mysqld]
ndbcluster
port = 33061
basedir = "C:\\Program Files\\MySQL\\MySQL Cluster 8.0"
datadir = "C:\\Program Files\\MySQL\\ndbd1\\data"

character-set-server = utf8
default_storage_engine=ndbcluster
```

在 ndbd2 目录下新建初始化选项文件并添加以下内容。

```
[mysql_cluster]
ndb-connectstring=192.168.131.128

[mysqld]
ndbcluster
```

185

```
port = 33062
basedir = "C:\\Program Files\\MySQL\\MySQL Cluster 8.0"
datadir = "C:\\Program Files\\MySQL\\ndbd2\\data"

character-set-server = utf8
default_storage_engine=ndbcluster
```

步骤 5：配置管理节点

在 config.ini 文件中配置并管理节点，文件内容如下。

```
[ndbd default]
NoOfReplicas=2
DataMemory=200M

[ndb_mgmd]
NodeId=1
HostName=192.168.131.128
DataDir=C:\Program Files\MySQL\mgr

[ndbd]
NodeId=11
HostName=192.168.131.128
DataDir=C:\Program Files\MySQL\ndbd1\cluster_data

[ndbd]
NodeId=12
HostName=192.168.131.128
DataDir=C:\Program Files\MySQL\ndbd2\cluster_data

[mysqld]
NodeId=21
HostName=192.168.131.128

[mysqld]
NodeId=22
HostName=192.168.131.128
```

步骤 6：启动管理节点服务

第一次启动管理节点服务或者修改过配置文件 config.ini 需要设置--initial 选项。如果修改过配置文件 config.ini，建议删除 ndb_1_config.bin.1 文件。

在专门的管理工具 ndb_mgm 中使用 show 命令可以查看当前集群状态，命令如下。

```
cmd> cd C:\Program Files\MySQL\MySQL Cluster 8.0\bin
cmd> ndb_mgmd -configdir="C:\Program Files\MySQL\MySQL Cluster 8.0\ClusterConfig"
-f "C:\Program Files\MySQL\MySQL Cluster 8.0\config.ini"
ndb_mgm> show
```

步骤 7：启动数据节点服务

第一次启动数据节点服务需要设置--initial 选项以初始化数据。并且确保系统上没有 ndbd 进程存在，否则启动会失败。以管理员身份打开命令提示符窗口，执行以下命令。

```
cmd> cd C:\Program Files\MySQL\MySQL Cluster 8.0\bin
cmd> >ndbd --initial
```

再以管理员身份打开命令提示符窗口，执行以下命令。

```
cmd> cd C:\Program Files\MySQL\MySQL Cluster 8.0\bin
cmd> >ndbd --initial
```

执行结果如图 8-16 所示。

图 8-16　启动数据节点服务

> **注意**　不要关闭命令提示符窗口。

步骤 8：将每个 MySQL 实例注册成 Windows 服务

执行如下命令，将每个 MySQL 实例注册成 Windows 服务。

```
cmd> cd C:\Program Files\MySQL\MySQL Cluster 8.0\bin
cmd> mysqld --install cluster1 --defaults-file="C:\\Program Files\\MySQL\\ndbd1\\my.ini"
cmd> mysqld --install cluster2 --defaults-file="C:\\Program Files\\MySQL\\ndbd2\\my.ini"
```

步骤 9：启动 SQL 节点服务

（1）启动 SQL 节点服务，命令如下。

```
cmd> net start cluster1
cmd> net start cluster2
```

（2）登录数据库并修改密码，命令如下。

```
cmd> cd C:\Program Files\MySQL\MySQL Cluster 8.0\bin
```

```
cmd> mysql -u root -p"lqwj4ipzKo_y" -h127.0.0.1 –P33061
mysql> alter user 'root'@'localhost' identified by 'mysql';
mysql> flush privileges;
```

另一个 SQL 节点也按上述方法修改密码。

步骤 10：查看集群状态

查看集群状态，如图 8-17 所示。

```
ndb_mgm> show
```

图 8-17　查看集群状态

至此，MySQL Cluster 就搭建完成了。通过 ndb_mgm 可对 MySQL Cluster 进行管理。

任务 8-3　测试 Linux 系统下的 MySQL Cluster

一、任务说明

MySQL Cluster 提供了一种高可用性、高性能的集群方案。本任务要求对之前搭建的 Linux 系统下的 MySQL Cluster 进行测试，包括常规测试、数据节点损坏测试和 SQL 节点损坏测试。

二、任务实施过程

步骤 1：常规测试

在其中一个 SQL 节点上创建数据库和数据表，然后到另外一个 SQL 节点上查看数据是否同步。

在 SQL 节点 1（IP 地址为 192.168.99.68）上执行如下命令。然后在 SQL 节点 2 上看数据是否同步。

```
shell> mysql -u root -p
mysql> show databases;
mysql> create database db1;
mysql> use db1;
mysql> create table ctest (i int) ENGINE=NDB;
mysql> insert into ctest values(1);
```

 注意　为了让数据表能够在集群中正常复制，创建数据表时必须指定使用 NDB 存储引擎（ENGINE=ndb 或 ENGINE=ndbcluster）。

步骤 2：数据节点损坏测试

模拟数据节点中断情况，这里将终止数据节点 1（IP 地址为 192.168.99.68）上的 NDB 进程。在数据节点 1 上执行如下命令。

```
shell> ps -ef | grep ndbd        #查看 NDB 进程情况
shell> kill 24077                #停止 NDB 进程
shell> ps -ef | grep ndbd
```

然后分别登录到 SQL 节点 1 和 SQL 节点 2 上进行查询，命令如下。

```
shell> mysql -u root -p
mysql> select * from db1.ctest;
```

发现依然能够查询到数据。此结果说明当一个数据节点停止服务后，整个 MySQL Cluster 仍可以正常提供服务。

步骤 3：SQL 节点损坏测试

模拟 SQL 节点中断情况，这里将终止 SQL 节点 1（IP 地址为 192.168.99.68）上的 mysqld 进程。在 SQL 节点 1 上执行如下命令。

```
shell> systemctl stop mysqld
```

然后在 SQL 节点 2 上登录到 MySQL 并查询数据，命令如下。

```
shell> mysql -u root -p
mysql> select * from db1.ctest;
```

发现依然能够查询到数据。此结果说明当一个 SQL 节点停止服务后，整个 MySQL Cluster 仍可以正常提供服务。

8.5 常见问题解决

问题 1：启动管理节点时出现"[MgmtSrvr] ERROR -- Could not create directory '/usr/local/mysql/mysql-cluster'. Either create it manually or specify a different directory with --configdir=<path>"错误提示。

原因分析

没有 configdir 目录导致出现该错误。

解决方案

手动创建 configdir 目录，或者通过设置--configdir 选项来指定目录。

问题 2：启动节点时经常遇到创建文件失败等错误。

原因分析

该问题通常由权限不足导致。

解决方案

在 Linux 系统下使用 chown 和 chmod 命令添加权限；在 Windows 系统下以管理员身份启动节点。

问题 3：出现"--initialize specified but the data directory has files in it"错误提示。

原因分析

data 目录下已经有文件。

解决方案

删除 data 目录下的文件，确保该目录是空目录。

///// 8.6 /// 课后习题

一、填空题

1. MySQL Cluster 节点按照功能来划分，可以分为 3 种：_____、_____和_____。
2. 管理节点通常管理_____和_____。
3. MySQL Cluster 提供了两种日志，分别是_____和_____。
4. 可以使用_____客户端管理工具打开或者关闭日志。
5. 备份文件中，backup-id 是_____，node_id 是_____。

二、选择题

1. MySQL Cluster 中可以有多个 SQL 节点，通过每个 SQL 节点查询到的数据都是（   ）。
   A. 关联的   B. 一致的   C. 不同的   D. 对应的
2. 可以在管理节点上使用（   ）命令实现数据库的在线备份。
   A. start backup   B. ndb_restore   C. ndb_mgm   D. clusterlog on
3. 可以使用（   ）命令来进行数据库的恢复。
   A. start backup   B. ndb_restore   C. ndb_mgm   D. clusterlog on
4. MySQL Cluster 可以生成（   ）种格式的备份文件。
   A. 1   B. 2   C. 3   D. 4

三、问答/操作题

1. 简述 MySQL Cluster 节点有几类，分别有什么作用。
2. 说出 MySQL Cluster 所用的存储引擎，并尝试说明它的原理。
3. 请尝试在已有的 MySQL Cluster 中新增一个管理节点和数据节点。

项目9
结合Redis的MySQL运维

09

9.1 项目场景

近年来，在 Web 开发过程中，MySQL+Redis 逐渐成为常用的存储方案。MySQL 存储着所有的业务数据，根据业务规模可采用相应的分库分表、读写分离、主备容灾、数据库集群等手段。MySQL 使用基于磁盘的 I/O 访问，基于服务响应性能考虑，可将业务热数据利用 Redis 缓存，使高频业务数据可以直接从内存读取，从而提高系统整体响应速度。

最近天天电器商场的在线商城系统进行了全面升级，为了适应高并发的"秒杀"活动，提高查询速度，该系统采用了 MySQL+Redis 的存储方案。

9.2 教学目标

一、知识目标

1. 掌握 Redis 的基本结构和读写原理
2. 掌握 Redis 的安装方法和常用命令
3. 掌握 Redis 的配置方法
4. 掌握 RedisManager 的使用方法

二、能力目标

1. 能使用 redis-cli 命令监控 Redis 服务状态
2. 能使用 RedisManager 创建集群监控
3. 能使用 MySQL+Redis 实现读写分离

三、素养目标

1. 培养精益求精的工匠意识
2. 提高自主学习能力
3. 提高解决问题能力

9.3 项目知识导入

9.3.1 Redis 介绍与安装

Redis（Remote Dictionary Server，远程字典服务）是一个开源、使用 ANSI C 语言编写、支持网络、可基于内存亦可持久化的日志型、Key-Value 存储数据库。

Redis 是一个 Key-Value 存储系统。与 Memcached 类似，Redis 支持的值类型相对更多，包括 string（字符串）、list（列表）、set（集合）、zset（有序集合）和 hash（散列类型）。这些数据类型都支持 push/pop、add/remove，取交集、并集、差集，以及更丰富的操作，而且这些操作都具有原子性。在此基础上，Redis 支持各种不同方式的排序。与 Memcached 一样，为了保证效率，数据缓存在内存中。二者的区别是 Redis 会周期性地把更新的数据写入磁盘或者把修改操作写入追加的记录文件，并且在此基础上实现 Master-Slave（主从）同步。

Redis 是一个高性能的 Key-Value 存储数据库。Redis 的出现很大程度上弥补了 Memcached 的不足，在部分场合中 Redis 可以对关系型数据库起到很好的补充作用。Redis 提供了 Java、C/C++、C#、PHP、JavaScript、Perl、Object-C、Python、Ruby、Erlang 等客户端，使用很方便。

Redis 支持主从同步。数据可以从主服务器向任意数量的从服务器上同步，从服务器可以是其他从服务器的主服务器。这使得 Redis 可执行单层树复制。Redis 可以有意无意地对数据进行写操作，以完成持久化存储。由于 Redis 完全实现了发布/订阅机制，因此从服务器在任何地方同步树时，可订阅一个频道并接收主服务器完整的消息发布记录。主从同步对提高读取操作的可扩展性和减少数据冗余很有帮助。

一、在 Windows 系统下安装 Redis

Redis 支持 32 位和 64 位 Windows 系统。打开下载页面，根据系统选择相应的压缩包，如图 9-1 所示。

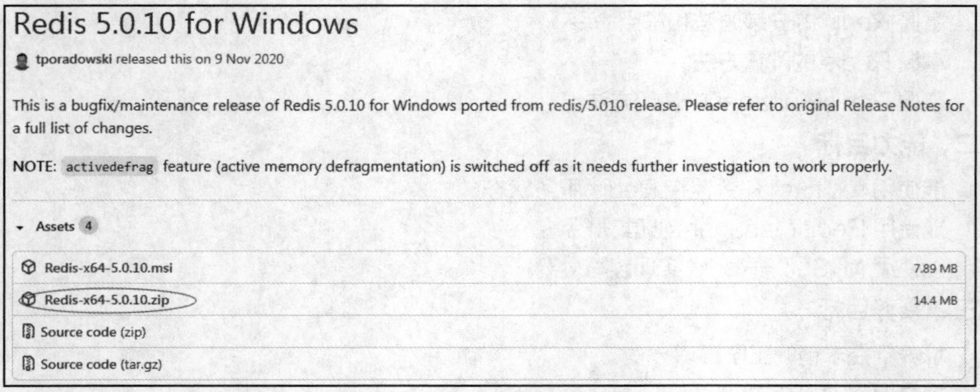

Redis 5.0.10 for Windows

tporadowski released this on 9 Nov 2020

This is a bugfix/maintenance release of Redis 5.0.10 for Windows ported from redis/5.010 release. Please refer to original Release Notes for a full list of changes.

NOTE: `activedefrag` feature (active memory defragmentation) is switched off as it needs further investigation to work properly.

▾ Assets 4

Redis-x64-5.0.10.msi	7.89 MB
Redis-x64-5.0.10.zip	14.4 MB
Source code (zip)	
Source code (tar.gz)	

图 9-1　下载 Redis

下载完成后，将 Redis-x64-5.0.10.zip 压缩包解压到 D 盘的 Redis 目录下。

打开命令提示符窗口，然后进入 Redis 目录，执行如下命令以启动 Redis 服务。

```
redis-server redis.windows.conf
```

出现图 9-2 所示的界面，说明 Redis 服务启动成功。

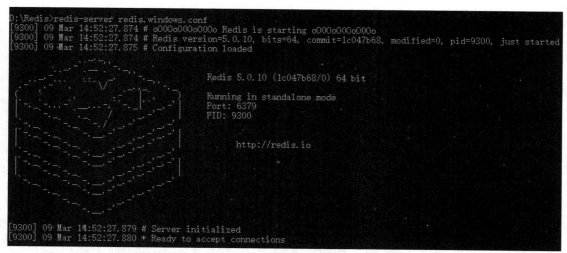

图 9-2　启动 Redis 服务

　　虽然前面启动了 Redis 服务，但是当关闭命令提示符窗口时，Redis 服务就会停止。所以要把 Redis 安装成 Windows 系统服务，使 Redis 服务随系统启动而启动。

　　在命令提示符窗口中执行如下命令。

```
redis-server --service-install redis.windows-service.conf --loglevel verbose
```

　　命令执行成功后，在 Windows 系统的服务管理界面上多了一个 Redis 服务，这表示 Redis 服务安装成功，如图 9-3 所示。

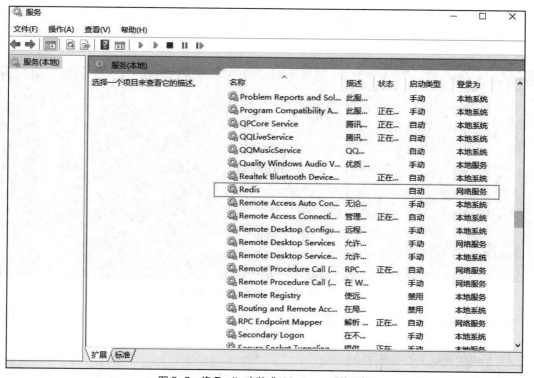

图 9-3　将 Redis 安装成 Windows 系统服务

在服务管理界面，可以启动和停止 Redis 服务。

二、在 Linux 系统下安装 Redis

打开 Linux 系统下的命令提示符窗口，执行如下命令下载 Redis 源码包。

```
wget http://download.redis.io/releases/redis-5.0.10.tar.gz
```

将下载的 Redis 源码包解压，命令如下。

```
tar -zxvf redis-5.0.10.tar.gz
```

切换到解压后的目录，命令如下。

```
cd redis-5.0.10
```

进行编译安装，命令如下。

```
make
make install
```

 注意 编译需要 C 语言编译器 GCC 的支持，如果没有，需要先安装 GCC。可以使用 **rpm –q gcc** 命令查看 GCC 是否安装。

至此，Redis 安装完毕。

三、启动和停止 Redis

1. Linux 系统下的前端启动

由于前面安装过程中没有指定目录，所以 Linux 系统会将可执行文件存放在/usr/local/bin 目录中。在终端窗口执行如下命令。

```
[root@mm redis-5.0.10]# cd /usr/local/bin
[root@mm bin]# ./redis-server
```

命令执行结果如图 9-4 所示。

图 9-4　在 Linux 系统下启动 Redis 服务

前端模式的缺点是启动完成后不能再进行其他操作，如果要进行其他操作，必须打开新的终端窗口。

2. Linux 系统下的后端启动

（1）将 Redis 源码包中的 redis.conf 文件复制到/usr/local/bin 目录下，命令如下。

```
[root@mm redis-5.0.10]# cp redis.conf /usr/local/bin/
```

（2）编辑 redis.conf 文件，命令如下。

```
[root@mm redis-5.0.10]# vi /usr/local/bin/redis.conf
```

将 "daemonize no" 改成 "daemonize yes"，如图 9-5 所示。

```
################################ GENERAL ####################################

# By default Redis does not run as a daemon. Use 'yes' if you need it.
# Note that Redis will write a pid file in /var/run/redis.pid when daemonized.
daemonize yes

# If you run Redis from upstart or systemd, Redis can interact with your
# supervision tree. Options:
#   supervised no      - no supervision interaction
#   supervised upstart - signal upstart by putting Redis into SIGSTOP mode
-- INSERT --
```

图 9-5　修改 redis.conf 文件

（3）启动 Redis，命令如下。

```
[root@mm redis-5.0.10]# /usr/local/bin/redis-server redis.conf
```

（4）停止 Redis，命令如下。

```
[root@mm redis-5.0.10]# /usr/local/bin/redis-cli shutdown
```

9.3.2　Redis 结构与读写原理

一、Redis 数据库结构

Redis 服务器将所有数据库都保存在服务器状态 redis.h/redisServer 结构的 db 数组中，db 数组中每一项都是一个 redis.h/redisDb 结构。

redisServer 结构如下。

```
struct redisServer{
    //一个数组，用于保存服务器中的所有数据库
    redisDb *db;
    //服务器的数据库数量
    int dbnum;
};
```

每个 Redis 客户端都有自己的目标数据库，每当客户端执行命令时，目标数据库就会成为这些命令的操作对象。默认情况下目标数据库为 0 号数据库，可以通过 SELECT 语句切换目标数据库。

redisClient 结构如下。

```
typedef struct redisClient{
    //记录客户端当前正在使用的数据库
    redisDb *db;
}redisClient;
```

Redis 数据库结构如图 9-6 所示。

每一个 Redis 服务器内部的数据结构都是一个 redisDb[]，该数组的大小（默认为 16）可以在 redis.conf 文件中配置，而所有的缓存操作（set、hset、get 等）都是在 redisDb[] 中的一个 redisDb（库）上进行的，这个 redisDb[] 默认是 redisDb[0]。

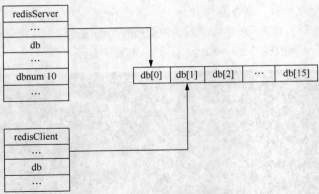

图9-6　Redis 数据库结构

二、读写原理

在每一个 redisDb 中都以一个 DICT（字典）存储 Key-Value。

例如，假设在 Redis 中执行了如下 4 条命令。

```
127.0.0.1:6379> set msg "HELLO"
OK
127.0.0.1:6379> rpush mylist "a" "b" "c"
(integer) 3
127.0.0.1:6379> hset book name "MySQL"
(integer) 1
127.0.0.1:6379> hset book author "Jack"
(integer) 1
```

上述命令分别在 Redis 数据库中插入了 string、list、hash 这 3 种类型的缓存数据，其键分别是 msg、mylist 和 book，具体如下。

```
127.0.0.1:6379> keys *
1) "book"
2) "mylist"
3) "msg"
```

Redis 存储结构示意如图 9-7 所示。

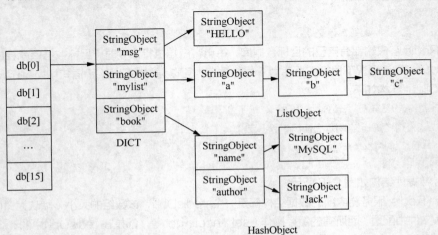

图9-7　Redis 存储结构示意

当 Redis 进行读写操作时，会对键空间执行以下维护操作。

（1）在读取一个键之后，服务器会根据键是否存在来更新服务器的键空间命中次数。

（2）在读取一个键之后，服务器会更新键的 LRU（Least Recently Used，最近最少使用）时间。

（3）如果服务器在读取一个键时，发现该键已过期，则服务器会先删除这个键，再执行其他操作。

（4）如果客户端使用 WATCH 命令监视了某个键，则服务器对被监视的键进行修改之后，会将这个键标记为 dity，让事务程序注意。

（5）服务器每次修改一个键之后，都会将 dity 键计数器的值增加 1，这个计数器会触发服务器的持久化和复制操作。

（6）如果开启了数据库通知功能，在对键进行修改之后，服务器将按照配置发送相应的数据库通知。

9.3.3 Redis 常用命令

1. redis-cli

redis-cli 命令用于连接本地 Redis 服务，执行该命令可以进入 Redis 的脚本控制台。执行 exit（或 quit）命令可以退出 Redis 的脚本控制台。命令如下。

```
[root@mm bin]# redis-cli
127.0.0.1:6379>
127.0.0.1:6379> exit
[root@mm bin]#
```

2. set key value

set key value 是缓存设置命令，用于设置一个键名为 key 的缓存，缓存内容为 value。例如设置一个键名为 "key1" 的缓存，其内容为 "hello,redis"，命令如下。

```
127.0.0.1:6379> set key1 'hello,redis'
OK
```

3. get key

get key 是缓存获取命令。keys（pattern）命令用于返回满足给定 pattern 的所有 key。例如：

```
127.0.0.1:6379> keys *
1) "key1"
127.0.0.1:6379> get key1
"hello,redis"
```

4. del key

del key 是缓存删除命令。例如：

```
127.0.0.1:6379> del key1
(integer) 1
127.0.0.1:6379> keys *
(empty list or set)
127.0.0.1:6379>
```

5. flushall

flushall 是删除所有缓存的命令。例如：

```
127.0.0.1:6379> flushall
OK
127.0.0.1:6379> keys *
(empty list or set)
```

6. dbsize

dbsize 是查看当前库中的 key 数量的命令。例如：

```
127.0.0.1:6379> dbsize
(integer) 1
```

7. CLIENT LIST

CLIENT LIST 是查看客户端列表命令。例如：

```
127.0.0.1:6379> CLIENT LIST
id=5 addr=127.0.0.1:43179 fd=8 name= age=4 idle=0 flags=N db=0 sub=0 psub=0 multi=-1
qbuf=26 qbuf-free=32742 obl=0 oll=0 omem=0 events=r cmd=client
```

8. CLIENT KILL

CLIENT KILL 是关闭某个客户端命令。例如：

```
127.0.0.1:6379> CLIENT KILL 127.0.0.1:43501
```

9. SAVE

SAVE 用于将数据保存到磁盘文件，下次启动 Redis 服务时，自动加载。例如，

```
127.0.0.1:6379> SAVE
```

9.3.4 Redis 配置

一、常用配置项

Redis 的配置文件位于 Redis 安装目录下，文件名为 redis.conf（Windows 系统下为 redis.windows.conf）。可以通过 CONFIG 命令查看或设置配置项。命令及执行结果如下。

```
127.0.0.1:6379> CONFIG GET *
  1) "dbfilename"
  2) "dump.rdb"
  3) "requirepass"
  4) ""
  5) "masterauth"
  6) ""
  7) "cluster-announce-ip"
  8) ""
  9) "unixsocket"
 10) ""
 11) "logfile"
 12) ""
 13) "pidfile"
 14) ""
 15) "slave-announce-ip"
 16) ""
 17) "replica-announce-ip"
 18) ""
 19) "maxmemory"
 20) "0"
 21) "proto-max-bulk-len"
 22) "536870912"
 23) "client-query-buffer-limit"
 24) "1073741824"
```

```
25) "maxmemory-samples"
26) "5"
...
```

Redis 常用配置项说明如表 9-1 所示。

表 9-1　Redis 常用配置项说明

序号	配置项	配置项说明
1	daemonize no	Redis 默认不是以守护进程的方式运行的，可以通过该配置项修改 Redis 运行方式，使用 yes 启用守护进程（在 Windows 系统中不支持守护进程的配置为 no）
2	pidfile /var/run/redis.pid	当 Redis 以守护进程方式运行时，Redis 默认会把 pid 写入 /var/run/redis.pid 文件，可以通过 pidfile 指定文件名和文件路径
3	port 6379	指定 Redis 监听端口，默认端口为 6379
4	bind 127.0.0.1	绑定的主机地址
5	timeout 300	在客户端闲置多长时间（秒）后关闭连接，如果指定为 0，则表示关闭该功能
6	loglevel notice	指定日志记录级别。Redis 共支持 4 个日志记录级别，即 debug、verbose、notice、warning，默认为 notice
7	logfile stdout	日志记录方式，默认为标准输出。如果配置 Redis 以守护进程方式运行，又配置日志记录方式为标准输出，则日志将会发送给/dev/null
8	databases 16	设置数据库的数量，默认数据库 ID 为 0，可以使用 SELECT 语句在连接时指定数据库 ID
9	save \<seconds\> \<changes\>	在指定时间内，完成多少次更新操作，就会将内存中的数据同步到数据文件中。可以配置多个条件，Redis 默认配置文件中提供了 3 个条件： • save 900 1 • save 300 10 • save 60 10000 分别表示 900 秒（15 分钟）内有 1 个更改、300 秒（5 分钟）内有 10 个更改和 60 秒内有 10000 个更改
10	rdbcompression yes	指定存储至本地数据库时是否压缩数据，默认为 yes。Redis 采用 LZF 压缩，如果为了节省 CPU 时间，可以关闭该配置项，但这会导致数据库文件变大
11	dbfilename dump.rdb	指定本地数据库文件名，默认为 dump.rdb
12	dir ./	指定本地数据库存放目录
13	slaveof \<masterip\> \<masterport\>	当本机启动从库服务时，设置主库服务的 IP 地址和端口，在 Redis 启动时，它会自动与主库进行数据同步
14	masterauth \<master-password\>	当主库服务设置了密码保护时，从库服务连接主库的密码
15	requirepass foobared	设置 Redis 连接密码，如果配置了连接密码，客户端在连接 Redis 时需要通过 AUTH \<password\> 命令提供密码，默认关闭
16	maxclients 128	设置同一时间最大客户端连接数，默认无限制。Redis 可以同时打开的客户端连接数为 Redis 进程可以打开的最大文件描述符，如果设置 maxclients 0，则表示不限制。当客户端连接数达到上限时，Redis 会关闭新的连接并向客户端返回"max number of clients reached"错误信息

序号	配置项	配置项说明
17	maxmemory <bytes>	指定 Redis 最大内存限制。Redis 在启动时会把数据加载到内存中，达到最大内存限制后，Redis 会先尝试清除已到期或即将到期的 key
18	appendonly no	指定是否在每次更新操作后进行日志记录。Redis 在默认情况下以异步方式把数据写入磁盘，如果不设置该配置项，可能会在断电时导致一段时间内的数据丢失。默认为 no
19	appendfilename appendonly.aof	指定更新日志文件名，默认为 appendonly.aof
20	appendfsync everysec	指定更新日志条件，共有以下 3 个可选值。 • no：等操作系统进行数据缓存时将数据同步到磁盘（快）。 • always：每次更新操作后手动调用 fsync()函数将数据写到磁盘（慢，安全）。 • everysec：每秒同步一次（折中，默认值）
21	vm-enabled no	指定是否启用虚拟内存机制，默认为 no
22	vm-swap-file /tmp/redis.swap	虚拟内存文件路径，默认为/tmp/redis.swap。不可多个 Redis 实例共享同一个虚拟内存文件路径
23	vm-max-memory 0	将所有大于 vm-max-memory 的数据存入虚拟内存，无论 vm-max-memory 设置得多小，所有索引数据都是内存存储的（Redis 的索引数据就是 keys）。也就是说，当 vm-max-memory 为 0 的时候，其实所有 value 都存储在磁盘。默认为 0
24	vm-page-size 32	Redis swap 文件分为很多的 page，一个对象可以保存在多个 page 上，但一个 page 不能被多个对象共享。vm-page-size 要根据存储的数据大小来设定的，如果存储很多小对象，vm-page-size 最好设置为 32 或者 64；如果存储很大的对象，则可以使用更大的 vm-page-size；如果不确定，就使用默认值
25	vm-pages 134217728	设置 swap 文件中的 page 数量。由于页表（一种表示页面空闲或使用的 bitmap）是存在内存中的，在磁盘上每 8 个 page 将消耗 1B 的内存
26	vm-max-threads 4	设置访问 swap 文件的线程数，最好不要超过 CPU 的核数，如果设置为 0，则所有对 swap 文件的操作都是串行的，可能会造成比较长时间的延迟。默认为 4
27	glueoutputbuf yes	设置在向客户端应答时，是否把较小的包合并为一个包发送，默认为开启
28	hash-max-zipmap-entries 64 hash-max-zipmap-value 512	指定在超过一定数量或者最大的元素超过某一临界值时，采用一种特殊的散列算法
29	activerehashing yes	指定是否激活重置散列算法，默认为开启
30	include /path/to/local.conf	指定包含其他的配置文件。可以在同一主机上的多个 Redis 实例中使用同一个配置文件，而同时各个实例又拥有自己的特定配置文件

二、编辑配置

可以通过修改 redis.conf 文件或使用 CONFIG SET 命令来修改配置。

命令语法格式如下。

```
redis 127.0.0.1:6379> CONFIG SET CONFIG_SETTING_NAME NEW_CONFIG_VALUE
```

例如：

```
redis 127.0.0.1:6379> CONFIG SET loglevel "notice"
OK
redis 127.0.0.1:6379> CONFIG GET loglevel
1) "loglevel"
2) "notice"
```

9.3.5　Redis 集群

Redis 支持三种集群方案：主从复制模式、Sentinel（哨兵）模式、Cluster 集群模式。

为了解决 Redis 高可用模式下集群动态扩容困难、写操作并发瓶颈问题，在 Redis 3.0 之后 Redis 推出了 Redis-Cluster 集群模式。

Redis-Cluster 采用无中心结构，每个节点保存各自的数据和整个集群的状态，每个节点都与其他所有节点连接，客户端连接任意主节点可以对整个集群中的数据进行读写，所有的从库节点仅用于数据备份与故障转移。

一、Redis 集群的数据分片

Redis 集群没有使用一致性散列算法，而是引入了"散列槽"的概念。

Redis 集群有 16384 个散列槽，每个 key 通过 CRC16 校验后对 16384 取模来决定放置哪个槽。集群的每个节点负责一部分散列槽，举个例子，例如当前集群有 3 个节点，那么：

- 节点 A 包含 0～5500 号散列槽。
- 节点 B 包含 5501～11000 号散列槽。
- 节点 C 包含 11001～16384 号散列槽。

这种结构很容易添加或者删除节点。例如新添加一个节点 D，则只需要从节点 A、节点 B、节点 C 中将部分散列槽分配到节点 D 上。如果想移除节点 A，需要将节点 A 中的散列槽移到节点 B 和节点 C 上，然后将没有任何散列槽的节点 A 从集群中移除即可。由于从一个节点将散列槽移动到另一个节点并不会停止服务，所以无论添加删除或者改变某个节点的散列槽的数量都不会使集群出现不可用的状态。

二、Redis 集群的主从复制模式

为了保障在部分节点故障或者大部分节点无法通信的情况下集群仍然可用，集群使用了主从复制模式，即每个节点都会有 N～1 个复制品。

在具有 A、B、C 三个节点的集群示例中，在没有采用复制模式的情况下，如果节点 B 发生故障，那么整个集群就会因为缺少 5501～11000 这个范围的散列槽而不可用。

而如果在集群创建的时候为每个节点添加一个从节点即 A1、B1、C1，那么整个集群便由三个主库节点和三个从库节点组成，这样，在节点 B 故障后，集群便会选举节点 B1 为新的主库节点继续服务，整个集群便不会因为散列槽找不到而不可用。

9.3.6　RedisManager

RedisManager 是 Redis 一站式管理平台，支持集群的监控、安装、管理、告警和基本的数据操作。

- 集群监控：支持监控 Memory、Clients 等 Redis 重要指标；可实时查看 Redis Info、Redis Config 和 Slow Log。
- 集群安装：支持 Docker、Machine、Humpback 方式。

- 集群管理：支持节点 Forget、Replicate Of、Failover、Move Slot、Start、Stop、Restart、Delete、修改配置等。
- 集群告警：支持根据 Memory、Clients 等指标告警（同监控指标），支持邮件、企业微信 App、企业微信 Webhook、钉钉告警。
- 数据操作：支持 Query、Scan 及基本的数据操作。

9.4　项目任务分解

根据项目场景的描述，随着业务系统中 Redis 的广泛使用，数据库管理员需要掌握 Redis 的基本运维技能。任务 9-1 要求读者掌握基本的 redis-cli 命令；任务 9-2 要求读者搭建 Redis 集群；任务 9-3 要求读者进一步借用 RedisManager 工具实现集群监控；任务 9-4 要求读者部署一个读写分离的应用实例，提高业务系统的并发能力。

任务 9-1　使用 redis-cli 命令监控 Redis 服务状态

微课视频

一、任务说明

在使用 Redis 的过程中，可能会遇到很多问题，因此需要随时诊断、观察 Redis 的健康情况。Redis 提供了 info 命令，可以让数据库管理员观察 Redis 各方面的信息、运行状况。本任务要求使用 info 命令查看其所提供的信息。

二、任务实施过程

步骤 1：通过 redis-cli 命令连接数据库

redis-cli 是 Redis 命令行工具，有两种方式可以连接 Redis 服务器。

- 交互式方式：以 redis-cli -h {host} -p {port}方式连接，然后将所有的操作都以交互的方式实现，不需要再执行 redis-cli。
- 命令方式：以 redis-cli -h {host} -p {port} {command}方式连接，直接得到命令的返回结果。

步骤 2：通过 info 命令获取 Redis 运行信息

执行 info 命令可以获取 Redis 运行信息。

命令语法格式如下。

```
info [section]
```

执行 info 命令显示的信息分为 9 个部分，每个部分都有很多参数。也可以通过给定可选的参数 section，让命令只返回某一部分的信息。这 9 个部分的介绍如下。

- server 部分记录了 Redis 服务器的信息。
- clients 部分记录了已连接客户端的信息。
- memory 部分记录了服务器的内存信息。
- persistence 部分记录了与 RDB（Redis Database）持久化和 AOF（Append Only File）持久化有关的信息。
- stats 部分记录了一般统计信息。
- replication 部分记录了主从复制的相关信息。
- cpu 部分记录了 CPU 的计算量统计信息。
- cluster 部分记录了与集群有关的信息。

- keyspace 部分记录了数据库相关的统计信息。

下面列举几个比较重要的参数。

（1）connected_clients：已连接客户端的数量（不包括通过从服务器连接的客户端），如图 9-8 所示。

```
[root@db1 redis]# redis-cli -h 192.168.211.131 -p 6379 info clients | grep connected_clients
connected_clients:3
```

图 9-8　查看 connected_clients 结果

（2）used_memory：使用内存，如图 9-9 所示。

```
[root@db1 redis]# redis-cli -h 192.168.211.131 -p 6379 info memory | grep used_memory
used_memory:1977496
```

图 9-9　查看 used_memory 结果

（3）used_memory_rss：从操作系统角度返回 Redis 已分配的内存，这个值与执行 top、ps 命令的输出结果一致，如图 9-10 所示。

```
[root@db1 redis]# redis-cli -h 192.168.211.131 -p 6379 info memory | grep used_memory_rss
used_memory_rss:7618560
```

图 9-10　查看 used_memory_rss 结果

（4）instantaneous_ops_per_sec：每秒执行的命令数，相当于 QPS，如图 9-11 所示。

```
[root@db1 redis]# redis-cli -h 192.168.211.131 -p 6379 info stats | grep instantaneous_ops_per_sec
instantaneous_ops_per_sec:3
```

图 9-11　查看 instantaneous_ops_per_sec 结果

（5）rejected_connections：拒绝的连接个数，受 maxclients 限制，拒绝新连接的个数，如图 9-12 所示。

```
[root@db1 redis]# redis-cli -h 192.168.211.131 -p 6379 info stats | grep rejected_connections
rejected_connections:0
```

图 9-12　查看 rejected_connections 结果

任务 9-2　搭建 Redis 集群

一、任务说明

微课视频

Redis 支持三种集群方案：主从复制模式、Sentinel（哨兵）模式、Cluster 集群模式。本任务基于 Cluster 集群模式搭建 Redis 集群。

根据官方推荐，部署 Redis 集群至少需要 6 个节点（3 个主节点，3 个从节点），本任务采用伪分布方式，在一台服务器上进行部署。

二、任务实施过程

步骤 1：初始化服务器

关闭防火墙、关闭 selinux（或自行开启放行），命令如下。

```
shell> systemctl stop firewalld
shell> setenforce 0
```

步骤 2：下载 Redis

使用 wget 命令下载 Redis 的源代码文件包，命令如下。

```
shell>cd /usr/local/src
```

```
shell>wget https://download.redis.io/releases/redis-5.0.14.tar.gz
```

步骤 3：编译安装 Redis

如果是 6 台机器，6 台机器都要执行，伪分布则只需要在一台机器上执行，命令如下。

```
shell>yum install zlib zlib-devel openssl openssl-devel gcc gcc-c++ readline readline-devel
shell>tar xf redis-5.0.14.tar.gz
shell>cd /usr/local/src/redis-5.0.14/deps
shell>make lua hiredis linenoise
shell>cd /usr/local/src/redis-5.0.14/deps/jemalloc
shell>./configure
shell>make && make install_bin install_include install_lib
shell>cd /usr/local/src/redis-5.0.14
shell>make -j 8
shell>make PREFIX=/usr/local/redis install
```

步骤 4：创建集群目录

创建 7000～7005 共六个文件夹，放置六个 Redis 实例的配置文件，命令如下。

```
shell>mkdir -p /usr/local/src/redis_cluster/{7000,7001,7002,7003,7004,7005}
```

步骤 5：修改配置文件

将原始配置文件做好备份，然后修改配置文件内容，命令如下。

```
shell>cd /usr/local/src/redis-5.0.14
shell>cp redis.conf redis.conf.bak
shell>vi redis.conf
```

修改配置文件内容如下（注意替换本机 IP）。

```
port 7000
bind 192.168.80.8(替换本机 IP)
daemonize yes
pidfile /var/run/redis_7000.pid
cluster-enabled yes
cluster-config-file nodes_7000.conf
cluster-node-timeout 15000
appendonly yes
requirepass 123456
masterauth 123456
```

步骤 6：分发配置文件并修改

将 redis.conf 复制到/redis_cluster 目录的各个子目录中，并修改配置文件中的相应端口号，命令如下。

```
shell> for ((i = 0;i <= 5;i++)); do cp redis.conf /usr/local/src/redis_cluster/700$i/; done
shell> for ((i = 1;i <= 5;i++)); do sed -i s#7000#700$i#g /usr/local/src/redis_cluster/700$i/redis.conf; done
```

步骤 7：创建软连接

```
shell> ln -sv /usr/local/redis/bin/redis-cli /usr/local/bin/redis-cli
shell> ln -sv /usr/local/redis/bin/redis-server /usr/local/bin/redis-server
```

步骤 8：启动 Redis 服务

依次启动六个 Redis 服务实例，命令如下。

```
shell> cd /usr/local/src/redis_cluster
```

```
shell> for((i=0;i<=5;i++)); do redis-server /usr/local/src/redis_cluster/
700$i/redis.conf; done
```

 注意 输入 redis-cli –h IP –p 7000 –a 密码 shutdown 或 pkill redis-server 命令停止服务。

步骤 9：查看服务启动状态

```
shell>netstat -lntp | grep redis
```

步骤 10：编译安装 ruby

因为默认 yum 安装的 ruby 版本过低，无法提供 Redis 支持，所以需要通过编译安装，命令如下。

```
shell> cd /usr/local/src/
shell> wget https://cache.ruby-lang.org/pub/ruby/ruby-2.6.8.tar.gz
shell> tar xf ruby-2.6.8.tar.gz
shell> cd ruby-2.6.8
shell>./configure --prefix=/usr/local/ruby
shell> make -j 8
shell> make install
```

步骤 11：设置 ruby 环境变量

查看安装后的版本，命令如下。

```
shell> /usr/local/ruby/bin/ruby -v
ruby 2.6.8p205 (2021-07-07 revision 67951) [x86_64-linux]
```

设置 ruby 环境变量，命令如下。

```
shell> vi /etc/profile
```

在文件的最后面添加如下语句。

```
export PATH=$PATH:/usr/local/ruby/bin:
```

保存退出，使配置生效，命令如下。

```
shell> source /etc/profile
```

步骤 12：安装 Redis 集群

使用 ruby 脚本安装 Redis 集群，在这之前，为了快速安装软件包，可以替换成国内的镜像站点，命令如下。

```
shell> gem sources --add https://gems.ruby-china.com/ --remove https://
rubygems.org/
shell> gem sources -l
shell> gem install redis
```

步骤 13：初始化 redis 集群

Redis 5 提供了 redis-cli --cluster 命令，该命令用于一次性自动搭建集群，自动分配散列槽，命令如下。

```
shell> /usr/local/redis/bin/redis-cli --cluster create 192.168.80.8:7000
192.168.80.8:7001 192.168.80.8:7002 192.168.80.8:7003 192.168.80.8:7004
192.168.80.8:7005 --cluster-replicas 1 -a 123456
```

--cluster-replicas 1 表示为集群中的每个主节点创建一个从节点，命令执行结果如下。

```
>>> Performing hash slots allocation on 6 nodes...
```

```
Master[0] -> Slots 0 - 5460
Master[1] -> Slots 5461 - 10922
Master[2] -> Slots 10923 - 16383
Adding replica 192.168.80.8:7004 to 192.168.80.8:7000
Adding replica 192.168.80.8:7005 to 192.168.80.8:7001
Adding replica 192.168.80.8:7003 to 192.168.80.8:7002
>>> Trying to optimize slaves allocation for anti-affinity
[WARNING] Some slaves are in the same host as their master
M: 4d5ad162af9f2c4611bd30067ebf116dd65130fd 192.168.80.8:7000
   slots:[0-5460] (5461 slots) master
M: ae68bab7021d514be13892ad5cbd34236cba9df2 192.168.80.8:7001
   slots:[5461-10922] (5462 slots) master
M: 36fa27b0d35ee31582b970f213439cf932a913d0 192.168.80.8:7002
   slots:[10923-16383] (5461 slots) master
S: 3536d880c280b30d8a32294d5b95a1fb9df6066e 192.168.80.8:7003
   replicates 4d5ad162af9f2c4611bd30067ebf116dd65130fd
S: a4ff9ec6fc018a770640e82492f0c32af5321c6a 192.168.80.8:7004
   replicates ae68bab7021d514be13892ad5cbd34236cba9df2
S: 26229cf9585a05ee3598eb2cb85777ef48e4afac 192.168.80.8:7005
   replicates 36fa27b0d35ee31582b970f213439cf932a913d0
Can I set the above configuration? (type 'yes' to accept): yes
>>> Nodes configuration updated
>>> Assign a different config epoch to each node
>>> Sending CLUSTER MEET messages to join the cluster
Waiting for the cluster to join
.
>>> Performing Cluster Check (using node 192.168.80.8:7000)
M: 4d5ad162af9f2c4611bd30067ebf116dd65130fd 192.168.80.8:7000
   slots:[0-5460] (5461 slots) master
   1 additional replica(s)
M: 36fa27b0d35ee31582b970f213439cf932a913d0 192.168.80.8:7002
   slots:[10923-16383] (5461 slots) master
   1 additional replica(s)
M: ae68bab7021d514be13892ad5cbd34236cba9df2 192.168.80.8:7001
   slots:[5461-10922] (5462 slots) master
   1 additional replica(s)
S: 26229cf9585a05ee3598eb2cb85777ef48e4afac 192.168.80.8:7005
   slots: (0 slots) slave
   replicates 36fa27b0d35ee31582b970f213439cf932a913d0
S: 3536d880c280b30d8a32294d5b95a1fb9df6066e 192.168.80.8:7003
   slots: (0 slots) slave
   replicates 4d5ad162af9f2c4611bd30067ebf116dd65130fd
S: a4ff9ec6fc018a770640e82492f0c32af5321c6a 192.168.80.8:7004
   slots: (0 slots) slave
   replicates ae68bab7021d514be13892ad5cbd34236cba9df2
[OK] All nodes agree about slots configuration.
>>> Check for open slots...
```

```
>>> Check slots coverage...
[OK] All 16384 slots covered.
```

步骤 14：验证集群状态

连接到任意一台 Redis 服务器上，查看集群状态。

```
shell> redis-cli -c -h 192.168.80.8 -p 7000
192.168.80.8:7000> auth 123456
OK
192.168.80.8:7000> cluster info
cluster_state:ok
cluster_slots_assigned:16384
cluster_slots_ok:16384
cluster_slots_pfail:0
cluster_slots_fail:0
cluster_known_nodes:6
cluster_size:3
cluster_current_epoch:6
cluster_my_epoch:1
cluster_stats_messages_ping_sent:522
cluster_stats_messages_pong_sent:477
cluster_stats_messages_sent:999
cluster_stats_messages_ping_received:472
cluster_stats_messages_pong_received:522
cluster_stats_messages_meet_received:5
cluster_stats_messages_received:999
192.168.80.8:7000>
```

上面显示结果中，cluster_state 字段显示"OK"，表示 Redis Cluster 集群搭建完成。

任务 9-3　使用 RedisManager 创建集群监控

微课视频

一、任务说明

RedisManager 是一款精致小巧、开源的 Redis 监控软件，它提供了多种监控功能和集群管理功能。本任务要求部署 RedisManager 及创建集群监控。

二、任务实施过程

步骤 1：下载 RedisManager

到官网下载 RedisClusterManager 安装包。

步骤 2：解压 RedisManager-Web-1.0.0-SNAPSHOT.tar.gz 到安装目录

用 tar 命令解压下载好的安装包，命令如下。

```
shell>tar zxvf RedisManager-Web-1.0.0-SNAPSHOT-beta.tar.gz
```

步骤 3：运行脚本 start.sh，启动服务器

命令如下。

```
shell>start.sh
```

启动后，登录 RedisManager 页面，网址为 http://IP:8080（注意更换 IP 地址），如图 9-13 所示。

图 9-13　登录 RedisManager 页面

步骤 4：添加监控集群

单击"Add Cluster Monitor"按钮添加监控集群，如图 9-14 所示。

图 9-14　添加监控集群

在弹出的界面中，根据实际情况填写 IP 地址和端口，如图 9-15 所示。

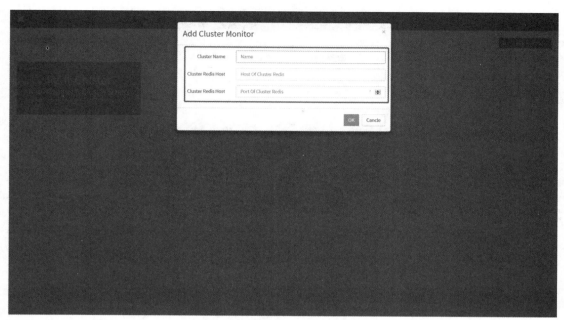

图 9-15　填写 IP 地址和端口

只需添加 Redis 的一个节点，RedisManager 就会自动更新集群内的所有节点，如图 9-16
所示。

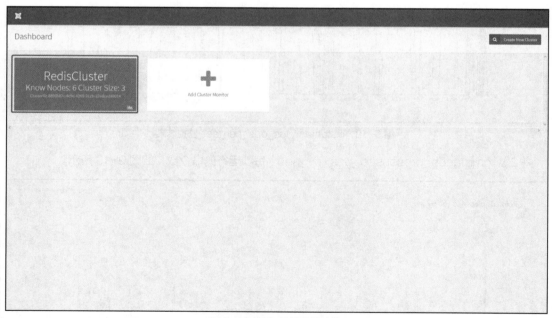

图 9-16　添加监控集群完毕

步骤 5：集群状态查询
如果需要图形化展示集群的主从关系，实时更新节点的请求量等数据，则单击创建好的集群监控。
上半页面展示的是集群主从关系（3 主 3 从集群），如图 9-17 所示。

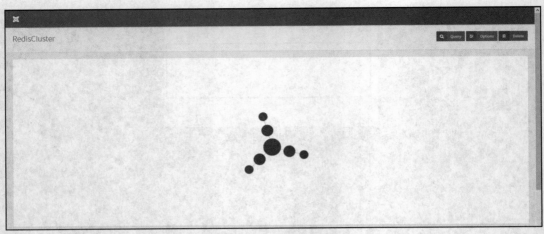

图 9-17 集群主从关系

下半页面展示的是监控项，共有 6 项。

（1）instantaneous_ops_per_sec：每秒执行的命令数，相当于 QPS，如图 9-18 所示。

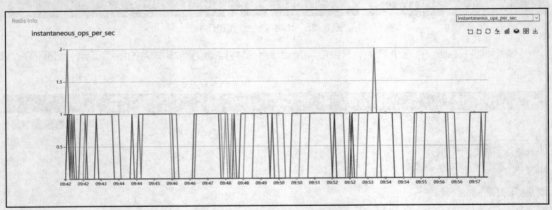

图 9-18 instantaneous_ops_per_sec 监控结果

（2）commands_processed_ops_by_sec：每秒运行的命令数，如图 9-19 所示。

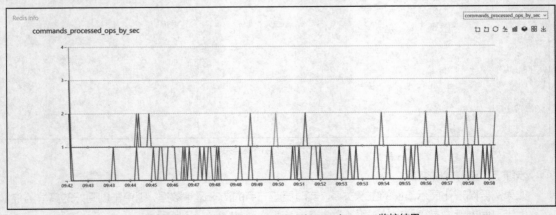

图 9-19 commands_processed_ops_by_sec 监控结果

（3）connections_received_ops_by_sec：每秒会话连接数，如图 9-20 所示。

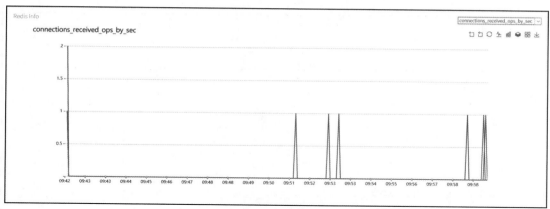

图 9-20　connections_received_ops_by_sec 监控结果

（4）net_input_bytes_ops_by_sec：网络入口流量每秒字节数，如图 9-21 所示。

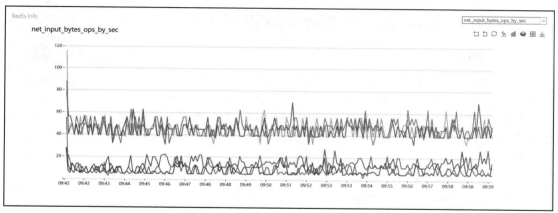

图 9-21　net_input_bytes_ops_by_sec 监控结果

（5）net_output_bytes_ops_by_sec：网络出口流量每秒字节数，如图 9-22 所示。

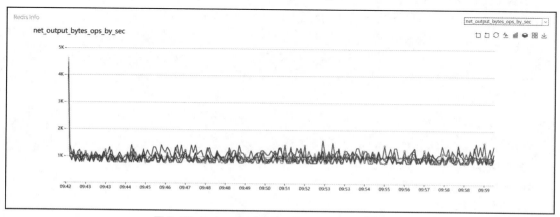

图 9-22　net_output_bytes_ops_by_sec 监控结果

（6）used_memory：使用内存，如图 9-23 所示。

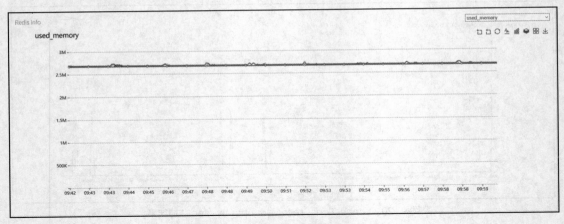

图 9-23　used_memory 监控结果

任务 9-4　MySQL 结合 Redis 实现读写分离

微课视频

一、任务说明

读写分离适用于处理读的并发量大，而写的并发量小的场景。在实际的生产环境中，客户端对数据库的读操作都是直接从 Redis 获取数据的，如果 Redis 缓存里面没有数据，客户端就会到 MySQL 数据库中取数据，取出数据后，会在 Redis 中缓存一份。一般来说，缓存用来支撑高并发读的操作，读写分离可以满足读写操作的不同需求。

本任务要求使用 MySQL 和 Redis 实现读写分离。

二、任务实施过程

步骤 1：安装编译工具及库文件

用 yum 命令安装依赖包，命令如下。

```
yum -y install make zlib zlib-devel gcc-c++ libtool  openssl openssl-devel unzip
```

步骤 2：安装 PCRE

到官网上下载最新的 PCRE 安装包，然后用 unzip 命令解压安装包，命令如下。

```
shell> cd /usr/local/src
shell> wget https://udomain.dl.sourceforge.net/project/pcre/pcre/8.45/pcre-8.45.zip
--no-check-certificate
shell> unzip pcre-8.45.zip
```

开始编译安装。

```
shell> cd pcre-8.45
shell> ./configure
shell> make && make install
```

查看 PCRE 版本。

```
pcre-config --version
```

步骤 3：安装 Nginx

登录官网下载最新的安装包，用 tar 命令解压安装包，命令如下。

```
shell> wget http://nginx.org/download/nginx-1.18.0.tar.gz
shell> tar zxvf nginx-1.18.0.tar.gz
```

开始编译安装。

```
shell> cd nginx-1.18.0
shell> ./configure --prefix=/nginx/nginx-1.18.0 --with-http_stub_status_module
--with-http_ssl_module --with-pcre=/usr/local/src/pcre-8.45
shell> make
shell> make install
```

查看 Nginx 版本。

```
shell> /nginx/nginx-1.18.0/sbin/nginx -v
```

步骤 4：启动 Nginx

按默认配置启动 Nginx，命令如下。

```
shell>/nginx/nginx-1.18.0/sbin/nginx
```

如果没有出现错误信息，即正常启动成功，可以通过浏览器访问 Nginx 网站，访问前记得关闭防火墙。

```
shell> systemctl stop firewalld
```

步骤 5：安装 PHP 支持

（1）配置安装源。PHP 高版本的 yum 源地址包括两个部分，其中一部分是 epel-release，另一部分来自 webtatic。配置安装源的命令如下。

```
shell> yum install epel-release -y
shell> rpm -Uvh https://mirror.webtatic.com/yum/el7/webtatic-release.rpm
```

（2）安装扩展包，命令如下。

```
shell> yum -y install php72w php72w-cli php72w-fpm php72w-common php72w-devel
```

（3）安装完成以后，启动服务，命令如下。

```
shell> systemctl start php-fpm
```

（4）配置 nginx.conf，命令如下。

```
shell> vi /nginx/nginx-1.18.0/conf/nginx.conf
```

在 nginx.conf 文件中添加对 PHP 的支持。

```
location / {
        root    html;
        index   index.html index.htm index.php;
    }


    location ~ \.php$ {
            root /usr/local/nginx/html;
            fastcgi_pass   127.0.0.1:9000;
            fastcgi_index index.php;
            fastcgi_param SCRIPT_FILENAME  $document_root$fastcgi_script_name;
            include       fastcgi_params;
    }
```

（5）检查配置文件 nginx.conf 是否正确，命令如下。

```
shell> /nginx/nginx-1.18.0/sbin/nginx -t
```

（6）启动 Nginx，命令如下。

```
shell> /nginx/nginx-1.18.0/sbin/nginx
```

213

（7）在 Nginx 的 html 目录下添加 php 默认发布文件，命令如下。

```
shell> cd /nginx/nginx-1.18.0/html
shell> vi index.php
```

index.php 文件内容如下。

```
<?php
phpinfo();
?>
```

（8）重启 Nginx，使之关联 PHP，命令如下。

```
shell> cd /nginx/nginx-1.18.0/sbin
shell>./nginx -s reload
```

打开浏览器访问。以下显示的是配置 PHP 成功的界面，如图 9-24 所示。

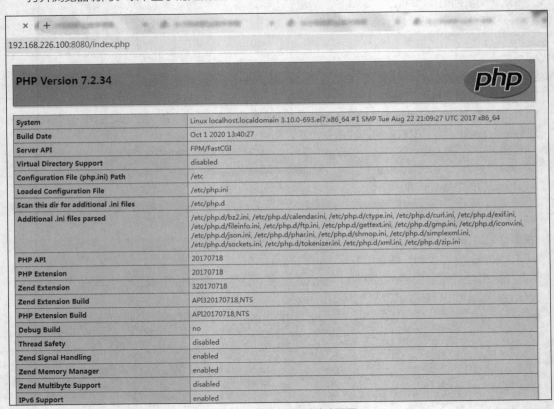

图 9-24　配置 PHP 成功功页面

步骤 6：建立 PHP 和 Redis、MySQL 的连接

在 Nginx 的 html 目录下创建测试文件 test.php。

```
<?php
        $redis = new Redis();
        $redis->connect('192.168.226.100',6379) or die ("could net connect redis
server");
        $query = "select * from test";
        for ($key = 1; $key < 10; $key++)
        {
                if (!$redis->get($key))
```

```php
            {
                    $connect = mysql_connect('192.168.226.100','redis','redhat');
                    mysql_select_db(test);
                    $result = mysql_query($query);
                    while ($row = mysql_fetch_assoc($result))
                    {
                            $redis->set($row['id'],$row['name']);
                    }
                    $myserver = 'mysql';
                    break;
            }
            else
            {
                    $myserver = "redis";
                    $data[$key] = $redis->get($key);
            }
    }
    echo $myserver;
    echo "<br>";
    for ($key = 1; $key < 10; $key++)
    {
            echo "number is <b><font color=#FF0000>$key</font></b>";
            echo "<br>";
            echo "name is <b><font color=#FF0000>$data[$key]</font></b>";
            echo "<br>";
    }
?>
```

重启 Nginx。

```
cd /nginx/nginx-1.18.0/sbin
./nginx -s reload
```

登录 MySQL 数据库创建测试库。

```
shell> mysql -u root -p
mysql> create database test;
mysql> grant all on test.* to redis@'%' identified by 'redhat';
mysql> flush privileges;
```

向测试库 test 导入数据。

```
vi test.sql
```

test.sql 中的内容如下。

```
use test;
CREATE TABLE 'test' ('id' int(7) NOT NULL AUTO_INCREMENT, 'name' char(8) DEFAULT
NULL, PRIMARY KEY ('id')) ENGINE=InnoDB DEFAULT CHARSET=utf8;
INSERT INTO 'test' VALUES (1,'test1'),(2,'test2'),(3,'test3'),(4,'test4'),
(5,'test5'),(6,'test6'),(7,'test7'),(8,'test8'),(9,'test9');
```

将 test.sql 中的内容导入数据库。

```
mysql -u root -p < test.sql
```

步骤 7：浏览器访问测试读写分离

在浏览器地址栏中输入访问地址，如图 9-25 所示。

图9-25　浏览器查询结果

注意　刷新一次后，访问的数据就是从 Redis 缓存中读取的数据，如图 9-26 所示。

```
[root@localhost ~]# redis-cli
127.0.0.1:6379> get 1
"test1"
127.0.0.1:6379> get 2
"test2"
127.0.0.1:6379>
```

图9-26　Redis 查询结果

9.5　常见问题解决

问题 1：执行 redis-cli 命令连接 Redis 后出现"(error) NOAUTH Authentication required"错误提示。

原因分析

此问题是由于设置了 Redis 密码。

解决方案

查看 Redis 的配置文件中是否设置了密码，之后在 redis-cli 命令中指定-a 参数连接 Redis。

问题 2：在 redis-cli 命令中设置了密码相关参数 requirepass 和 masterauth，重启 Redis 后，参数恢复了。

原因分析

在修改 Redis 参数后，要想使其永久生效，则必须手动修改配置文件中对应的参数，否则在 Redis

重启后修改的参数会失效。

解决方案

手动修改配置文件中对应的参数。

9.6 课后习题

一、填空题

1. 用于连接本地 Redis 服务的命令是_____，执行该命令可以进入 Redis 的脚本控制台，退出脚本控制台可以使用_____或_____命令。

2. 每一个 Redis 服务器内部的数据结构都是一个 redisDb[ ]，该数组的大小可以在 redis.conf 文件中配置，该数组的默认大小为_____。

3. Redis 中所有缓存操作都是在一个 redisDb[]中的一个 redisDb 上完成的，这个 redisDb 默认是_____。

4. 如果要查看 Redis 当前库中的 key 数量，可以使用_____命令。

二、选择题

1. 在 Redis 的 db 数组中每一项都是（　　　）结构。
   A. mysql　　　　　　B. redis.h/redisDb　C. int　　　　　　D. 树形
2. 在 Redis 中可以通过（　　）语句来切换目标数据库。
   A. SELECT　　　　B. INSERT　　　　C. CREATE　　　D. DELETE
3. 在 Redis 中 rpush 命令的作用是（　　　）。
   A. 给列表里的散列字段赋值
   B. 清空列表
   C. 将一个或多个值插入列表的尾部（最右边）
   D. 获取列表的成员个数
4. 下列说法错误的是（　　　）。
   A. 在读取一个键之后，服务器会根据键是否存在更新服务器的键空间命中次数
   B. 开启数据库通知功能，并对键进行修改之后，服务器将按照配置发送相应的数据库通知
   C. 如果服务器在读取一个键时，发现该键已过期，则服务器会先删除这个键，再执行其他操作
   D. 在读取一个键后，服务器不会更新键的 LRU 时间

三、问答题

1. 请列举 Redis 包含的数据类型。
2. 若执行 redis-cli 命令连接集群服务器，请说出 redis-cli 命令中需要指定的参数。
3. 简述如何使用 Redis 的 info 命令获取内存信息。
4. 简述 used_memory 和 used_memory_rss 的区别。

项目10

数据库自动化运维

10

10.1 项目场景

随着业务的不断发展，天天电器商场向综合商场成功转型，其涉及电器、服饰、餐饮等众多领域，业务规模和访问量呈"爆发式"增长，服务器数量和数据库实例的数据量成倍增加。各种业务需求（如快速交付实例、慢查询优化及备份恢复管理等）都对数据库管理员的日常运维提出了更高的要求。另外，随着新的业务系统中不断出现的非关系型数据库存储，原来通过执行命令管理数据库的操作方式早已捉襟见肘。天天电器商场急需有效地提升部署和管理数据库实例的效率，让数据库管理员以最快的速度响应并处理报警信息，为此信息部门决定采取自动化运维措施。

10.2 教学目标

一、知识目标

1. 掌握数据库运维的发展趋势
2. 了解数据库自动化运维
3. 了解数据库智能运维
4. 了解常用开源数据库运维平台
5. 了解商用数据库运维平台

二、能力目标

1. 能使用 goInception 开源运维平台完成简单运维
2. 能实现简单自动化运维平台的构建
3. 能使用第三方商用数据库运维平台完成运维工作

三、素养目标

1. 培养自主学习能力
2. 提高解决问题能力
3. 提高角色转换能力

10.3 项目知识导入

10.3.1 数据库运维的演进

数据库运维的演进大体经过了 4 个阶段。早期，传统的数据库运维方式几乎是完全意义上的人工运维，数据库的部署、监控、SQL 上线以及故障处理等操作均由人工完成，即数据库管理员利用各种命令完成数据库的整体支撑和运维工作。对于这种运维方式，问题的解决明显依赖于数据库管理员的经验积累和个人解决问题的能力，具有很强的场景局限性和人工依赖性，运维无序且效率低。早期运维模式如图 10-1 所示。

随着数据库规模日益庞大，普通的人工运维已不足以支撑起整体数据库运维工作，数据库运维向"工具时代"迈进，数据库运维专家开始尝试将使用频次高的流程性脚本结合自身经验包装成常用运维工具，同时围绕 CMDB（Configuration Management Database，配置管理数据库）对资产、日志和服务进行基础管理。这些工具在一定程度上弱化了数据库管理员在数据库运维中的角色作用，成功地在某些层次上辅助数据库管理员对数据库系统进行高效管理。这个时期，这些工具并没有很好地形成统一、有序的部署页面，自动化程度依然比较低，如图 10-2 所示。

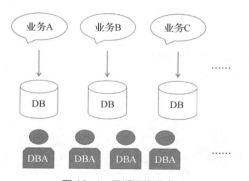

图 10-1　早期运维模式

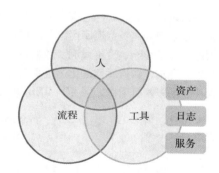

图 10-2　"工具时代"运维模式

随着数据库自动化运维需求愈加迫切，数据库运维平台产品由此出现（一般称这个时代为数据库运维的"产品时代"）。在"产品时代"，运维平台提供了更加多样化的管理工具，并将管理平台以可视化、可操作化页面的形式展现在用户眼前，这是数据库运维的高级自动化时期。此时，数据库运维平台已经具备了基础管控及分析、诊断的能力，主要包括数据库的监控服务、告警服务、巡检服务和系统服务等（见图 10-3），最大限度地将数据库管理员从烦琐的常规化运维中解脱出来。数据库运维向高效、有序、流程化演进，大幅减少了运维的成本，可以说是成功地将专家经验转化为永久生产力。

由于当今数据库快速发展，业务越来越复杂，因此数据库运维对整个 IT 架构和智能化要求越来越高。早在很多年前，Oracle 公司就提出了"自治数据库"的概念，旨在实现数据库的智能运维，为企业提供更高效、更智能的数据库运维服务。国产数据库方面，阿里云、腾讯云等在云端已有自治数据库领域的相关研究和服务探索。可以将自治数据库想象成自动驾驶，在没有自动驾驶之前，驾驶员要开一辆车从 A 地到 B 地，需要先考取驾照，还需要学习很多技巧，并且在开车的过程中需要集中精力，否则容易出差错。但是有了自动驾驶，就不再需要驾驶员，乘客只需要告诉车辆要从 A 地到 B 地，车辆就会自动寻找最佳路线并自动行驶，在这个过程中，乘客完全不需要学习任何驾驶技巧。

图 10-3　数据库自动化运维平台

在"智能化的数据库运维时代"，传统的数据库管理员也不再需要了，数据库管理员已转型成智能运维平台的构建者。数据库的智能运维集成了实用的机器学习算法，最终实现数据库的自我管理、自动感知、自动决策、自动执行、自动闭环，无须人为干预，最大限度地提升了资源利用率、安全性和可靠性。

10.3.2　数据库自动化运维

大多数人眼中的自动化运维是完全通过 Web 自动化管理平台执行某些操作，但这里所说的自动化事实上是半自动化。数据库运维平台具备自动化的高级管控能力，主要包括监控告警、性能分析、容量管理、异常诊断、变更追溯、数据审计等能力，问题出现后再由数据库管理员或者应用开发人员进行修复。通常，数据库自动化运维平台应用于资产管理、管理排障、智能巡检、诊断优化、风险可视五大功能场景，其架构如图 10-4 所示。

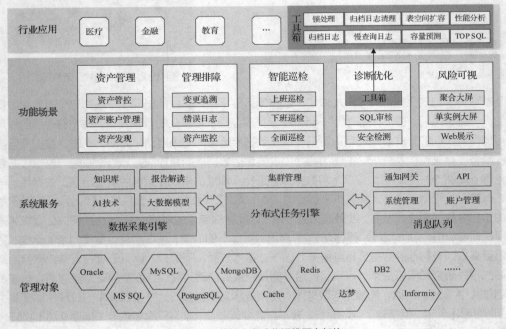

图 10-4　数据库自动化运维平台架构

常见运维场景主要诉求如下。

- 数据库资产分布状况的掌握。
- 数据库当前运行健康状态的感知。
- 大量数据库的日常巡检。
- 安全监管考核要求的资产用户定期更改密码。
- 数据库的快速标准部署。
- 数据库性能瓶颈的快速定位和诊断。
- 不同数据库资产数据交互访问连接状态的获取。
- 锁处理、容量监控扩容、日志清理等常见运维工作的快速处理。

数据库自动化运维实现了对数据库运行状态的实时监控、对运行风险的提前感知、对问题的智能定位，利用基础工具快速解决故障，很大程度上实现了主动运维，保障了业务运行的连续性和稳定性。

10.3.3 数据库智能运维

在业务应用层面，数据库背后的关系和架构不那么重要，往往需要更加关注数据的安全和完整性、业务的一致性和连续性、故障发生时应急与恢复速度等。传统意义上的数据库自动化运维平台虽然在广义上实现了数据库的集中展示与管理，并通常可以在故障发生时进行及时的通知与告警、粗略定位问题发生点，但并不提供故障的未来预测及自主决策和执行功能。

传统运维在故障发生时通过第一时间告警，借助数据库管理员亲临事故现场来解决问题，这是一个被动接受的过程。其实时性相对较差，在问题堆积和内部反映消耗的过程中，业务受到了一定的影响。传统运维与智能运维的比较如图 10-5 所示。

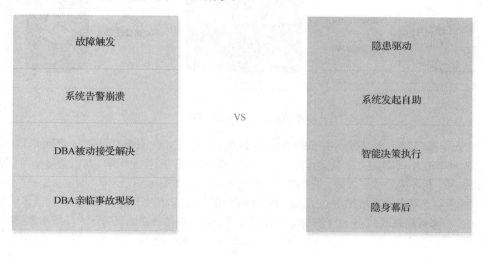

图 10-5　传统运维与智能运维的比较

数据库智能运维体现在超级自动化（Hyperautomation）、人工智能工程化（AI Engineering）、云融合（Cloud Integration）、多源协同（PaaS+SaaS）等方面。智能运维的核心理念是：让平台能够自己发现问题、自己定位问题、自主决策，并智能地解决问题，即所谓自我感知、自我决策、自我执行，从而达到自动闭环的目标。

10.3.4 开源数据库运维平台介绍

在数据库运维行业，有一句俗语——"不会开发的 DBA 不是一个好的 DBA。"数据库管理员可以参考或基于一些开源产品来搭建自己的数据库运维平台。

一、Inception

作为数据库管理员，审核 SQL 是日常工作中很重要的一部分内容，审核好 SQL 对于后期项目以及数据库维护起着至关重要的作用。

Inception 是"去哪儿网"开源的一个数据库运维工具。它是一个集审核、执行、备份及生成回滚语句等功能于一身的 MySQL 自动化运维工具。Inception 通过对 SQL 语句的语法解析，返回基于自定义规则的审核结果，并提供执行、备份和生成回滚语句的功能，其架构如图 10-6 所示。

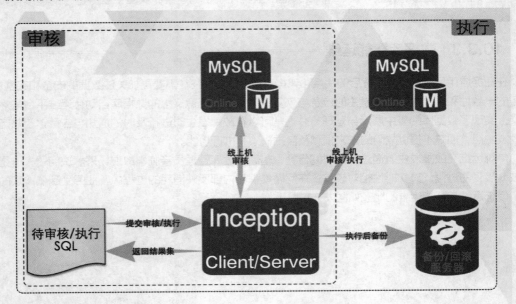

图 10-6　Inception 架构

SQL 语句提交到 Inception，由于 Inception 是根据 MySQL 代码修改而来的，因此可以很明确、详细、准确地审核 MySQL 的 SQL 语句，它的工作模式与 MySQL 完全相同，可以直接使用 MySQL 客户端来连接，但不需要验证权限。它相对于应用程序（上层审核流程系统等）而言，是一个服务器，在连接时需要指定服务器地址和 Inception 服务器的端口；而它相对于要审核或执行的语句所对应的线上 MySQL 服务器来说，是一个客户端，它在内部需要实时连接数据库服务器来获取所需要的信息，或者直接在线上执行相应的语句及获取二进制日志等。Inception 类似一个中间性质的服务。

Inception 调用示例如下。

```
/*--user=root;--password=root;--host=127.0.0.1;--check=1;--port=3306;*/
inception_magic_start;
use test;
create table t1(id int primary key);
inception_magic_commit;
```

Inception 内部的操作分为 3 个阶段，分别是审核阶段、执行阶段和备份阶段。

1. 审核阶段

（1）Inception 在收到 SQL 语句后，先会解析注释中的远程数据库配置，并建立连接。

（2）如果开启了备份功能，则会检查二进制日志是否开启（log_bin=ON）。

（3）判断语法开始位置，必须以 inception_magic_start 开始。

（4）开始逐行解析，并进行语法树解析，失败时返回。

（5）解析到"use test;"时，会通过 show databases 判断数据库是否存在。

（6）解析到"create table t1(id int primary key);"时，进行建表的校验，具体如下。

- 判断数据库、表是否存在。
- 表名、列名长度校验，以及关键字校验。
- 存储引擎校验、表/列的字符集和注释校验。
- 列名重复性校验。
- 自增列个数校验、自增列列名校验、起始值校验，建议添加 unsigned 属性。
- 外键校验、分区表校验。
- 列类型校验，部分类型设置了开关，开启后才能使用，建议将 char 类型改为 varchar 类型。
- 默认值校验、日期格式校验。
- not null 约束校验。
- 索引名校验、前缀校验、长度校验、表索引个数校验、索引列数校验、索引列重复性校验。

（7）解析到"inception_magic_commit;"，判断所有的审核是否成功，如果有错误则直接返回，而有警告时会判断是否设置了忽略警告的参数，以判断是否进行下一步。

2. 执行阶段

只有审核阶段完成（或有警告但忽略了警告）后，才会进入执行阶段。

（1）在执行阶段，DDL 语句和 DML 语句处理方式不同，其中 DML 通过二进制日志解析实现回滚，而 DDL 语句根据语法树规则直接生成逆向 SQL。

（2）DML：在开始执行和执行完成时，记录二进制日志位置。

（3）DDL 和 DML：开始执行，在执行失败时记录失败原因并结束执行操作，在执行成功时记录受影响的行数。

（4）执行中可能需要执行 KILL 命令以终止执行。

3. 备份阶段

（1）到达备份阶段有两种情况，可能执行全部成功也可能部分成功，此时会进行判断，只备份执行成功的语句。

（2）DDL 的备份是保存自动生成的逆向 SQL 语句。

（3）DML 的备份是根据执行前后记录的二进制日志位置和线程号，以模拟从库的形式获取二进制日志信息，并做事件解析。

（4）解析二进制日志要求二进制日志必须为 ROW 模式，该模式也会有备份前检查和自动设置，因此可能需要 SUPER 权限。

（5）在解析过二进制日志后，会生成逆向的 SQL 语句，并异步批量写入备份库。

（6）在回滚语句写入完成后，所有操作执行完成，并返回结果给客户端。

二、Yearning

Yearning 是面向 SQL 语句的审核开源平台，提供查询审计、SQL 审核、SQL 回滚、自定义工作流等多种功能，并提供可视化界面。其早期版本以 Inception 作为 SQL 审核工具，最新发布的

Yearning 版本不依赖任何第三方 SQL 审核工具，其内部已实现审核/回滚相关逻辑。

Yearning 拥有以下功能。

- 自动审核 SQL 语句，可对 SQL 语句进行自动检测并执行。
- DDL/DML 语句执行后自动生成回滚语句。
- 审核/查询、审计功能。
- 支持 LDAP（Lightweight Directory Access Protocol，轻量目录访问协议）登录钉钉和邮件消息推送。
- 支持自定义审核工作流。
- 支持细粒度权限分配。

10.3.5 商用数据库运维平台功能概览

面对日益复杂的数据库运维需求，数据库运维人员急需一个具有丰富功能的数据库运维平台。数据库运维平台不仅能够帮助运维人员 7×24 小时实时监控数据库、提前感知隐患、快速定位问题，而且能提供多元化的工具，帮助运维人员快速、简单地完成日常的数据库运维工作（如数据库巡检、故障处理、数据库自动化部署等），同时还能满足对数据库运行状况的趋势分析和预测等需求，帮助运维人员从多个维度保障数据库的正常运行，进而保证整个信息化业务系统的连续可用性和数据资产的完整性。下面以美创科技的数据库运行安全管理平台为例来解读商用数据库运维平台常用的功能。

一、聚合大屏

数据库运维平台内置多种指标项，可对不同的数据库对象实现全面、丰富、深度的数据库聚合监控。利用聚合监控大屏（见图 10-7），运维人员可以直观、清晰地了解到各数据库对象及其对应的业务系统整体运行情况，确保业务系统的连续性、稳定性、可用性。同时，运维人员可以准确地知道当前数据库对象的健康状况和性能状况。单实例大屏（见图 10-8）从五大健康指数（可用性、错误、性能、变化和可靠性）、SQL 执行生命周期（登录、解析、执行、提交）和关联资源（process、session、jobs 等数据库资源，锁资源，主机资源）方面监控数据库，实现精准定位影响数据库健康和导致数据库运行缓慢的根本原因，让运维人员做到有的放矢，从而快速地解决在使用数据库过程中遇到的问题。

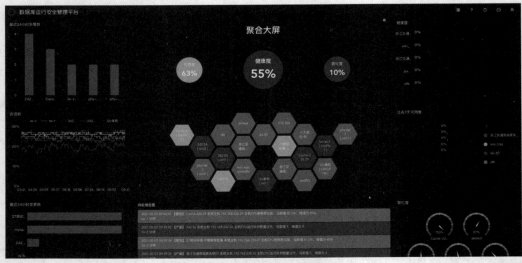

图 10-7 聚合监控大屏

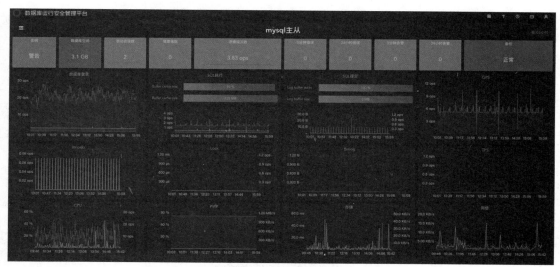

图 10-8　单实例大屏

二、巡检方法

巡检方法包括保障数据库运行的基础巡检，例如上下班巡检和全面巡检，以满足客户在不同的场景对巡检方式的不同需求。

1. 上下班巡检

上下班巡检是指根据设定的上班、下班时间，从可用性、资源就绪、可靠性、变化和作业等多个维度，完成主机和数据库的自动巡检工作（见图 10-9）。上下班巡检功能提供一份精简的数据库巡检报告（见图 10-10），运维人员在上班前、下班后能快速获取 Word 或 PDF 格式的报告，并通过报告中的可用性、资源就绪、可靠性、变化和作业等指标值，快速了解数据库的整体运行状况和健康状态，以判断主机及数据库的健康和性能状态能否满足上班前、下班后的业务正常运行要求。

图 10-9　上下班巡检列表

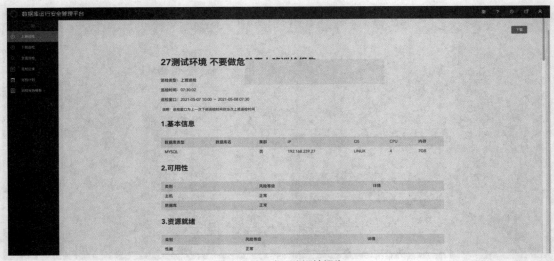

图 10-10　上下班巡检报告

2. 全面巡检

全面巡检是指全面、深入分析主机和数据库运行状态，有效定位系统隐患和资源瓶颈，一键操作完成数据库的全面且深入的检查工作。全面巡检支持以手动和自动两种方式发起，全面巡检列表如图 10-11 所示。全面巡检从库的可用性、数据库资源、数据库安全、备份、主机资源、数据库性能、数据库参数和数据库软件共 8 个维度实现数据库的巡检分析工作，保证数据库检查的全面、深入和准确性。全面巡检最终形成的巡检报告如图 10-12 所示。

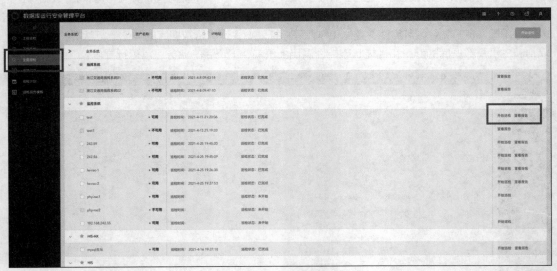

图 10-11　全面巡检列表

三、巡检报告解读

上下班巡检工具提供所有数据库对象异常汇总报告，直观展示所有对象上下班巡检的异常项汇总，并支持下钻到单个数据库对象巡检报告页，帮助运维人员快速地聚焦、定位健康程度较低的数据库，快速响应问题或故障，从而保证业务的正常运转，如图 10-13 所示。

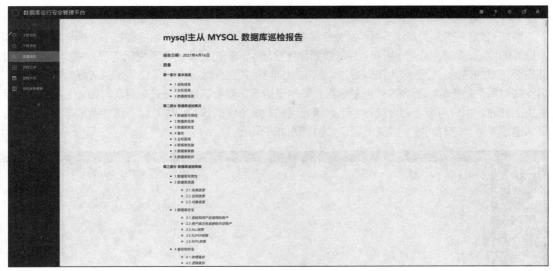

图 10-12　全面巡检报告

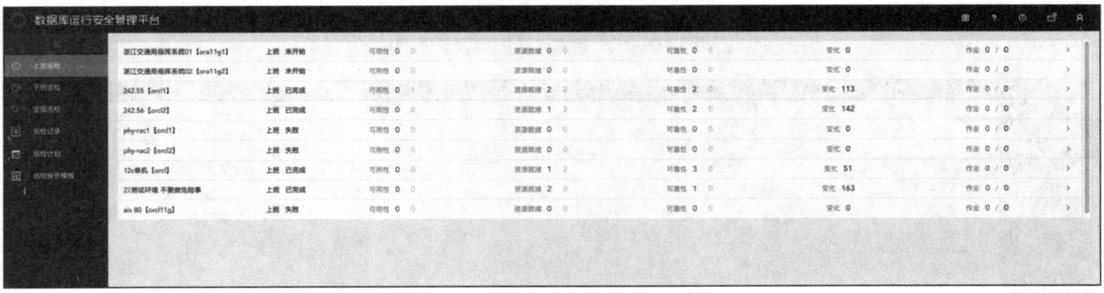

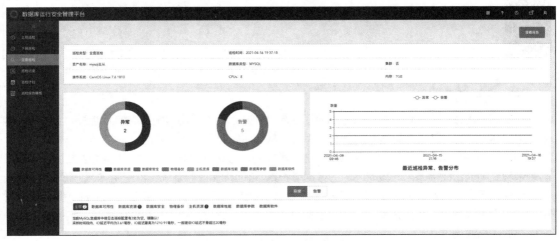

图 10-13　上下班巡检报告汇总

全面巡检工具提供异常统计页面，可做到使数据库的异常和告警一目了然，同时提供在线查看巡检报告和导出 PDF、Word 文档等格式的巡检报告功能。利用巡检报告，运维人员可以全面、直观地了解数据库运行状况的异常及相关性能的好坏，如图 10-14 所示。

图 10-14　全面巡检报告汇总

四、性能诊断

性能–数据库资源列表用于展示数据库维度的性能统计信息，可帮助用户通过不同指标项全面了解数据库的性能，如图 10-15 所示。性能诊断是指全面地分析数据库各资源使用情况，并给出数据库性能是否正常的结论，让运维人员以最快时间了解到自己关注的数据库对象性能是否良好。性能诊断工具支持对每个指标项以图表方式直观查看，同时支持下钻查看详情与历史功能。例如，当数据库会话发生阻塞时，用户可以通过性能诊断工具查看目前数据库锁的状况，也可以下钻查看锁详情与历史数据，追根溯源，定位问题、解决问题，如图 10-16 所示。

图 10-15　性能–数据库资源列表

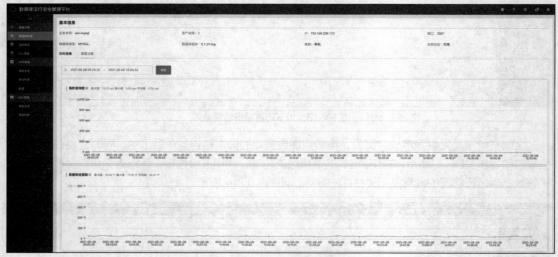

图 10-16　性能–数据库资源详情

五、容量预警

在日常使用数据库的过程中，表空间使用量随着业务系统的使用时间的增加而增大。当表空间容量使用殆尽时，将无法正常地写数据到数据库内，从而造成业务系统崩溃。

为避免因表空间不足而导致业务系统无法正常使用，可通过容量预警功能让运维人员快速了解当前剩余表空间能否支撑未来一段时间内的数据增长量，进而确保业务系统正常使用，如图 10-17 所示。容量预警工具针对容量部分会出现的问题提供相应的告警与处理方法，例如表空间扩容、归档日志清理、监听日志清理等，从而方便用户对容量信息有整体的了解与把控，并可对问题及时定位与处理，实现数据库高效运维。

图 10-17　数据库容量详情

六、SQL 审核

SQL 审核工具（见图 10-18）可展示选定时间段内的低效 SQL，并给出 SQL 的 DB Time 消耗值分布趋势图，直观地展示了这些低效 SQL 给数据库带来的性能影响。SQL 审核工具会提供一份专业的 SQL 诊断报告，运维人员可根据诊断报告提供的优化建议完成低效 SQL 的优化工作，确保数据库系统运行良好。

图 10-18　SQL 审核

根据审核规则的重要程度不同，SQL 审核一般分为严重、告警、提醒三大类，并给出不同的类别评分，精准分析 SQL 中的潜在性能风险，使数据库管理员和应用开发人员能够较早地介入，将性能隐患扼杀于萌芽阶段，从而确保线上应用的稳定、高效运行。

七、自动化部署

随着信息化的快速发展，企业系统数据量呈现"滚雪球式"的增长，而用于数据存放的数据库数量也快速增长。随着数据库数量的增多，数据库部署工作量也急剧增长，依靠人工单个、依次部署数据库已经很难满足运维需求。因此，运维人员急需一款能够实现大批量、自动化部署数据库的工具，以减轻运维工作量，适应高速发展的"信息化时代"。

通过自动化部署工具（见图 10-19），只需完成基本的主机信息和数据库信息配置，即可实现一键自动化批量部署数据库（包括各类集群），这可以极大地减轻运维工作量，提升运维效率。同时，在自动化部署过程中，自动化部署工具可以针对数据库中重要的参数进行优化，确保数据库能以更加优越的性能运行，从而保障业务端的良好使用体验。

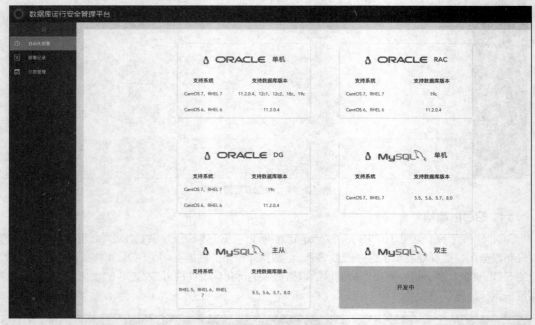

图 10-19　自动化部署

八、智能编排

数据库锁、文件系统使用率过高等高频问题处理起来耗时、耗力，可通过智能编排串起监控、告警、容量、性能等重要的功能模块，实现发现问题到问题处理的自动化运维（见图 10-20）。自动化运维通过模板来定义执行任务、执行顺序、执行输入和输出，然后通过执行模板来完成任务，实现全自动化问题处理，同时降低运维成本并提高效率。

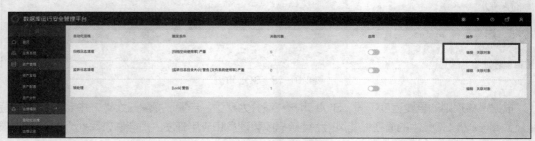

图 10-20　自动化运维

10.4　项目任务分解

数据业务的迅猛增加使原来的手动运维举步维艰，自动化运维成为数据库管理员的首选方式，自动化运维的关键在于运维平台的建设和使用。本项目任务要求读者熟悉一个开源运维平台——goInception，并掌握其安装过程和基本的使用方法，为项目场景中的需求提供一个解决方案。

任务 10-1　安装 goInception

微课视频

一、任务说明

goInception 采用 Go 语言对 Inception 进行了重构(Inception 项目已闭源)，并且目前是开源状态，与 Inception 相比，其增加了 Archery 查询支持(MySQL、MsSQL、Redis、PostgreSQL)、MySQL 优化（ SQLAdvisor、SOAR、SQL Tuning ）、慢查询日志管理、表结构对比、会话管理、阿里云 RDS 管理等功能。本任务要求在 Linux 系统下安装 goInception，以便在后续任务中使用 goInception 完成对 SQL 语句的审核。

二、任务实施过程

步骤 1：下载二进制安装文件

下载地址：https://github.com/hanchuanchuan/goInception/releases。

下载好对应版本的 goInception，直接解压即可（解压完成以后在 config/config.toml.default 目录下有一个默认的配置文件）。

具体命令如下。

```
mkdir -p /usr/local/goinception
wget https://github.com/hanchuanchuan/goInception/releases/download/v1.2.3/
goInception-linux-amd64-v1.2.3.tar.gz
tar -xvf goInception-linux-amd64-v1.2.3.tar.gz -C /usr/local/goinception
```

步骤 2：修改配置文件 config.toml

命令如下。

```
[root@mm root]# cd /usr/local/goinception
[root@mm goinception]# cp config/config.toml.default config/config.toml
[root@mm goinception]# vi config/config.toml
```

在配置文件中修改 goInception 使用的端口和 IP 地址，命令如下。

```
# IP 地址
host = "127.0.0.1"
# 端口
port = 4000
# 日志文件
[log.file]
# 日志文件名
filename = "/usr/local/goinception/goinception.log"
 [inc]
# 定义备份主机信息
backup_host = "127.0.0.1"
backup_port = 3306
backup_user = "root"
backup_password = "Hello123!"
```

步骤 3：启动

启动 goInception，具体命令如下。

```
[root@mm goinception]# ./goInception -config=config/config.toml&
[1] 3607
[root@mm goinception]#
```

注意 使用–config 参数指定前面修改好的配置文件。

步骤 4：查看状态

启动成功后的 goInception 相当于一个 MySQL 代理，不需要用户名和密码就可以进行连接。命令的执行结果如下。

```
[root@mm goinception]# mysql -h127.0.0.1 -P4000
Welcome to the MySQL monitor.  Commands end with ; or \g.
Your MySQL connection id is 1
Server version: 5.7.10-TiDB-v1.2.3 MySQL Community Server (Apache License 2.0)
Copyright (c) 2000, 2020, Oracle and/or its affiliates. All rights reserved.
Oracle is a registered trademark of Oracle Corporation and/or its
affiliates. Other names may be trademarks of their respective
owners.
Type 'help;' or '\h' for help. Type '\c' to clear the current input statement.
mysql>
```

上述命令中，–h 指定 IP 地址；–P 指定在配置文件中配置好的端口。命令执行成功后，正常情况下，出现 mysql 命令提示符则表示启动成功。

在 mysql 命令提示符下，还可以查看 goInception 进程列表，如图 10-21 所示。

```
mysql> inception show processlist;
+----+-----------+-----------+-----------+-----------+---------+----------+------+-------------------------------+---------+
| Id | Dest_User | Dest_Host | Dest_Port | From_Host | Command | STATE    | Time | Info                          | Percent |
+----+-----------+-----------+-----------+-----------+---------+----------+------+-------------------------------+---------+
|  1 |           |           |         0 | 127.0.0.1 | LOCAL   | INIT     |  127 |                               | NULL    |
|  2 |           |           |         0 | 127.0.0.1 | LOCAL   | CHECKING |    0 | inception show processlist    | NULL    |
+----+-----------+-----------+-----------+-----------+---------+----------+------+-------------------------------+---------+
2 rows in set (0.00 sec)
```

图 10-21　goInception 进程列表

任务 10-2　使用 goInception 完成 DDL 语句审核

微课视频

一、任务说明

在数据库运行过程中，SQL 语句是否高效往往决定了数据库的性能。目前大部分数据库性能问题是由应用开发产生的不良 SQL 语句、不良表设计所导致的。所以，当业务系统运行缓慢时，快速了解是哪些低效 SQL 语句影响数据库性能非常关键。

MySQL 语句审核，即对 MySQL 语句的书写进行统一化、标准化，并对 SQL 语句进行优化。本任务要求使用 goInception 来完成对 SQL 语句的审核工作。

二、任务实施过程

步骤 1：启动 goInception

按照任务 10-1 所示步骤完成 goInception 的启动。

步骤 2：安装组件

安装连接数据库组件 pymysql 和生成表格组件 prettytable，命令如下。

```
[root@mm goinception]# pip install pymysql prettytable
```

步骤 3：创建测试数据库

在需要进行 DDL 操作的 MySQL 服务器上创建一个测试数据库 test_inc，命令如下。

```
mysql> create database test_inc;
Query OK, 1 row affected (0.01 sec)
```

步骤 4：创建 Python 脚本

编写 Python 脚本测试 DDL 语句审核。创建一个 Python 脚本文件 t_goinception.py，命令如下。

```
[root@mm goinception]# vi t_goinception.py
```

t_goinception.py 文件的内容如下。

```python
#!/usr/bin/env python
# -*- coding:utf-8 -*-

import pymysql
import prettytable as pt
tb = pt.PrettyTable()

sql = '''/*--user=root;--password=Hello123!;--host=127.0.0.1;--check=0;--port=
3306;--execute=1;--backup=1;*/
inception_magic_start;
use test_inc;
create table t1(id int primary key,c1 int);
insert into t1(id,c1,c2) values(1,1,1);
inception_magic_commit;'''

conn = pymysql.connect(host='127.0.0.1', user='', passwd='',
                       db='', port=4000, charset="utf8mb4")
cur = conn.cursor()
ret = cur.execute(sql)
result = cur.fetchall()
cur.close()
conn.close()

tb.field_names = [i[0] for i in cur.description]
for row in result:
    tb.add_row(row)
print(tb)
```

上述 Python 脚本的主要功能是连接 goInception，对 test_inc 数据库执行两条 DDL 语句。

步骤 5：调用 Python 脚本

调用在步骤 4 中创建的 Python 脚本，完成对数据库的 DDL 操作。同时，goInception 会对 DDL 操作进行审核。命令及执行结果如图 10-22 所示。

图 10-22　goInception 审核结果

图 10-22 显示，goInception 对 Python 脚本中的 DDL 语句进行了审核，并检查出在向 t1 表中

插入记录时，"c2 字段不存在"的错误。请读者将 Python 脚本中的"create table t1(id int primary key,c1 int);"语句改为"create table t1(id int primary key,c1 int,c2 int);"，即建立 t1 表的 c2 字段，再执行一次"python t_goinception.py"命令并查看执行结果。

10.5 常见问题解决

问题 1：当运行安装组件命令"pip install pymysql prettytable"时，出现"bash: pip: 未找到命令…"错误提示。

原因分析

Linux CentOS 7 中自带的 Python 中没有 pip 命令，需要安装 pip。

解决方案

执行如下命令。

```
wget https://bootstrap.pypa.io/get-pip.py
python get-pip.py
```

问题 2：执行命令"python get-pip.py"时出现"ERROR: This script does not work on Python 2.7 The minimum supported Python version is 3.6. Please use https://bootstrap.pypa.io/pip/2.7/get-pip.py instead."错误提示。

原因分析

下载的 get-pip.py 文件与 Python 2.7 不对应，需要从 https://bootstrap.pypa.io/pip/2.7/get-pip.py 下载 get-pip.py 文件。

解决方案

执行如下命令。

```
wget https://bootstrap.pypa.io/pip/2.7/get-pip.py
python get-pip.py
```

> **注意** 建议将 Linux CentOS 7 的 Python 版本升级到 3.6 以上。

10.6 课后习题

问答/操作题

1. 数据库运维经历了哪些阶段？请说说每个阶段的特点。
2. 请说说常见的数据库运维场景诉求。
3. 请说说开源 goInception 工具是如何进行 SQL 语句审核的。
4. 安装可视化 Web 界面的 Yearning SQL 开源审核平台，实现对 SQL 语句的审核。